编写人员

主　编　马　辉　章　彬

副主编　喇　元　宋禹飞　王　昕　胡泰山

参　编　刘　刚　贾　磊　刘　浩　徐朋江　温晓奔　沈　洪　田治仁
　　　　邹　宇　李绍龙　解　良　伍　衡　郑耀河　何满棠　陈喜鹏
　　　　赵晓斌　代奇迹　龙玉江　葛兴科　石恒初　梁　宁　蔡汉生
　　　　胡上茂　冯　雷　阳　浩　陈　旭　廖民传　李　明　龚　博
　　　　史训涛　柯清派　徐培明

前　言

为认真落实国家安全生产工作要求，强化电网、设备、人身安全管理，提升电网本质安全水平，南方电网公司在总结安全生产运维管理经验、反思电力生产事故教训以及响应电力系统新时代发展需求的基础上每年滚动修编南方电网公司反事故措施条款。

为贯彻落实南方电网公司"一切事故都可以预防"的安全理念，提高电网安全生产水平，南方电网公司输配电部依据《中国南方电网公司反事故措施》（2021—2023 版）的条款内容规定组织编写了《中国南方电网反事故措施典型故障案例汇编》。

本书是对南方电网公司近年来部分反事故措施条款所涉及的具体事故案例的梳理和总结。共收集电力系统内外近 500 个典型故障案例，并从中精选了 286 例，其中变电类共计 131 例，囊括电力变压器故障 21 例、电抗器故障 2 例、互感器故障 1 例、GIS 及断路器故障 59 例、隔离开关 13 例、开关柜故障 5 例；故障类型涵盖绕组故障、主绝缘故障、纵绝缘故障、引线故障、分接开关故障、套管故障及其他附属部件故障等。输电类设备故障 28 例，直流类设备故障 29 例，配网设备故障 25 例。二次系统故障共计 48 例，其中继保案例 30 例、通信案例 2 例、自动化案例 8 例、安全自动案例 2 例、电力监控网络案例 6 例。计量类设备故障 1 例，信息安全类案例 24 例。

本书对案例的经过、故障设备情况、故障原因、整改措施及效果等内容进行了较为详尽的阐述，总结了各单位在设备管理、故障检查、故障分析、故障处理等环节的宝贵经验，为专业技术人员和生产管理人员提供技术参考，

有助于提高各类设备运行、维护、检修的工作水平，防范同类问题的再次发生。

由于时间仓促，书中如有疏漏之处，请广大读者批评指正。

编者

2024 年 6 月

CONTENTS

目 录

第一章
变电类设备事故案例

第一节　变压器类反措案例

> **1.1　反措规定：** 站址地震烈度为 7 度及以上区域内的主变压器，要求各侧套管及中性点套管接线应采用带缓冲的软连接或软导线。
>
> 注：南方电网公司反事故措施（2023 版）2.1.2 条。

反措条款解读：

部分地区存在强烈地震风险时，应避免主变压器在晃动过程中拉力过大导致套管接线断裂，造成喷油、跳闸等故障。根据 GB 18306—2015《中国地震动参数区划图》的要求，需采用地震烈度来对受不同破坏程度的地理区域进行划分。地震震级代表本身的大小强弱，是用来划分震源释放出的能量大小的等级；而烈度则是描述地震发生时对地表造成的影响和破坏程度。根据 GB/T 17742—2020《中国地震烈度表》中表 1 的内容，当地震的烈度达到 7 度时，"个别变压器的套管破坏，个别瓷柱型高压电气设备破坏"。因此提出 6.0 级以上地震危险区域内的主变压器，要求各侧套管及中性点套管接线应采用带缓冲的软连接或软导线。

【案例】 2019 年至 2020 年间，某局专业巡维人员检查发现 220kV 变电站内多台主变压器套管接线采用硬连接（见图 1-1），不满足 6.0 级以上地震危险区域内的主变压器各侧套管及中性点套管接线采用带缓冲的软连接或软导线要求。

处理措施： 对存量主变压器开展全面普查，对不满足要求的主变压器套管接线增加软接。

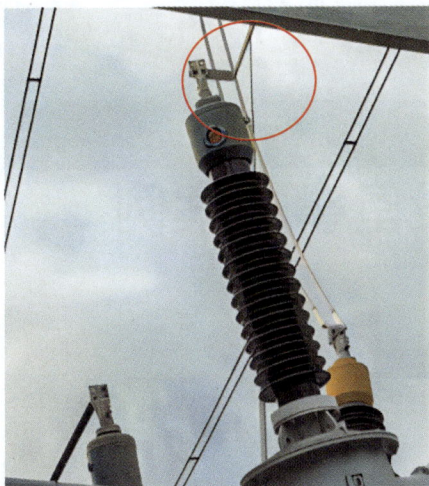

图 1-1　主变压器中性点套管采用硬连接接线

整改效果：增加软连接后彻底消除了该隐患。

1.2　反措规定：落实针对 ABB 生产的 GOE 型 500kV 套管反事故措施

（1）缩短套管介损测试周期：0.8%>tanδ>0.3%，每年复测套管的电容及介损，分析介损变化趋势，与出厂值对比增量超过 30% 时，取套管油样分析，存在异常时更换套管。

（2）套管电容量测试：电容量变化未超过 3%，一个预防性试验周期内不少于 2 次，间隔不大于 18 个月；电容量变化超过 3% 更换套管处理。

（3）对油色谱普查存在异常的套管，应立即组织更换；油色谱检测未发现异常的套管，应在预防性试验中增加套管油色谱分析试验测试项目。套管取油样过程中要严格控制套管受潮风险。

（4）套管顶部取油后应严格按照厂家取油作业指导书进行恢复密封，注意密封螺栓的锥形弹簧垫片方向应为凹口向下。

注：摘自《南方电网公司反事故措施》（2021 版）2.1.8 条。

反措条款解读：

近年来系统内发生多起 ABB 公司生产的 500kV GOE 套管缺陷，集中表现为套管介质损耗、电容量及油色谱测试不合格。因此提出针对 ABB 生

产的 GOE 型 500kV 套管反事故措施：一是缩短套管介质损耗测试周期：0.8%>tanδ>0.3%，每年复测套管的电容及介质损耗，分析介质损耗变化趋势，当与出厂值对比增量超过 30% 时，取套管油样分析，存在异常时更换套管。二是套管电容量测试：电容量变化未超过 3%，一个预防性试验周期内不少于2 次，间隔不大于 18 个月；电容量变化超过 3% 则更换套管处理。三是对油色谱普查存在异常的套管，应立即组织更换；油色谱检测未发现异常的套管，应在预防性试验中增加套管油色谱分析试验测试项目。套管取油样过程中要严格控制套管受潮风险。四是套管顶部取油后应严格按照厂家取油作业指导书进行恢复密封，注意密封螺栓的锥形弹簧垫片方向应为凹口向下。通过这些措施及时发现 GOE 套管潜在缺陷，确保变压器安全稳定运行。

1.3　反措规定：

（1）真空分接开关应定期开展油室绝缘油检测（含油色谱）、油枕呼吸管路、非电量保护装置及吊芯检查，具体检修试验周期、项目及标准要求见附录 D。

（2）油浸式真空有载分接开关轻瓦斯报警后应暂停调压操作，并对气体和绝缘油进行色谱分析，根据分析结果确定恢复调压操作或进行检修。

注：摘自《南方电网公司反事故措施》（2023 版）2.1.12 条。

反措条款解读：

近年来电网内发生多起油浸式真空有载分接开关轻瓦斯报警后因未及时处理导致真空开关发生严重内部故障的事件。因此提出油浸式真空有载分接开关轻瓦斯报警后应暂停调压操作并对气体和绝缘油进行色谱分析，根据分析结果决定应恢复调压操作或进行检修。同时应定期针对真空分接开关开展油室绝缘油检测及吊芯检查，提前发现开关内部缺陷，确保真空有载分接开关安全稳定运行。

【案例一】运维人员在某 35kV 变电站对 2 号主变压器真空分接开关（型号为 ZVVIII350Y-40.5-10090）开展油样分析时，发现乙炔含量为 181.85 μL/L，超过了厂家规定的 10 μL/L。由于真空在载分接开关在进行触头切换过程中，其熄弧过程是由真空泡来完成的，若油样中出现大量的乙炔，说明真空分接开关内有放电现象，若不尽快查清楚原因进行处理，将对变压器的稳定运行构成

严重的威胁。

为了最大可能降低这种威胁，设备运维部门向调度申请在进行检修前的主变压器运行期间，将有载分接开关进行闭锁，并在运行期间安排取油样进行跟踪乙炔的增量。经过了充分的修前准备和停电计划的安排，停电对真空分接开关进行了吊芯检修，找到了放电原因并进行了处理。

处理措施：

（1）停电检修前将有载分接开关进行闭锁；运行期间安排取油样跟踪乙炔的增量。

（2）停电后开展开关吊芯检修（见图 1-2）。

整改效果： 吊芯检修后消除了设备隐患。

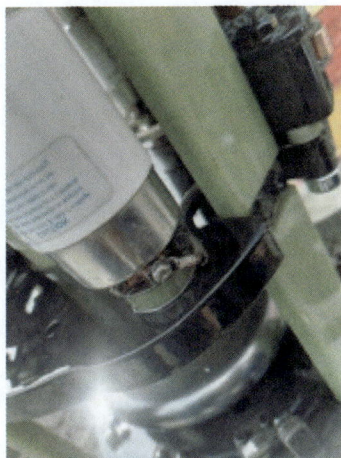

图 1-2 真空分接开关

【**案例二**】2018 年 5 月 8 日，某换流站运行人员将该站双极功率调整由 500MW 升至 800MW 过程中，极 1 低端换流变压器有载分接开关非电气量保护（压力释放阀）（见图 1-3）动作，导致直流闭锁。经吊芯检查分析，是由于换流变压器 MR 有载分接开关内部故障导致换流变压器故障，进而引发直流闭锁。

处理措施： 每季度开展真空分接开关油色谱试验，跟踪真空分接开关色谱数据，评估设备状态。

整改效果： 吊芯检修后消除了设备缺陷。

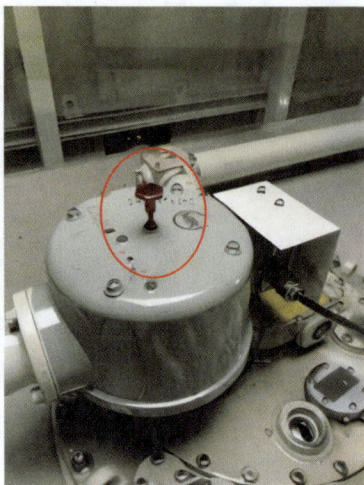

图 1-3 动作后的压力释放阀

1.4 反措规定： 主变变低母线桥预留的接地线挂点必须独立设置并相互错开，不得借用避雷器引下线，以实现接地挂点下方处于悬空状态。

注：摘自《南方电网公司反事故措施》（2023 版）2.1.15 条。

反措条款解读：

近年系统内发生了一起因小动物导致主变压器变低侧与接地挂点短路进而发展为主变压器近区三相短路的故障，由于该变低母线桥采用避雷器引下线作为临时接地挂点，表面未包裹绝缘，小动物爬在避雷器两端，导致避雷器被短路，发生单相接地故障并引发三相接地短路。为此要求主变压器变低母线桥预留的接地线挂点必须独立设置并相互错开，不得借用避雷器引下线，以实现接地挂点下方处于悬空状态，有效防止小动物导致母线桥与接地挂点短路。

【案例】2020 年 5 月 20 日，运行人员在巡视某变电站时发现主变压器变低母线接地点与避雷器共用同一引下线，且不处于悬空状态（见图 1-4），小动物可通过构架支柱爬上避雷器引起单相接地、相间故障或三相短路故障，存在设备运行隐患。

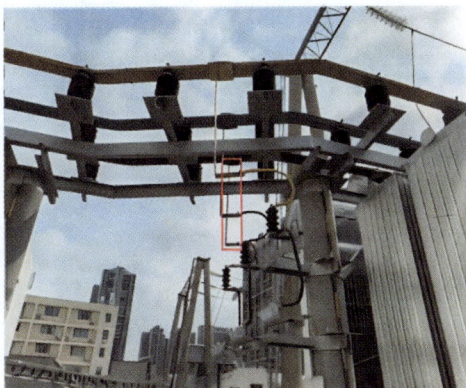

图 1-4　主变压器变低母线接地点与避雷器共用引下线

处理措施：将避雷器引下线的铜排割开热缩套用来接地的位置重新用热缩套包裹，将避雷器上端接线柱用热缩套包裹，重新在母排搭接的位置增加接地引下线，尽量远离母排支柱。

整改效果：主变压器低压侧按规范设立独立接地点后，彻底消除了该隐患。

> ### 1.5　反措规定：落实 HSP 公司 500kV 油纸电容式高压交流套管反事故措施：
>
> （1）每年度测量一次该类型套管的电容和介损值，并仔细与出厂值和历史测量值进行比对分析，对电容量变化超过 2% 的应取油样进行色谱分析，电容值变化率超过 3% 的必须予以更换。介损值如有突变或介损超过 0.5% 时，应查明原因。
>
> （2）加装了套管在线监测装置且监测量稳定的，可按照正常预试周期试验。
>
> 注：摘自《南方电网公司反事故措施》（2023 版）2.1.16 条。

反措条款解读：

近年来，系统内发生多起 HSP 公司 500kV 油纸电容式高压交流套管故障，经深入分析比对，故障套管介质损耗及电容量变化对比出厂值存在一定共性，因此提出每年度测量一次该类型套管的电容和介质损耗值，并仔细与出厂值和历史测量值进行比对分析，对电容量变化超过 2% 的应取油样进行色谱分析，电容值变化率超过 3% 的必须予以更换。介质损耗值如有突变或介质损耗超过

0.5% 时应查明原因。以此来提高 HSP 公司 500kV 油纸电容式高压交流套管运行稳定性。

【案例】 2013 年某 500kV 变电站技术人员通过 1 号主变压器套管在线监测系统，发现 B 相变高套管（HSP 套管）介质损耗最大值从 0.343% 稳定增长至 0.499%，其余两相变压器高压侧的介质损耗值无增大趋势，电容量变化范围合格。

处理措施： 针对 HSP 套管介损异常增长情况，安排设备停电后，进行高电压介质损耗试验（见图 1-5），发现 1 号主变压器变高 B 相套管 10kV 至 160kV 试验电压介质损耗值绝对值增量为 0.21%，增量较大，且升压和降压条件下介质损耗曲线不重合。经综合分析判断，对该套管进行更换处理。

整改效果： 主变压器高压 B 相套管更换后，彻底消除了该隐患。

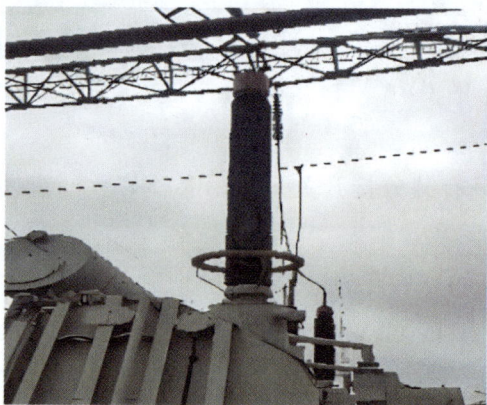

图 1-5　变压器套管介电试验

1.6　反措规定： 对出厂年限为 10 年以上的 SYJZZ 型有载分接开关进行一次吊芯检查，清理绝缘件上附着的游离碳；其余使用 SYJZZ 型有载分接开关的主变结合停电进行吊芯检查。

注：摘自《南方电网公司反事故措施》（2023 版）2.1.18 条。

反措条款解读：

SYJZZ 简易型复合式有载分接开关调压方式为中部跨接式调压，分接开关相间电压较高（其电压为 $1/2U_{ab}$）。该型号开关为我国二十世纪八九十年代自行研制的简易型开关，主绝缘裕度不足，规格尺寸较常用的 V 形开关小，运行过程中，分接开关挡位的变换导致绝缘油分解产生游离碳，游离碳日积月累附着在绝缘件

表面，导致绝缘件绝缘降低，容易发生相间放电击穿。因此提出对出厂年限为 10 年以上的 SYJZZ 型有载分接开关进行一次吊芯检查，清理绝缘件上附着的游离碳；其余使用 SYJZZ 型有载分接开关的主变压器结合停电进行吊芯检查。

【案例一】在对 35kV 某站 1 号主变压器进行分接开关不能调挡、渗漏油专项检修过程中，对 SYJZZ 型有载分接开关进行一次吊芯检查，发现绝缘件上附着部分的游离碳（见图 1-6），现场开展了清洁及更换绝缘油等工作。

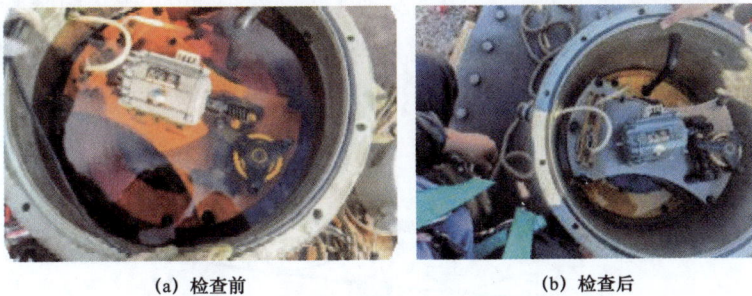

(a) 检查前　　　　　　　　　　(b) 检查后

图 1-6　吊芯检查前后

处理措施： 对该有载分接开关开展吊芯检修并同步处理航空插头渗漏油缺陷。

整改效果： 吊芯检修后开关运行正常。

【案例二】2019 年某 35kV 变电站 1 号主变压器调挡操作时有载调压装置控制器保险熔丝熔断，不能正常进行调挡操作。经停电检查为分接开关切换次数多，开关油室内积碳现象严重（见图 1-7），导致分接开关器身内二次线有烧损现象，操作时有载调压装置控制器内保险熔丝熔断。

处理措施： 对分接开关进行吊芯检查，对内部二次线进行更换，对开关油室内变压器油进行更换。

整改效果： 完成处理后，运行正常，未再发生设备缺陷问题。

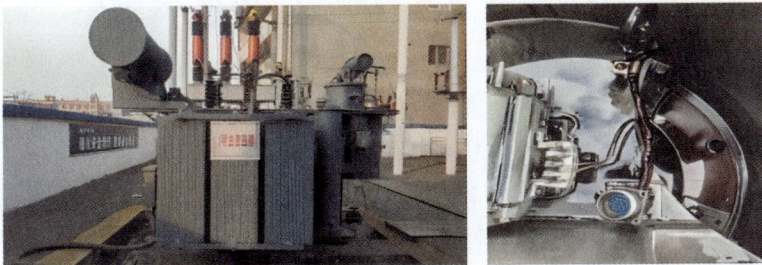

图 1-7　吊芯检查发现游离碳附着

【案例三】2021 年，某 35kV 变电站 2 号主变压器故障跳闸，对分接开关（SYJZZ 型油灭弧开关）进行吊芯检查发现分接开关的所有挡位相间均有不同程度的游离碳附着（见图 1-8）；第 6 挡（运行挡）游离碳贯穿 A、B 两相之间，在 A、B 两相的静触头上发现明显的放电烧蚀痕迹；筒壁对应位置发现放电痕迹。根据故障现象判断本次故障原因为该主变压器属于中部调压，分接开关相间电压较高（其电压为 $1/2U_{ab}$），运行过程中，分接开关挡位的变换导致绝缘油分解产生游离碳，游离碳日积月累附着在绝缘件表面，导致绝缘件绝缘降低，容易发生相间放电击穿。

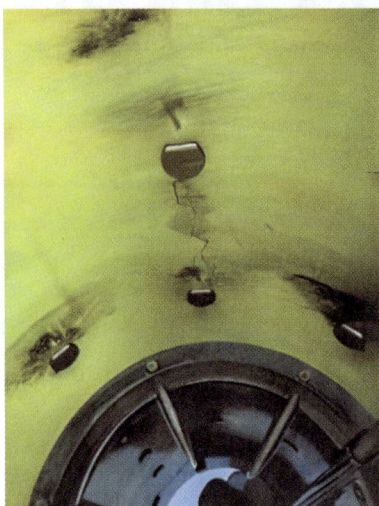

图 1-8　吊芯检查发现游离碳附着

处理措施：

（1）编制 SYJZZ 型开关吊检作业指导书，明确分接开关重点检查要求、关键工序、验收要求、必备的备品备件等。

（2）制订了差异化处理策略，优先对出厂年限在 10 年以上（2011 年及之前出厂）的 SYJZZ 型开关进行吊芯检查，清理绝缘件上附着的游离碳，2021 年 12 月 31 日前完成；其余 SYJZZ 型开关可结合主变压器停电进行吊芯检查。

整改效果：通过吊芯检查完成消缺，至今未发生过同型分接开关故障。

【案例四】某 35kV 变电站 2 号主变压器开展分接开关吊芯检查，该分接开关为运行 10 年以上的 SYJZZ 型有载分接开关，吊芯发现绝缘筒内壁和开关本体绝缘件均附着大量残留的游离碳（见图 1-9）。

处理措施：对 SYJZZ 型有载分接开关进行一次吊芯检查，清理绝缘件上附着的游离碳。

整改效果：通过吊芯检查完成消缺，至今未发生过同型分接开关故障。

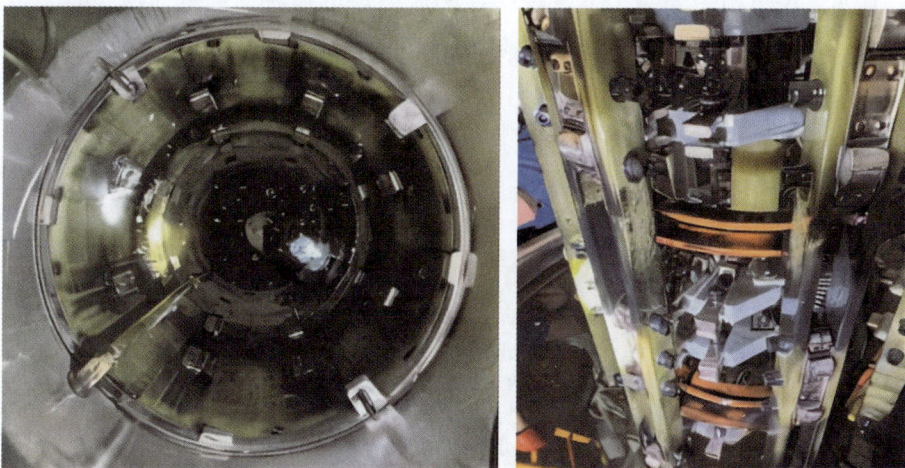

图 1-9　吊芯检查发现游离碳附着

【案例五】某 35kV 变压器有载开关检修中发现 SYJZZ 型开关筒壁、触头以及芯子绝缘件上附着较多游离碳（见图 1-10），存在绝缘击穿导致主变压器故障跳闸的风险。

处理措施：对主变压器有载开关进行吊芯检修，清理绝缘筒内壁、触头、芯子绝缘件上的游离碳，更换开关绝缘油，油样试验合格后恢复送电。

整改效果：通过吊芯检查完成消缺，至今未发生过同型分接开关故障。

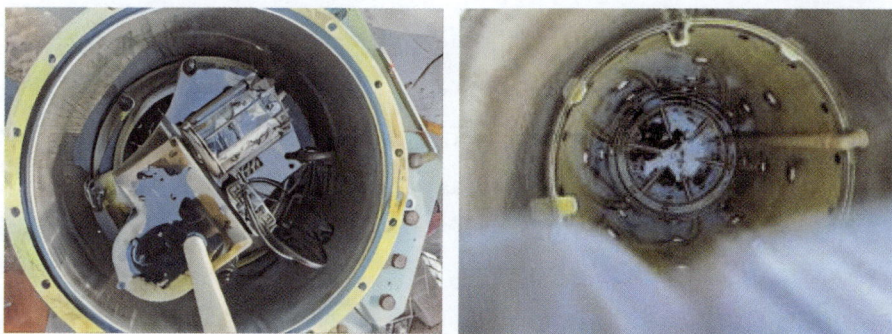

图 1-10　吊芯检查发现游离碳附着

1.7　反措规定：油色谱在线监测装置输油管与防护钢管间应有绝缘层，避免发生间隙放电，对不满足要求的需进行改造。对新入网的在线油色谱装置油路管道应采取绝缘化措施。

注：摘自《南方电网公司反事故措施》（2023版）2.1.19条。

反措条款解读：

近年来系统内已发生油色谱在线监测装置护套镀锌钢管与输油管道间放电烧蚀导致渗漏油乃至主变压器跳闸的事件。主要原因为主变压器油色谱在线监测装置输油管与主变压器壳体通过穿心螺杆可靠连接，而外套镀锌防护钢管处于悬浮电位。变电站外部接地故障时，在变电站地网内部形成较高暂态电位梯度分布，输油管与镀锌钢管间及油色谱在线监测装置端子箱盖板间易形成的较高的转移电位差，引起火花放电并造成输油管烧蚀。因此提出油色谱在线监测装置输油管与防护钢管间应有绝缘层，避免发生间隙放电，对不满足要求的需进行改造。对新入网的在线油色谱装置油路管道应采取绝缘化措施。

【案例一】2021年1月29日，某220kV变电站3号主变压器轻瓦斯动作，现场检查发现在线油色谱装置输油管破裂，导致主变压器持续漏油、油位不断下降，造成轻瓦斯动作告警。分析认为主变压器油色谱在线监测装置输油管与主变压器壳体通过接地螺杆与地网可靠连接，而外套镀锌防护钢管处于悬浮电位。变电站外部接地故障时，在变电站地网内部形成较高暂态电位梯度分布，输油管与镀锌钢管间及油色谱在线监测装置端子箱盖板间易形成的较高的转移电位差，引起火花放电并造成输油管烧蚀（见图1-11）。

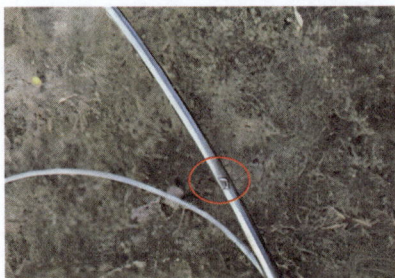

图1-11　油色谱装置油管有放电痕迹

处理措施：

（1）对于有油位偏低，且没发现明显渗漏油痕迹的主变压器，尝试检查在线油色谱或在线滤油装置输油管是否存在渗漏油。

（2）对于已运行多年的，使用地下暗管的在线油色谱装置，运维人员在巡视中打开盖板检查是否有渗漏油情况。

（3）对于日后新装的在线油色谱装置，油管避免选用地下暗管，而选用地面明管，以便运维人员检查是否有渗漏油情况。同时，油管可以做绝缘包扎，避免放电造成油管破裂。

整改效果： 更换油管并明管敷设后，未在出现同类缺陷。

【**案例二**】2021年8月14日，某220kV变电站2号主变压器因油色谱在线监测装置输油管发生间隙放电（见图1-12），输油管破损导致主变压器内变压器油降低至升高座以下，B相套管均压环与升高座间绝缘距离击穿放电，造成B相短路接地。

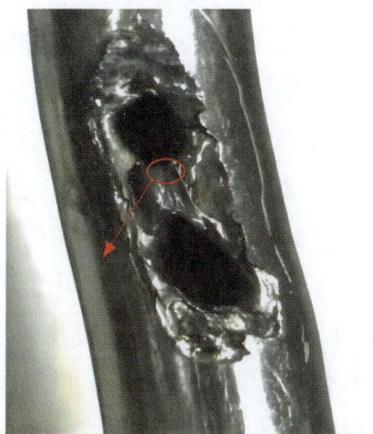

图 1-12 输油管发生间隙放电破损

处理措施： 油色谱在线监测装置输油管与防护钢管间增加绝缘层，避免发生间隙放电。

整改效果： 整改后未再出现同类缺陷。

【**案例三**】2021年11月14日，某换流站发现极2的换流变压器B相油位显示为11%，现场检查与油位表机械指示值一致，查看趋势图显示换流变压器B相油位下降幅度较大。经检查发现是由于油色谱在线监测装置与换流变压器本体连接的输油管严重锈蚀，最终穿孔导致漏油（见图1-13）。经分析，本次

漏油为典型氯离子点蚀现象。超高压公司立即组织对管辖范围内的油色谱装置管道腐蚀情况进行排查，排查的 60 台设备中有 3 台存在腐蚀情况。

处理措施：装置油管两端接地，外防护镀锌管接地；装置油管应做绝缘处理；装置油管外保护层不得使用含氯元素材质［如聚氯乙烯（PVC）包覆的金属波纹管］。

整改效果：整改后未再发现腐蚀迹象。

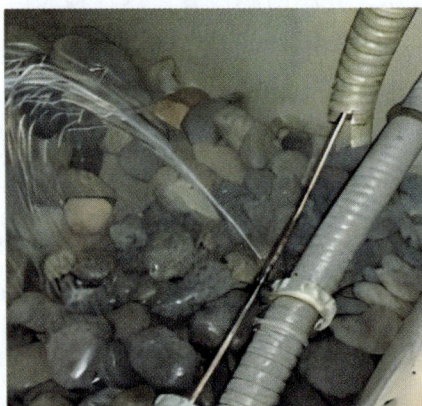

图 1-13　输油管发生间隙放电破损

1.8　反措规定：

（1）不应对上海华明生产的 CM 型开关进行 VCM 型改造。

（2）针对上海华明生产的 VCM 型真空分接开关，当乙炔含量超过 100μL/L 且在缩短周期后两次试验周期乙炔增量大于 50μL/L 的情况下，应暂停调压操作，开展吊芯检查，重点检查转换触头是否有放电痕迹，若存在放电痕迹应进行返厂检修。

（3）返厂检修后的 VCM 型开关应进行分波形测试，并满足 DL/T 1538—2016《电力变压器用真空有载分接开关使用导则》5.3.1，"转换触头与所串联的真空灭弧室在动作程序上有大于（1.2/2f）s 的配合时间（50Hz 下时间裕度应大于 12ms）"。

反措条款解读：

上海华明公司 VCM 型真空有载分接开关发生多起油中乙炔含量超标，经返厂检查发现转换触头存在电弧放电痕迹，转换触头的与串联真空泡的配合时

间为 6.2～8.4ms，不满足 DL/T 1538—2016《电力变压器用真空有载分接开关使用导则》的要求。该真空分接开关由于受油室尺寸限制及制造工艺的影响，转换触头的行程距离不足，导致过渡回路真空泡与转换触头的配合时间太短，造成真空泡未完全熄弧的情况下而转换触头开始动作，从而产生乙炔。因此提出不应对存量 CM 型开关进行 VCM 型改造；在运的 VCM 型真空有载分接开关当乙炔含量超过 100μL/L 且在缩短周期后两次试验周期乙炔增量大于 50μL/L 的情况下，应暂停调压操作，开展吊芯检查；返厂检修后的 VCM 型开关应进行分波形测试，并满足 DL/T 1538—2016 规定的技术要求。

【案例一】 6 月某供电局对 110kVA 变电站 2 号主变压器开展调压开关绝缘油色谱试验时，发现乙炔含量达 222μL/L，超注意值 100μL/L。12 月开展吊芯检修，发现 A 相双数侧过渡触头真空泡击穿，滚轮放电烧毁（见图 1-14）；C 相双数侧主通断真空泡加压至 3kV 发生击穿，现场检修后，开关恢复正常。次年 3 月色谱试验乙炔正常（测试值 23.83μL/L）。最近一次试验在次年 2 月（乙炔测试值 85.3μL/L）。

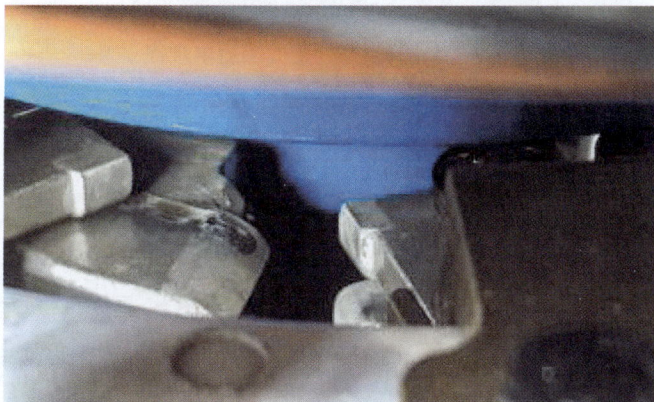

图 1-14　滚轮放电烧损

处理措施： 加强色谱跟踪，针对乙炔组分超注意值的设备开展吊芯检查，若发现真空泡等配件损坏，需及时更换。

整改效果： 检修之后，设备运行正常。

【案例二】 某 110kV 变电站 2 号主变压器开展调压开关绝缘油色谱试验时，发现乙炔含量达 2167μL/L，超注意值 100μL/L。开展吊芯检修，更换切换芯子。

处理措施： 加强色谱跟踪，针对乙炔组分超注意值的设备开展吊芯检查，

若发现真空泡等配件损坏，需及时更换。

整改效果：检修之后，色谱乙炔组分正常（测试值 35μL/L），最近一次试验在 2022 年 1 月 18 日（乙炔测试值 20.62μL/L）。

【案例三】2021 年 9 月 28 日，某 220kV 变电站 2 号主变压器真空有载调压开关开展油色谱试验时，发现乙炔含量快速增长。现场吊芯检查发现转换开关 J 动触头一侧存在明显烧蚀痕迹，切换芯子内部绝缘支撑部位多处有粉末状碳颗粒污秽痕迹。返厂进一步检查发现主触头存在轻微放电痕迹（见图 1-15），转换开关动静触头两侧有放电烧蚀痕迹。分析认为，VCM 型有载分接开关设计为过渡真空泡 V2 断开后 10ms 转换开关切换，真空泡 V2 断开到灭弧最长需要 10ms（电压频率为标准的 50Hz 正弦波时，周期为 20ms）。当电网电压发生波动，导致电压周期大于 20ms 时，转换开关切换时可能还未完全灭弧，残留的电压会导致转换开关动、静触头间产生电弧放电，油中产生乙炔。

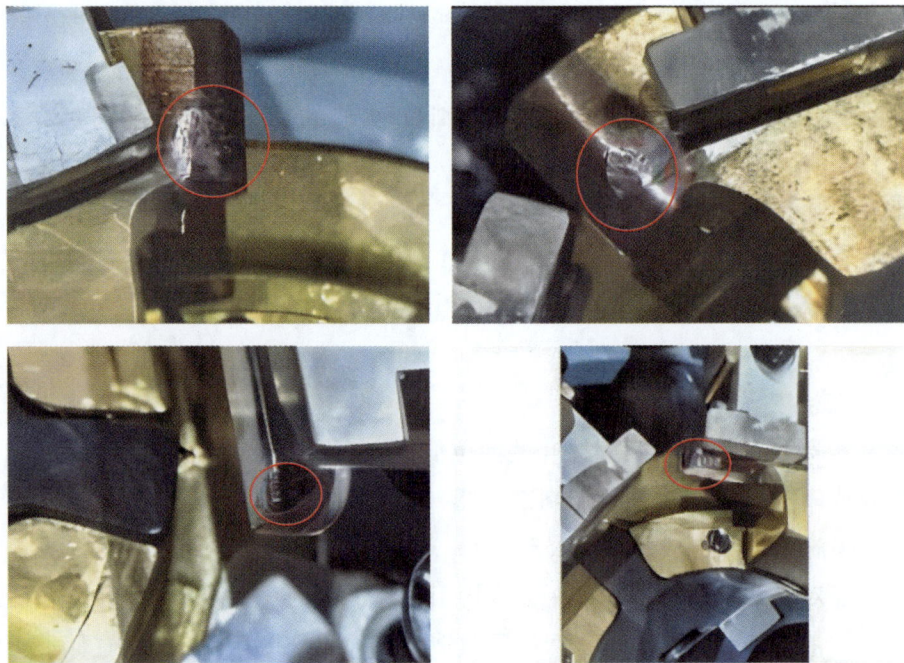

图 1-15 放电烧蚀痕迹

处理措施：

（1）当乙炔含量超过 100μL/L 且在缩短周期后两次试验周期乙炔增量大于 50μL/L 的情况下，应暂停调压操作，开展吊芯检查，重点检查转换触头是

否有放电痕迹，若存在放电痕迹应进行返厂检修。

（2）有条件时对同型分接开关进行更换处理，将真空分接开关芯子更换为油浸式分接开关芯子。

整改效果：整改后，有效避免了同型分接开关频繁取油问题，分接开关运行再未发生故障。

1.9 反措规定：为防止有载分接开关带电补油造成油流控制继电器／气体继电器重瓦斯误动作：

（1）对储油柜无专用注油管，需从取油管"自下而上"补油的变压器分接开关，宜结合停电检修进行注油管加装改造，可采取以下改造方式：①分接开关配置独立储油柜的可通过储油柜排污塞孔加装注油管道和阀门；②分接开关与主变共用储油柜的，可通过储油柜排污塞孔加装注油管道和阀门，无排污塞孔的可通过在储油柜底部气体继电器连管加装注油管等。

（2）分接开关带电补油应从储油柜专用注油管"自上而下"进行补油，储油柜无注油管配置的分接开关不宜开展带电补油作业，若因停电困难确需开展带电补油的，补油作业前应确保重瓦斯保护已退出，选用油压流速可调油泵并控制油速，避免造成油流控制继电器／气体继电器误动作；补油完成后应检查相关非电量保护有无告警并复归，对于分接开关油流控制继电器／气体继电器带自保持功能的，若补油过程中动作，应申请停电进行手动复归。

注：南方电网公司反事故措施（2023 版）2.1.21 条。

反措条款解读：

变压器运行中，有载分接开关油位低报警后需要及时补油。带电补油时，如果操作不当，易造成油流控制继电器／气体继电器重瓦斯误动作。为此，采用以下措施可避免造成继电器误动。

（1）对有载分接开关储油柜无专用引下注油管的，宜结合停电检修对储油柜进行注油管加装改造，可采取以下改造方式：①分接开关配置独立储油柜的可通过储油柜排污塞孔加装注油管道和阀门；②分接开关与主变压器共用储油柜的，可通过储油柜排污塞孔加装注油管道和阀门，无排污塞孔的可通过在储油柜底部气体继电器连管加装注油管等。

（2）有载分接开关带电补油应从储油柜专用引下注油管向储油柜进行补

油。储油柜无引下注油管配置的分接开关不宜开展带电补油作业，若因停电困难确需开展带电补油的，补油作业前应确保重瓦斯保护已退出，选用油压流速可调油泵并控制油速，避免造成油流控制继电器/气体继电器误动作；补油完成后应检查相关非电量保护有无告警并复归，对于分接开关油流控制继电器/气体继电器带自保持功能的，若补油过程中动作，应申请停电进行手动复归。

【案例】2022年12月1日某电网公司调度监视发现220kV C站1号主变压器提前有载油位异常信号动作，经现场确认，1号主变压器有载油位偏低。现场使用不可调节流速的油泵（见图1-16）对主变有载开关开展不停电补油工作。补油路径是开关本体注油管→有载开关顶盖→有载开关本体→有载开关瓦斯继电器→有载开关储油柜（见图1-17）。补油过程中，油流将从有载开关顶盖向有载开关储油柜方向涌动，油泵流速超过油流控制继电器动作值，有载重瓦斯动作（该继电器需停电手动复归）触点接通，后台有载重瓦斯信号灯亮红灯。由于现场人员未认真核对后台有载重瓦斯信号并对有载重瓦斯进行复位（见图1-18），投入有载开关重瓦斯保护时主变压器三侧开关跳闸（见图1-19）。

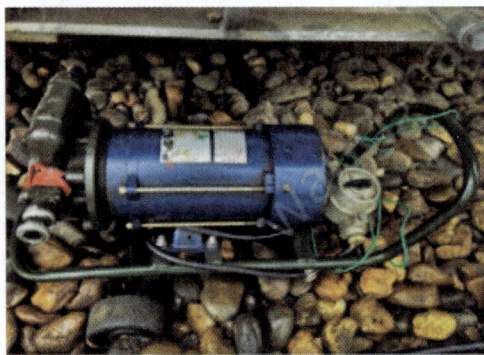

图1-16　不可调节流速油泵

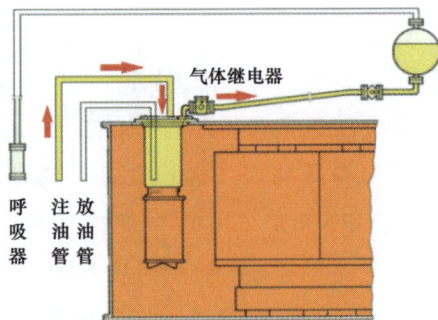

图1-17　补油路径示意图

处理措施：一是储油柜加装引下油管。结合停电计划，将有载调压开关"自下而上"补油方式改为"自上而下"补油方式，在靠近油枕位置加装注油管道（见图1-19）。二是采用可调速智能油泵从调压开关本体注油管对开关进行补油，油泵流速控制在有载重瓦斯继电器动作值以下。

整改效果：从储油柜引下油管直接向储油柜补油，补油油路无需流经气

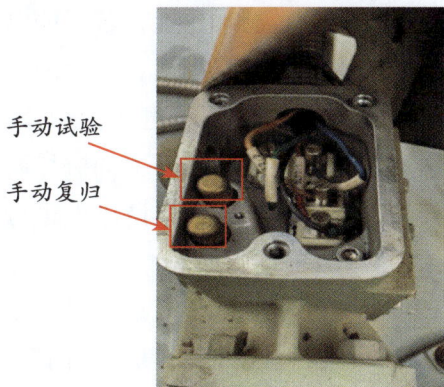

图1-18 有载开关油流继电器　　图1-19 有载分接开关储油柜示意图

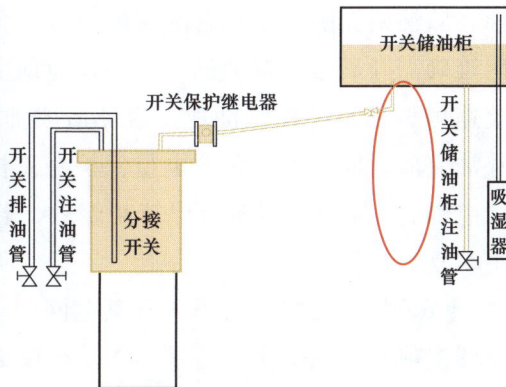

体继电器，减少气体继电器误动风险。对本次不可调速油泵与可调速智能型油泵对比模拟测试，该油泵设置油管高程4.5m，油管管径25mm（与现场的注油管管径一致）。经测算，采用该油泵油流速度为1.9m/s，大于有载重瓦斯整定值0.91m/s。采用可调速智能泵时，转速800r/min，油流速度为0.65m/s，小于有载重瓦斯整定值0.91m/s。根据模拟结果，采用该油泵对同类结构的有载开关补油会导致气体继电器动作，采用智能型油泵不会造成动作。

> **1.10 反措规定：**对于ABB公司2020年前生产的UCGRN650/600/C型有载调压开关，应结合停电检修工作对传动齿轮盒锈蚀情况开展检查及处理，齿轮盒存在锈蚀现象的，应及时更换。对于户外变压器UCGRN 650/600/C型调压开关，传动齿轮盒应加装防雨罩或将上层封板改造成具有防雨功能的密封盖板。若该型开关运行中发生调挡失败，应停止调挡，排查调挡失败是否为二次回路等问题，并在现场及时处置，如果无法确认原因，应尽快申请停电，检查伞齿轮盒是否存在锈蚀卡涩、传动连杆是否变形等情况。
>
> 注：南方电网公司反事故措施（2023版）2.1.22条。

反措条款解读：

ABB公司2020年前生产的UCGRN 650/600/C型有载调压开关由于传动齿轮盒盖板密封不良，易发生传动齿轮盒进水、受潮，导致齿轮锈蚀卡涩，

调压开关无法传动。为此，应结合变压器停电检修对传动齿轮盒锈蚀情况开展检查及处理，齿轮盒存在锈蚀现象的，应及时更换。若该型开关运行中发生调挡失败，应停止调挡，排查调挡失败是否为二次回路等问题，并在现场及时处置，如果无法确认原因，应尽快申请停电，检查伞齿轮盒是否存在锈蚀卡涩、传动连杆是否变形等情况。对于户外变压器 UCGRN 650/600/C 型调压开关，传动齿轮盒应加装防雨罩或将上层封板改造成具有防雨功能的密封盖板。

【案例一】2022 年某 220kV 变电站 2 号主变压器 UCGRN 650/600/C 型有载调压开关传动齿轮卡涩的情况，齿轮盒存在明显受潮痕迹。经检查分析，主要原因为在装配过程中密封胶条未安装到位导致密封失效，潮气进入齿轮盒内，使齿轮部件严重锈蚀。

处理措施：对在运的有载开关，如齿轮盒没有防雨措施，建议增加齿轮盒外层防雨罩，避免雨水和齿轮盒直接接触；更换带观测窗的新齿轮盒盖板，方便用户定期检查判断内部是否有进水痕迹，避免内部锈死现象出现；整体更换全新齿轮盒。

整改效果：对加装防雨罩或将上层封板改造成具有防雨功能的密封盖板的有载开关传动齿轮盒进行检查，未发现内部进水受潮痕迹，有效避免齿轮卡涩，影响调压开关正常操作。

【案例二】2018 年，某供电局 220kV D 站 2 号主变压器 UCLDN 650/900/Ⅲ运行过程中调度远控调压开关调挡不成功，现场人员就地电动操作挡位，电机不动。现场手动操作连杆也无法转动调压开关。紧急停电对主变压器进行检查，检修人员将电动机构传动杆及传动齿轮分段解开逐步排查分析，最后确定是由于调压机构传动杆与开关本体间的传动齿轮卡涩（见图 1-20），导致调压开关无法正常动作。现场检查齿轮盒里面有积水积污，齿轮部分有锈迹，卡涩严重，导致机构不能调挡。主要原因为伞齿轮盒密封结构不良：尾部密封为纸密封，过于薄弱，且一旦受潮，极易失效；顶部盖板密封圈过细，容易导致密封失效。

处理措施：因为缺陷伞齿轮盒无法修复，利用备品进行更换。齿轮盒加装防雨罩。

整改效果：下一运维周期对有载开关传动齿轮盒进行检查，未发现内部进水受潮痕迹。

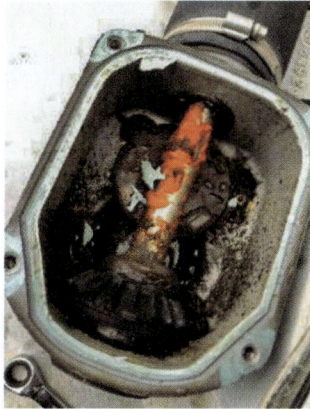

图 1-20　齿轮盒进水受潮锈蚀情况

【案例三】2021 年 1 月 23 日某供电局 110kV A 站 3 号主变压器 ABB 有载调压开关（UCGRN 380/400C）在执行 5 挡升 4 挡过程中，出现有载调压开关电机开关／滤油电机保护开关跳闸，检查发现齿轮盒进水，严重锈蚀（见图 1-21），造成卡阻。分析原因为齿轮盒上盖板密封胶圈直径太小，没有压缩量，齿轮盒侧盖板没有密封胶圈。

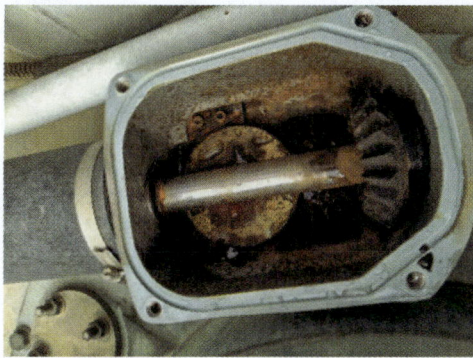

图 1-21　齿轮盒锈蚀情况

处理措施：更换新的齿轮盒。将齿轮盒顶盖的铝制封板更换成更厚的不锈钢封板，以减小螺栓孔距过大对密封面的不利影响。在齿轮盒上方加装防雨罩。

整改效果：完成齿轮盒更换后，现场人员对机构进行手摇操作检查，操作顺畅，卡涩现象消失。

1.11　反措规定：110～500kV 抗短路能力校核结果为 D 级的 15 年以上老旧主变，且遭受过近区短路冲击或短路电流超过变压器最大容许短路电流有效值 70% 及以上，或怀疑有绕组变形、压紧结构松动的变压器，宜由具备用电源自动投入主校核能力的机构开展抗短路校核，并开展变压器振动检测，进行综合分析评估。

注：南方电网公司反事故措施（2023 版）2.1.23 条。

反措条款解读：

110～500kV 抗短路能力校核结果为 D 级的 15 年以上老旧主变压器，且遭受过近区短路冲击或短路电流超过变压器最大容许短路电流有效值 70% 及以上时，发生主变压器线圈移位、变形的风险高，当怀疑有绕组变形、压紧结构松动的变压器，宜由具备自主校核能力的机构开展抗短路校核，并开展变压器振动检测，进行综合分析评估，确定变压器的状态是否具备运行条件，避免导致设备事故。

1.12　反措规定：220kV 及以下主变压器的 6~35kV 中（低）压侧引线、户外母线（不含架空母线）及接线端子应绝缘化；500（330）kV 变压器 35kV 套管至母线的引线宜绝缘化；变电站出口 2km 内的 10kV 架空线路应采用绝缘导线。

注：南方电网公司反事故措施（2023 版）2.1.24 条。

反措条款解读：

近年来系统内发生多起变压器低压套管因外力导致的单相及相间短路故障，进而导致主变压器受损。因此提出对 220kV 及以下主变压器的 6~35kV 中（低）压侧引线、户外母线（不含架空母线）及接线端子应绝缘化；500（330）kV 变压器 35kV 套管至母线的引线宜绝缘化；变电站出口 2km 内的 10kV 架空线路应采用绝缘导线。以此提升变压器低压侧套管绝缘防护能力。

1.13　反措规定：新投运套管的伞裙间距不应低于规定标准。如已有运行套管的伞裙间距低于规定标准，应采取加硅橡胶伞裙套等措施。在严重污秽地区运行的变压器，宜采取在瓷套涂防污闪涂料等措施。

注：南方电网公司反事故措施（2023 版）2.1.25 条。

反措条款解读：

变压器套管的伞裙间距低于规定标准时，严重污秽地区或大雨情况下，易造成套管外绝缘闪络放电。为此，新投运套管的伞裙间距不应低于规定标准，如已有运行套管的伞裙间距低于规定标准，应采取加硅橡胶伞裙套等措施。在严重污秽地区运行的变压器，宜采取在瓷套涂防污闪涂料等措施。

【案例】某供电局 110kV B 站 1 号主变压器变高套管存在伞裙间距不满足要求。

处理措施：对套管增加伞裙（见图 1-22），增加爬距。

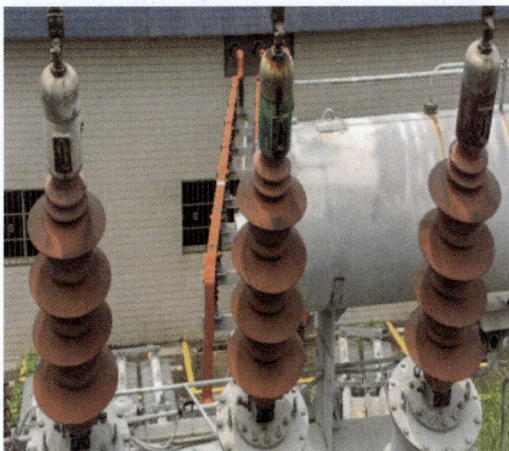

图 1-22 主变压器套管伞裙

整改效果：完成套管增加伞裙，解决间距不满足要求问题，消除爬电的风险。

1.14 反措规定： 强迫油循环变压器内部故障跳闸后，潜油泵应同时退出运行。

注：南方电网公司反事故措施（2023 版）2.1.26 条。

反措条款解读：

强迫油循环变压器发生内部短路故障时，会产生大量的游离碳，部分绝缘烧损，甚至放电部位的金属烧损产生金属颗粒。跳闸后，潜油泵应同时退出运行，避免金属颗粒、大量的绝缘杂质进入线圈内部。

1.15　反措规定：励磁变压器上方不宜布置水管道，若无法避免应采取防水隔离措施。

注：南方电网公司反事故措施（2023 版）2.1.27 条。

反措条款解读：

励磁变压器上方不宜布置水管道，若发生水泄漏，水分进入变压器上部及内部，将导致接地受潮情况，进而出现跳闸。若无法避免应采取防水隔离措施。

1.16　反措规定：现场进行变压器干燥时，应做好防火措施，防止加热系统故障或线圈过热烧损。

注：南方电网公司反事故措施（2023 版）2.1.28 条。

反措条款解读：

变压器干燥时，箱壁温度可达 115℃，器身温度可达 90℃，如果现场不做好温度控制，易发生火灾和线圈过热烧损。为此，现场做好温度和工艺控制，做好防火措施，防止加热系统故障或线圈过热烧损。

第二节　电抗器类事故案例

1.17　反措规定：对运行中的干式空心电抗器，其表面有龟裂、脱皮或爬电痕迹严重现象的，有条件可进行全包封防护工艺技术处理。

注：南方电网公司反事故措施（2022 版）2.2.2 条。

反措条款解读：

由于干式空心电抗器运行环境差，运行一定年限后电抗器表面涂层易出现龟裂或裂痕现象，导致电抗内部绝缘受潮，使裂痕周围发生爬电，进一步发展将导致严重的电抗器短路并引发电抗器着火事故。因此提出空心电抗器表面有龟裂、脱皮或爬电痕迹严重现象的，可进行全包封防护工艺技术处理，以达到整体提升电抗器运行稳定性的目的。

【案例一】2021 年 3 月，某换流站直流停电期间开展直流滤波器电抗器定检，发现干式电抗器表面存在多处裂痕，裂痕周围存在多处爬电痕迹（见图 1-23）。

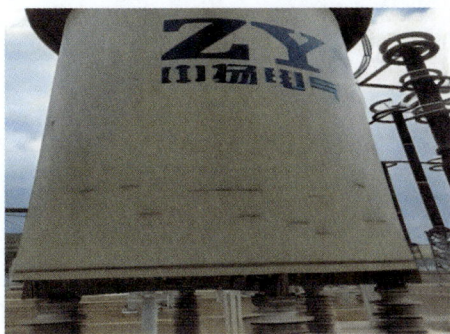

图 1-23　电抗器表面出现裂纹

处理措施：联合设备制造厂分析电抗器裂痕原因，开展电抗器内部检查，发现电抗器最外层有裂痕（保护罩），经综合评估，使用 PRTV 材料开展修补后可满足安全运行要求。

整改效果：通过喷涂处理后，电抗器运行稳定。

【案例二】2018 年，某变电站运行人员在对 35kV 电抗器巡视中发现电抗器表面有龟裂现象（见图 1-24）。

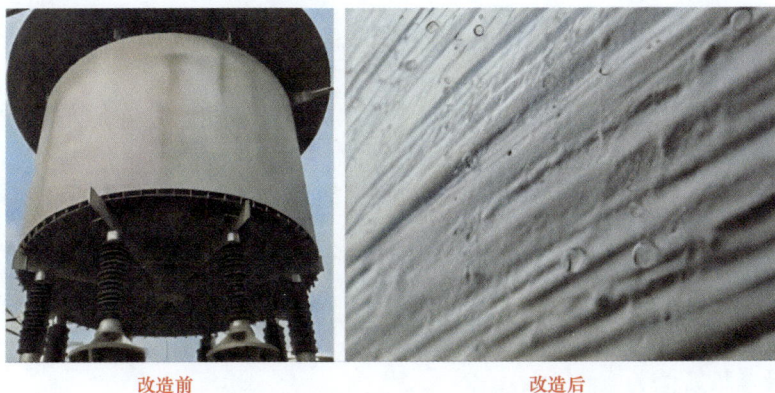

改造前　　　　　　　　　　　　　改造后

图 1-24　电抗器全包封绝缘喷涂改造前后对比

处理措施：对电抗器进行全包封防护。

整改效果：对电抗器进行全包封防护后，电抗器运行状况良好，运行至今未发生表面龟裂、脱皮现象。

第三节　防止互感器事故反措案例

1.18　反措规定： 对由上海 MWB 互感器有限公司生产的 TEMP–500IU 型 CVT，应分轻重缓急，分期分批开展 CVT 电容器单元渗漏油缺陷进行整改。对暂未安排整改的 CVT 应加强运行巡视，重点关注渗漏油情况。新建工程不允许采用未整改结构的同类产品。

注：南方电网公司反事故措施（2023 版）2.3.4 条。

反措条款解读：

上海 MWB 互感器有限公司生产的 TEMP–500IU 型 CVT 由于 U 形密封圈安装不到位，造成一边过度压紧，且不锈钢封板边角比较锋利，导致密封圈受损开裂，进而导致电容单元渗漏油（见图 1–25）。因此要求对上海 MWB 互感器有限公司生产的同型号设备进行整改，将 U 形密封圈改用 O 形密封圈凹槽定位密封结构，对暂未安排整改的 CVT 应加强运行巡视，重点关注渗漏油情况。新建工程不允许采用未整改结构的同类产品。

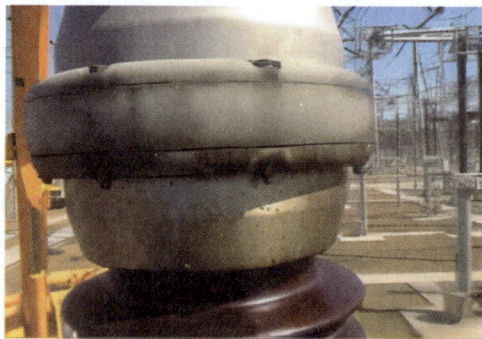

图 1-25　CVT 电容器单元渗漏油

【案例】 2015 年 4 月 17 日，某变电站检查发现 7 号母线 CVT C 相漏油，由于漏油情况较为严重，立即对第二大组滤波器进行停电，将 7 号母线 CVT 退出运行。故障 CVT 为上海 MWB 互感器有限公司生产的 TEMP–500IU 型 CVT。

处理措施： 用备品对故障 CVT 进行更换。

经检查分析，由于上海 MWB 互感器有限公司的 TEMP–500IU 型 CVT 电容单元存在渗漏油的风险，组织对该站 32 台该型号 CVT 全部进行轮换大修处理。

整改效果： 完成轮换返厂大修后，CVT 不再有大规模渗漏油情况。

> **1.19　反措规定：** 根据电网发展情况，应注意验算电流互感器动热稳定电流是否满足要求。若互感器所在变电站短路电流超过电流互感器铭牌规定的动热稳定电流值时，应及时安排更换。
>
> 注：南方电网公司反事故措施（2023 版）2.3.5 条。

反措条款解读：

随着电网的不断扩大，电网系统内短路电流持续增大，当电流互感器安装点的短路电流超过设计的容许动热稳定电流时，此时系统发生短路故障，电流互感器极易发生设备损坏故障。因此，应根据电网发展情况，注意验算电流互感器动热稳定电流是否满足要求。若互感器所在变电站短路电流超过电流互感器铭牌规定的动热稳定电流值时，应及时安排更换。

第四节　防止蓄电池事故反措案例

> **1.20　反措规定：** 新建的厂站，设计配置有两套蓄电池组的，应使用不同厂家的产品，同厂家的产品可根据情况站间调换。
>
> 注：南方电网公司反事故措施（2021 版）2.4.1 条。

反措条款解读：

同一型号的蓄电池在相同运行条件下，蓄电池组存在的问题有同时出现的风险，直流系统的可靠性直接影响电网设备的运行可靠性。因此，变电站使用的蓄电池使用不同厂家的产品减少电池组同时出问题的隐患。提高直流系统运行可靠性。

【案例】 某 500kV 变电站原不间断电源（UPS）系统两组蓄电池 2010 年投

运,两组蓄电池采用同一厂家产品(见图1-26),2018~2019年期间,切换站因蓄电池组故障用电经常发生后台掉电情况,导致监控系统异常。

处理措施: 蓄电池接近10年开展更换,并采用不同厂家的蓄电池品牌保证系统正常运行,执行该反事故措施,将原来两组UPS蓄电池更换为不同类型的蓄电池,满足了反事故措施的要求。

整改效果: 更换后的蓄电池运行稳定,并分别来自不同厂家,消除了之前蓄电池组同时出现故障导致UPS故障异常的情况。

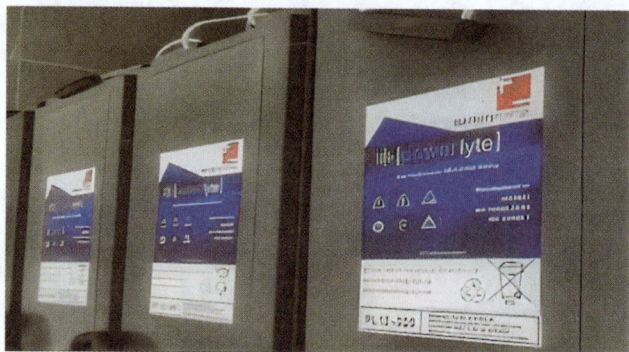

图1-26 蓄电池组

1.21 反措规定: 各单位对运行5年以上的"蓄电池组核对性充放电试验和内阻测试"的历史数据进行分析,最近一次核对性充放电试验中未保存放电曲线的需补做并保存曲线。

注:南方电网公司反事故措施(2023版)2.4.2条。

反措条款解读:

一般变电站蓄电池组厂家保质期为12年,根据运行经验,运行5年以上的蓄电池组因劣化产生故障概率较高。蓄电池正常工作在浮充电状态,可通过对蓄电池组核对性充放电试验和内阻测试的数据来判断蓄电池的健康状态,通过历史数据对比分析能反映出蓄电池的性能变化趋势,提前发现蓄电池可能存在的隐患以便排查检修或更换,因此提出对运行5年以上的蓄电池组核对性充放电试验和内阻测试的历史数据进行分析并保存放电曲线。

【案例一】 2017年12月31日,某220kV变电站发生蓄电池损坏导致故障线路保护装置拒动事件。该站110kV M线路C相接地短路,导致站用电源电

压降低，充电模块输入保护电路动作（欠压保护点为 323V），充电模块停止工作，而 2 号直流系统 63 号蓄电池损坏，2 号直流母线失电，110kV M 线路保护未正确动作隔离故障，其他保护装置动作完成故障隔离。蓄电池组损坏情况见图 1–27。

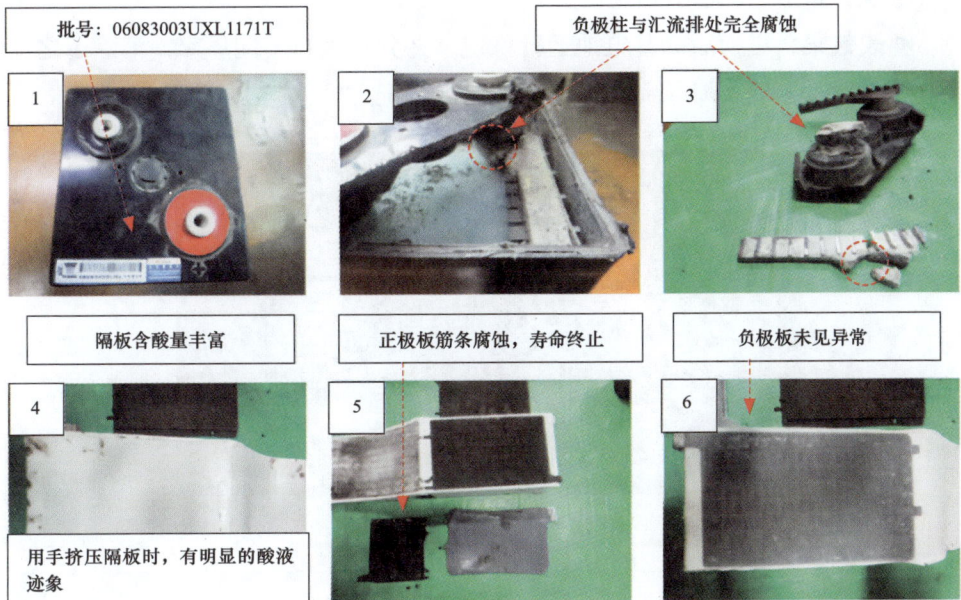

图 1-27　蓄电池组损坏情况

处理措施：对运行超过 10 年的蓄电池组应进行整组更换；按时开展蓄电池组核对性充放电试验和内阻测试工作，并对历史数据进行分析。

整改效果：按时开展蓄电池组核对性充放电试验和内阻测试工作的变电站未出现直流母线失压情况。

【案例二】2021 年 6 月 16 日，某 110kV 变电站开展蓄电池防爆柜更换工作。该变电站直流电源为单套配置，按计划将在运蓄电池退出系统运行，接入临时蓄电池组运行，受雷暴天气影响，输入交流电压低充电模块无法工作（见图 1–28），加之 41 号蓄电池开路，全站直流消失。10kV 线路有故障，但直流电源消失保护无法动作，对侧 110kV 线路保护正确动作，该 110kV 变电站全站失压。

处理措施：使用临时蓄电池组接入系统运行前，应对所接蓄电池组进行核容和内阻试验，容量和内阻符合要求的蓄电池方可接入系统。按照直流系统规

范要求配置 2 组蓄电池组。

整改效果： 核对性充放电试验和内阻测试满足要求的蓄电池组运行正常。

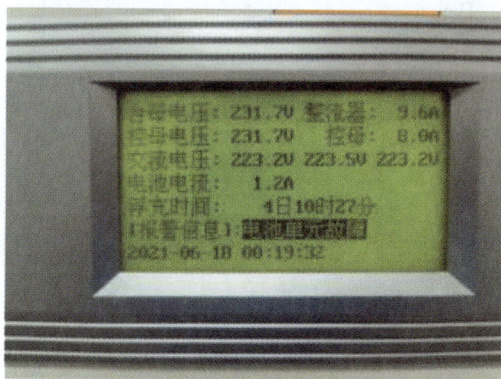

图 1-28 蓄电池故障告警

1.22 反措规定： 蓄电池组配置电池巡检仪的告警信号应接入监控系统。

注：南方电网公司反事故措施（2021 版）2.4.3 条。

反措条款解读：

蓄电池组发生异常时，运行可靠性会下降，严重时引起保护拒动，因此应将配置蓄电池巡检仪的告警信号接入监控系统，及时发现直流系统异常并进行处理。提高二次设备运行可靠性。

【案例】 某换流站站用电临时配线箱配电空气断路器载流量不足频繁跳闸，该厂低压屏柜厂家施工人员，擅自断开通信电源交流输入 4 个空气断路器，且没有及时恢复。此后通信电源系统无交流输入，通信设备由蓄电池供电。5 天后蓄电池耗尽，通信设备停电。造成该厂两条线路所有保护通道中断，线路强迫停运。

处理措施： 将蓄电池组巡检仪告警信号接入监控系统。

整改效果： 通过接入通信电源干节点告警，提升监控可靠性，实现监视 $N-1$ 冗余功能，通信调度及变电站值班人员均能看到告警。蓄电池组告警系统见图 1-29。

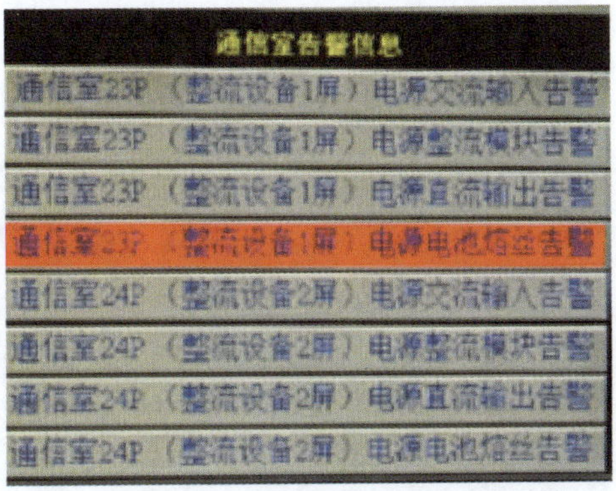

图1-29　蓄电池组告警系统

第五节　防止GIS及断路器事故反措案例

1.23　反措规定：对平高东芝公司252kV GSP-245EH型GIS断路器机构换向阀及分合闸线圈进行更换。

注：南方电网公司反事故措施（2023版）2.5.1条。

反措条款解读：

近年来系统内发生了多起河南平高东芝GSP-245EH型断路器拒动故障，故障原因为换向阀内表面粗糙度不合格，且阀体的滑动部分沾有分合闸线圈绕线管熔融物，导致换向阀在动作过程中可能出现动作延时或处于半分半合状态，开关出现拒动情况。因此提出对平高东芝公司252kV GSP-245EH型GIS断路器机构换向阀及分合闸线圈进行更换。

【案例】 2011年1月，某单位在定检工作中发现220kVA线4669开关存在合闸后不能保持的缺陷。在第一次继保传动即出现合闸后不能保持问题；之后再分、合多次均成功，在送电时第一次合闸再次出现合闸后不能保持问题。对投产阶段出现过相同问题的220kVA线4670开关机构相关参数进行测量，包括合闸针阀高度、分闸侧间隙测量、分闸侧基座测量、合闸侧基座测量等，测量结果与厂家管理值相差较大。

处理措施： 停电更换分合闸线圈及换向阀，见图1-30和图1-31。

整改效果： 已完成所有GSP-245EH型号的断路器换向阀及分合闸线圈的

更换，并将开关进行机械特性测试及多次电动分合闸测试满足要求，未出现合闸后不能保持问题。

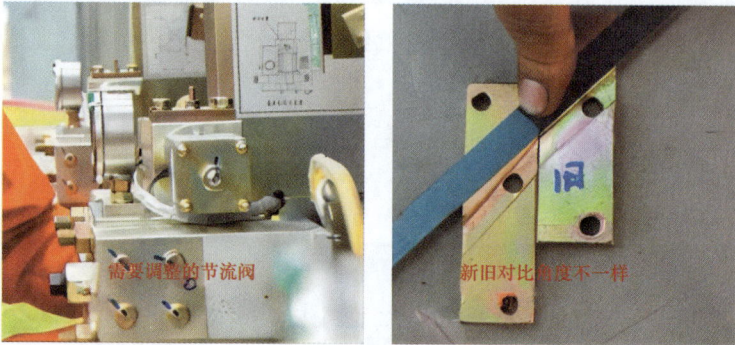

图1-30 液压机构分合闸线圈及换向阀

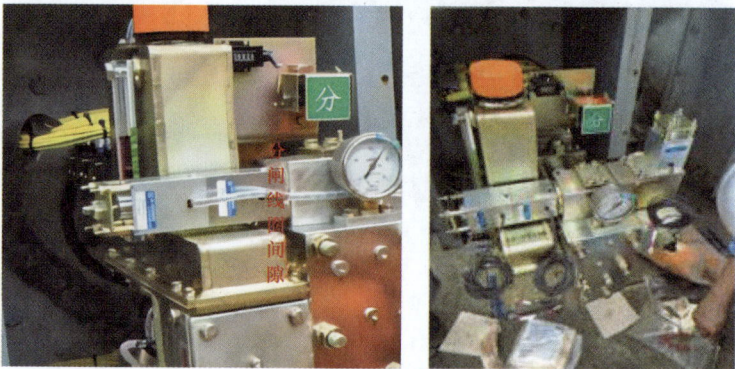

图1-31 更换分合闸线圈及换向阀

1.24 反措规定： 将北开GIS断路器气室的Marsh公司SF$_6$密度继电器逐步更换为其他可靠的密度继电器。

注：南方电网公司反事故措施（2022版）2.5.11条。

反措条款解读：

近年来系统在运的北开GIS设备所用的Marsh型SF$_6$气体密度继电器故障频发，主要存在密封不良、硅油中水分偏高、内部金属部件易受潮生锈绝缘降低等问题，导致在GIS气压正常的情况下，闭锁触点（动合触点）异常导通，导致断路器分、合闸控制回路被闭锁，断路器无法分闸风险，严重影响GIS设备正常运行。因此提出将北开GIS断路器气室的Marsh公司SF$_6$密度继电器逐

步更换为其他可靠的密度继电器。

【案例】某 110kV 变电站 110kV B 线发"控制回路断线，保护装置异常，开关 SF_6 压力低闭锁分合闸"信号（见图 1–32），现场检查压力指示在正常范围内（见图 1–33）。经专业排查为密度继电器触点缺陷导致异常发信并闭锁控制回路。

处理措施： 更换隐患 Marsh 表计后对闭锁、信号功能开展测试。测试结果均正常，设备送电正常。

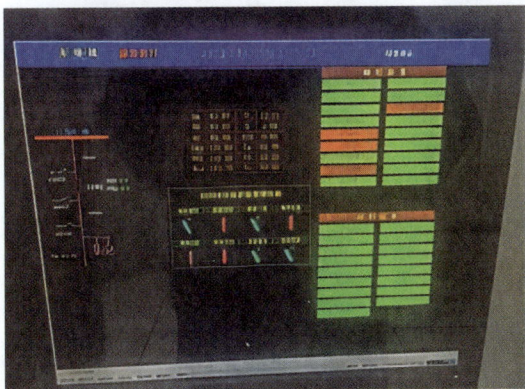

图 1-32 监控系统告警信号　　　图 1-33 SF_6 密度继电器指示正常

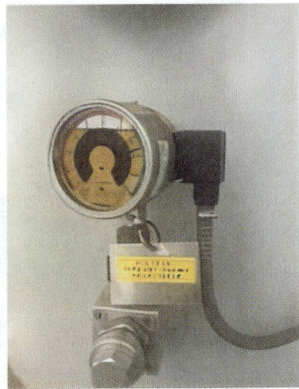

整改效果： 更换表计后对闭锁、信号功能测试均正常，设备隐患消除。

1.25 反措规定：

（1）对运行中的新东北 ZF6（A）–252 型 GIS 设备的横式隔离开关应至少每半年开展一次特高频局部放电检测；

（2）对检测发现存在局放异常的隔离开关应尽快进行开盖检查及处理。

注：南方电网公司反事故措施（2023 版）2.5.12 条。

反措条款解读：

近年来系统内发生多起新东北 ZF6（A）–252 型 GIS 隔离开关气室存在局部放电异常信号，经开盖检查原因主要为产品设计制造遗留缺陷，GIS 设备隔离开关拨叉弹簧无法与动触头传动销接触，产生悬浮电位而引起放电。因此提出对运行中的新东北 ZF6（A）–252 型 GIS 设备的横式隔离开关应至

少每半年开展一次特高频局部放电检测,对检测发现存在局部放电异常的隔离开关应尽快进行开盖检查及处理。彻底消除新东北 GIS 设备家族性缺陷。

【案例】2014 年某 500kV 变电站的 220kV GIS 局部放电在线监测装置检测到 220kV D 线线路侧 25274 隔离开关气室存在局部放电异常信号。打开 25274 隔离开关顶盖,检查发现隔离开关 C 相本体传动机构的拨叉与动触头触电杆发生放电产生局部放电,通过测量三相传动机构的拨叉到顶盖法兰面的高度和动触头导电杆上的销到顶盖法兰面的深度,计算得出 A 相符合厂家要求;B 相拨叉上的弹簧与销有接触,但压缩量不够;C 相拨叉上的弹簧与销完全没有接触,空隙为 1mm。拨叉磨损情况见图 1-34。

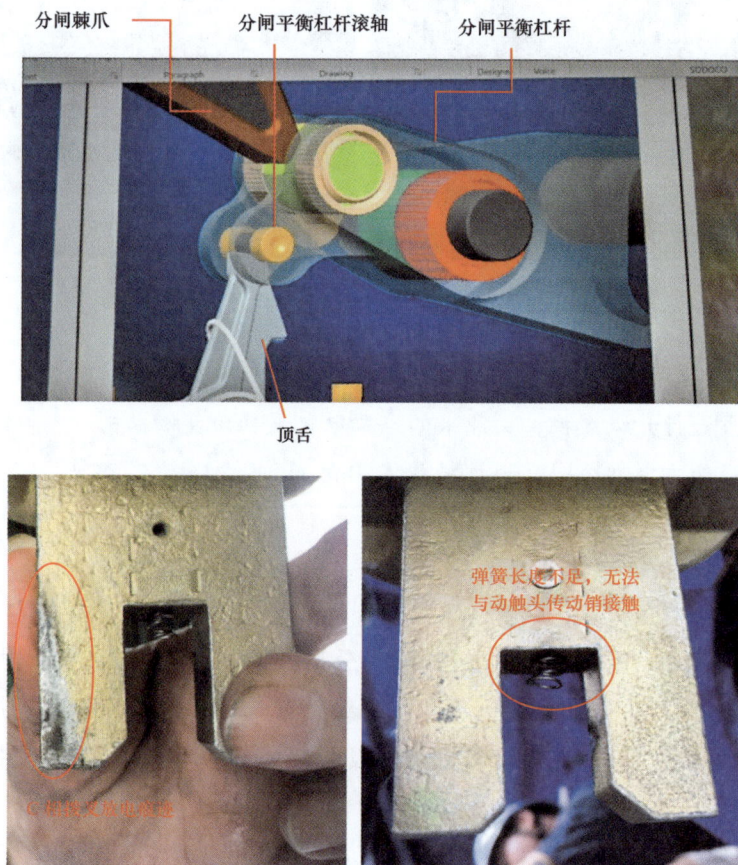

图 1-34 拨叉磨损情况

处理措施：现场对 B、C 相传动机构的拨叉位置分别加装 3mm 和 5mm 的垫块，以满足拨叉的弹簧与销能可靠接触，并且弹簧压缩量符合厂家 3mm 以上的要求，见图 1-35。

整改效果：隔离开关传动机构的拨叉位置加装垫块，拨叉上的弹簧与动触头传动销充分接触，压缩量满足 3mm 以上要求，使拨叉与动触头等电压，避免了放电情况。

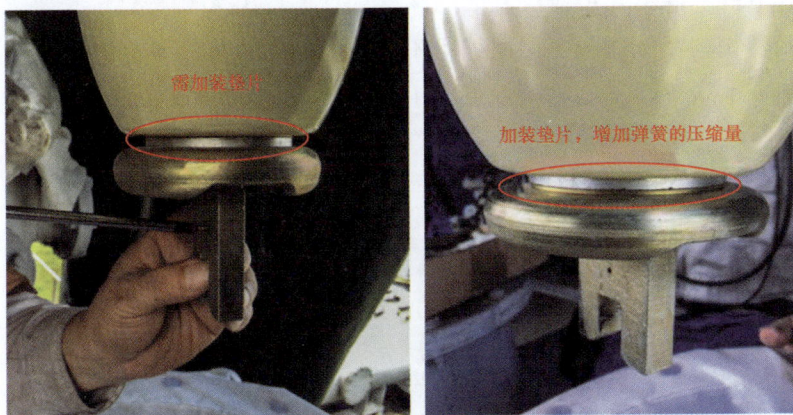

图 1-35　拨叉位置加装垫片

1.26　反措规定：针对 500kV 杭州西门子 3AP 型断路器机构储能电机逐步进行升级更换，由原来的串励电机更换为复励电机。

注：南方电网公司反事故措施（2022 版）2.5.14 条。

反措条款解读：

近年来系统内发生多起 500kV 杭州西门子 3AP 型号断路器因机构储能时反打造成机构壳体产生裂纹的缺陷，分析原因主要为串励电机惯性大，刹车性能较弱，导致机构壳体受力过大所致。因此提出针对 500kV 杭州西门子 3AP 型断路器机构储能电机逐步进行升级更换，由原来的串励电机更换为复励电机。

【案例一】某 500kV 变电站 500kV E 线 5013 开关为杭州西门子 3AP 型断路器，机构内部的储能电机为串励电机，将其更换为复励电机，此前发现该台开关机构的串励储能电机内部的穿芯销出现断裂，储能空转的缺陷。串励电机与复励电机见图 1-36。

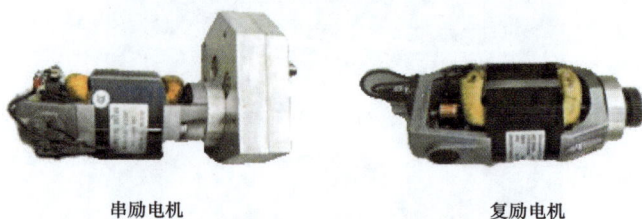

串励电机　　　　　　　　　复励电机

图 1-36　串励电机与复励电机

处理措施：更换机构储能电机。

整改效果：更换复励储能电机后，未出现电机储能空转，穿芯销断裂，储能角度异常缺陷。

【**案例二**】2015 年 4 月检修人员发现某站 552 开关 C 相、5072 开关 A 相等多台操动机构有裂纹，均位于操动机构箱背面大齿轮下方、分闸线圈并联电阻右边。机构裂纹原因为储能齿轮小凸轮尖角存在异常磨损（见图 1-37），顶杆在储能的过程中产生滑脱，导致缓冲凸轮直接撞击到合闸缓冲器的轴承，并通过轴承和限位斜块将冲击力最终作用于合闸缓冲器和机构的壳体本身。

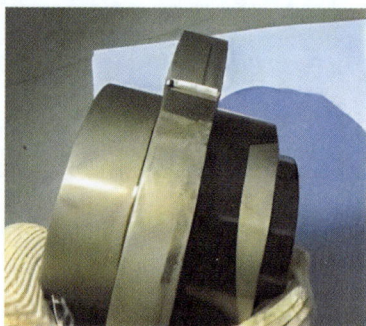

图 1-37　机构裂纹、尖角磨损

小凸轮尖角存在异常磨损的原因为储能顶杆转过角度存在超过安全区域（最大安全区域 120°）的异常情况，由于储能过程中储能齿轮高速运动，顶杆会有可能轻微跳动，导致顶杆与储能齿轮接触面减小，储能过程中顶杆易从凹槽处脱落。储能顶杆转过角度存在超过安全区域的原因为杭州西门子采用的串励电机惯性大，刹车性能较弱。更换前后过冲情况对比见图 1-38。

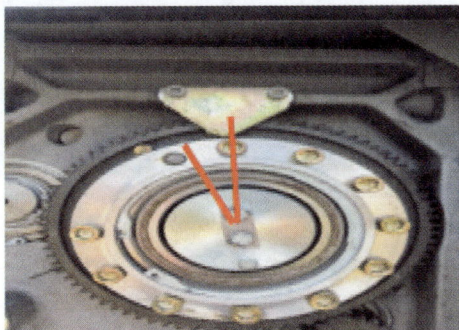

图 1-38　更换前后过冲情况对比

处理措施： 将串励电机更换为复励电机。

整改效果： 改造后齿轮过冲均小于 90°，消除了机构断裂隐患。

> **1.27　反措规定：** 开展断路器本体三相不一致断路器回路改造。针对关键重要变电站，断路器回路改造应于 2021 年 12 月 30 日前完成。其余变电站结合预试、检修等停电工作开展断路器回路改造。
>
> 注：南方电网公司反事故措施（2023 版）2.5.15 条。

反措条款解读：

近年来系统内多次发生因断路器本体三相不一致保护回路故障导致的断路器误动作事件，根本原因为继电器运行可靠性差，保护回路无法有效规避继电器缺陷带来的影响。因此提出对在运及新生产的设备进行改造，三相不一致保护继电器故障时，不应导致本体三相不一致保护回路动作。

【案例一】 2020 年 3 月 27 日某 220kV 线路发生 C 相接地故障，线路主一保护装置电流差动保护、主二保护装置电流差动保护、载波纵联距离保护、载波纵联零序保护动作，C 相跳闸出口，跳开 282 断路器 C 相，重合闸未启动，在相对时间 639ms 后 282 断路器本体三相不一致保护（未按定值的设定时间跳闸，后台未报相关信息）跳闸动作，跳开本断路器 A、B 两相。

处理措施： 现场取下第一组时间继电器（见图 1-39），更换为精度较高的时间继电器。

整改效果： 消除了设备隐患。

【案例二】 2018 年 10 月 11 日，施工人员在某 500kV 变电站进行稳控改造项目电缆敷设的工作。在完成 5032 开关总控箱电缆敷设工作后，关闭控制箱

内门时，500kV 第三串联络 5032 开关本体三相不一致继电器（见图 1-40）发生抖动，跳开 5032 开关。

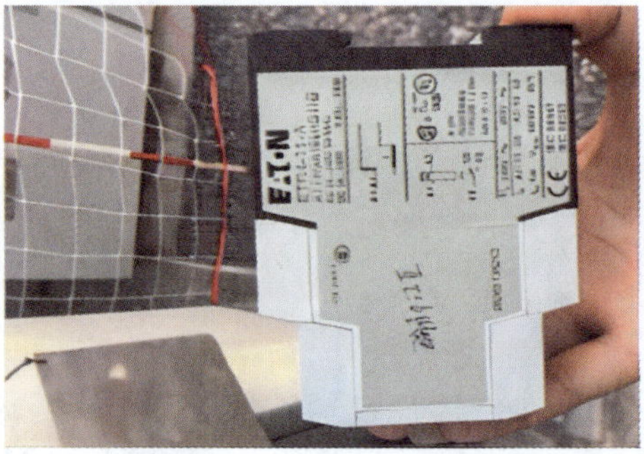

图 1-39 时间继电器

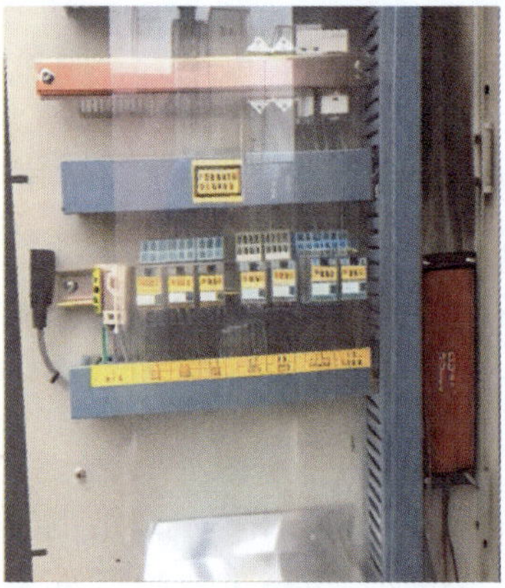

图 1-40 三相不一致继电器

处理措施： 对断路器本体三相不一致回路进行整改，增加开关位置判据，确保三相不一致继电器抖动或辅助开关接触不良不会导致开关跳闸。

整改效果： 增加开关位置判据，开关处于合闸状态会闭锁三相不一致保护。

【案例三】 根据断路器三相不一致回路整改原则，必须保证三相不一致位置判据触点为动断触点在前，常开接点在后。避免继电器故障或人为误碰使本体三相不一致保护回路的跳闸出口继电器（见图 1-41）动作，导致断路器跳闸回路会启动，造成运行中的断路器跳闸。

处理措施： 根据整改要求，新增 1 个三相不一致时间继电器，并更换出口

继电器为防误碰结构的出口继电器，同时调整三相不一致位置判据触点为动断触点在前，动合触点在后。从技术方面避免和杜绝因出口继电器误碰导致运行开关跳闸。

整改效果：消除了设备隐患。

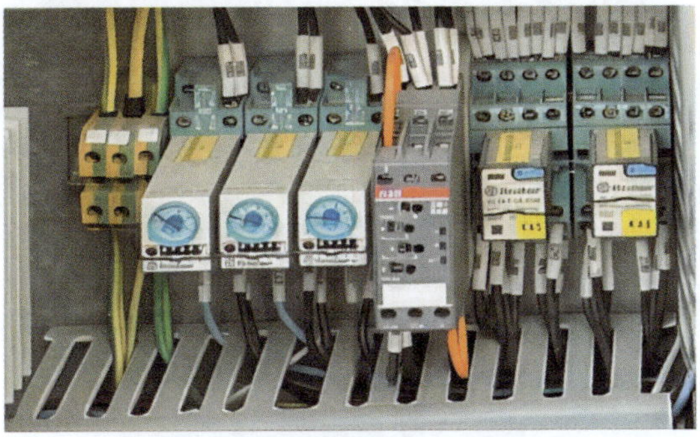

图 1-41　时间继电器与出口继电器

【案例四】某换流站 GIS、交流滤波器断路器本体三相不一致断路器回路不满足要求，当断路器在合闸状态时（动合触点闭合），继电器故障或人为误碰将使本体三相不一致保护误发跳闸信号，造成运行中的断路器跳闸。

处理措施：将原三相不一致保护出口继电器的跳闸触点的公共触点改至断路器位置辅助开关 AK43 动断触点之后。

整改效果：现场改造完成后，三相不一致继电器故障或人为误碰不会使三相不一致保护动作，不会造成运行断路器跳闸。改造示意图见图 1-42。

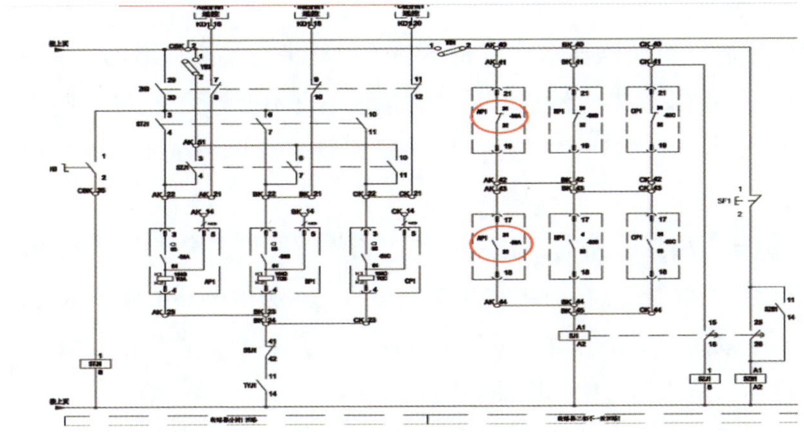

图 1-42　改造示意图

【**案例五**】2020 年 9 月 19 日，对某变电站 220kV F 线 2061 断路器本体三相不一致回路进行检查时发现当断路器本体三相不一致动作分闸后，出现操作箱及测控装置的分合位指示灯同时点亮现象。经排查，根本原因是操作箱合闸位置继电器与断路器本体三相不一致时间继电器电阻失配，形成寄生回路。改造回路见图 1-43。

处理措施： 通过对断路器三相不一致回路进行了改造。该断路器辅助开关动断触点在前，动合触点在后，并具备双重化三相不一致回路配置（见图 1-43）。本次改造将主分控制回路用非全相中间继电器跳闸出口正电端改接入三相不一致判别回路中断路器辅助开关常闭与常开接点之间，副分回路同步改造。

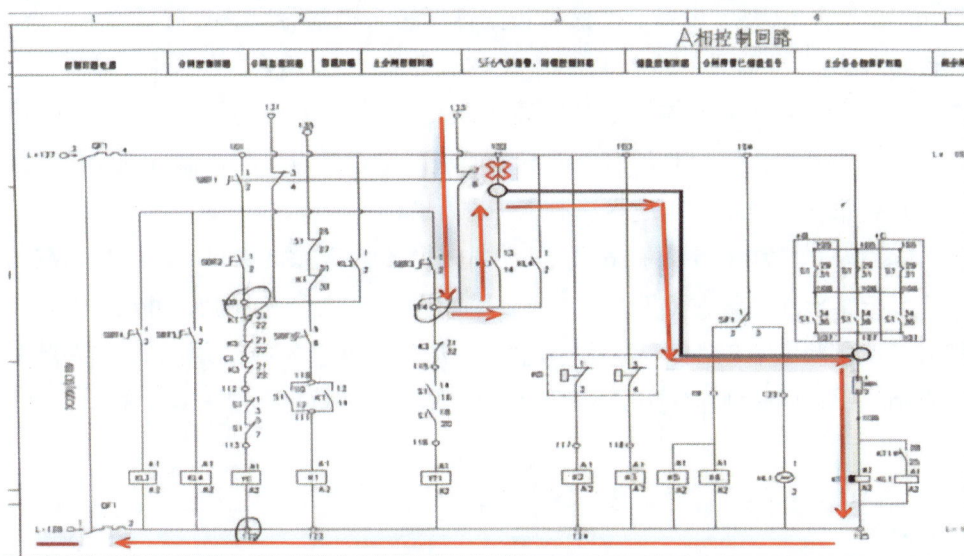

图 1-43　改造回路

整改效果： 在分别投入一路控制电源的情况下，分别模拟了开关单相分、合位时本体不一致功能动作情况。当三相分位时，单合单跳；三相合位时，单相分闸其余两相跳开。当开关均在合位且已储满能情况下，人为按压三相不一致出口继电器，三相不一致回路未导通，开关未发生三跳。通过本次三相不一致回路改造实现了避免由于人为误碰、外力作用或三相不一致继电器故障引起的本体三相不一致保护回路误动及形成寄生回路的风险。

> **1.28　反措规定：** 通过检查录波装置和雷电定位系统，判断断路器分断 300ms 内电流波形和周边落雷情况，确认断路器遭受连续雷击且

> 断口击穿后，应尽量避免对该断路器进行操作，且无论是否重合闸成功，均应尽快泄压并进行解体检查。
>
> 注：南方电网公司反事故措施（2023 版）2.5.16 条。

反措条款解读：

近年来系统内发生了多起连续雷击引起断路器断口击穿事故。故障原因是线路遭遇连续雷击，GIS 设备、断路器断口承受不住连续雷击过电压，解体发现 GIS 设备内部放电、断路器内部触头已严重烧蚀，需进行大修处理。因此提出 GIS（含 HGIS）设备、断路器遭受连续雷击跳闸后应及时对故障录波图、故障测距及后台信号等进行判断，对 GIS 外壳、GIS 套管、断路器、避雷器、CVT 等设备进行外观检查、红外测温检查及 SF_6 气体分解物测试，综合判断设备状态。当断口击穿后且综合判断异常时应尽量避免对该断路器进行操作，且无论是否重合闸成功，均应尽快泄压并进行解体检查。

【案例一】2018 年 8 月 26 日，某供电局 500kV A 站的 220kV K 线 B 相在短时内发生多次连续雷击（见图 1-44），引发 276 断路器雷击跳闸，并在 276 断路器 B 相跳闸状态下仍发生 2 次击穿现象，276 断路器重合闸未动作，对侧鹿城变重合闸动作。现场判断怀疑 276 断路器 B 相断口发生气体绝缘击穿现象。

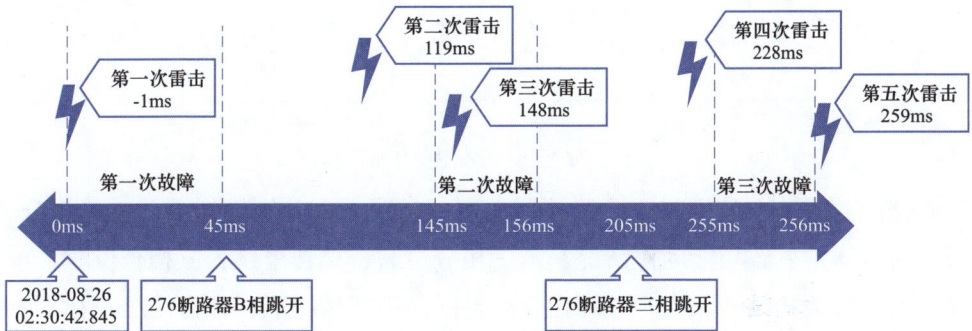

图 1-44　多重雷击故障图

处理措施： 对发生多重雷击的断路器开展解体检查及检修。

整改效果： 消除了设备隐患。

【案例二】2019 年 6 月 23 日，220kV B 站 220kV M 线 C 相遭受雷击，线路保护跳开 2064 断路器 C 相后，2064 断路器失灵启动 220kV 第一套母差跳开 220kV2 号 M 上的所有断路器（见图 1-45）。结合故障录波及解体检查分析

（见图 1-46），确定故障原因为：2064 断路器线路 C 相雷击跳闸，在 0.3s 内断口绝缘未完全恢复前，遭受多重雷击，断口被击穿所致。

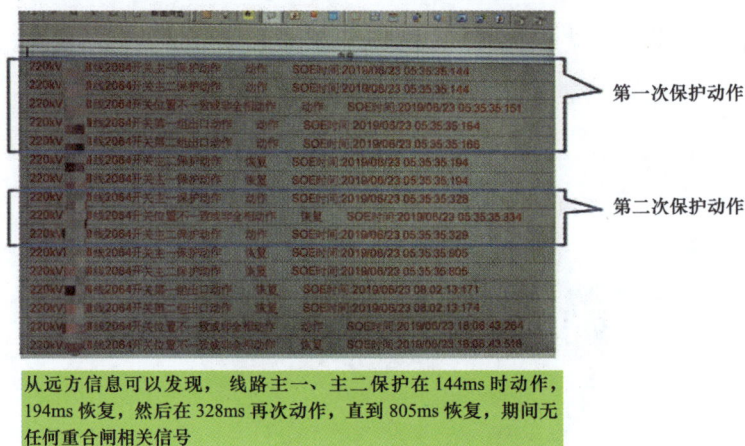

第一次保护动作

第二次保护动作

从远方信息可以发现，线路主一、主二保护在 144ms 时动作，194ms 恢复，然后在 328ms 再次动作，直到 805ms 恢复，期间无任何重合闸相关信号

图 1-45 多重雷击系统录波

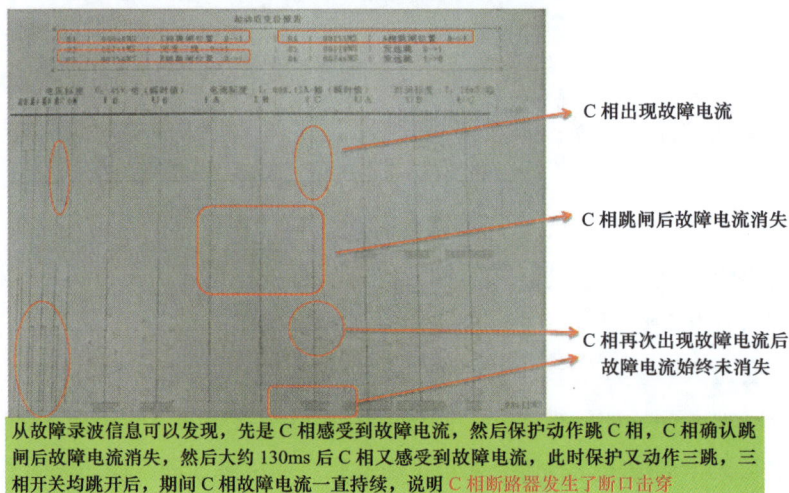

C 相出现故障电流

C 相跳闸后故障电流消失

C 相再次出现故障电流后故障电流始终未消失

从故障录波信息可以发现，先是 C 相感受到故障电流，然后保护动作跳 C 相，C 相确认跳闸后故障电流消失，然后大约 130ms 后 C 相又感受到故障电流，此时保护又动作三跳，三相开关均跳开后，期间 C 相故障电流一直持续，说明 C 相断路器发生了断口击穿

图 1-46 多重雷击系统录波

处理措施： 已投重合闸的 220kV 及以上线路发生单相接地故障或 110kV 线路故障重合闸未动作的断路器（不是重合闸不成功），强送前应查看故障录波图确认断路器未发生灭弧室重燃情况。

整改效果： 通过核对故障录波图确认断路器未发生灭弧室重燃情况，有效避免断路器遭受连续雷击强送导致的断口击穿故障。

【案例三】2019 年 8 月 12 日某 110kV 变电站 110V N 线断路器因遭受雷击而

跳闸（对侧开关处于热备用状态），经查雷电监测系统（见图 1–47），发现从 1min 内该线路共监测到落雷 24 次（含主放电与回击），最大雷电流幅值达 –76.5kA（负极性雷）。有 11 次雷击，反击间隔时间在 300ms 内。经检查，开关红外热像图、灭弧室压力均未发现异常，外观也处于正常状态。经综合判断，开关无异常。

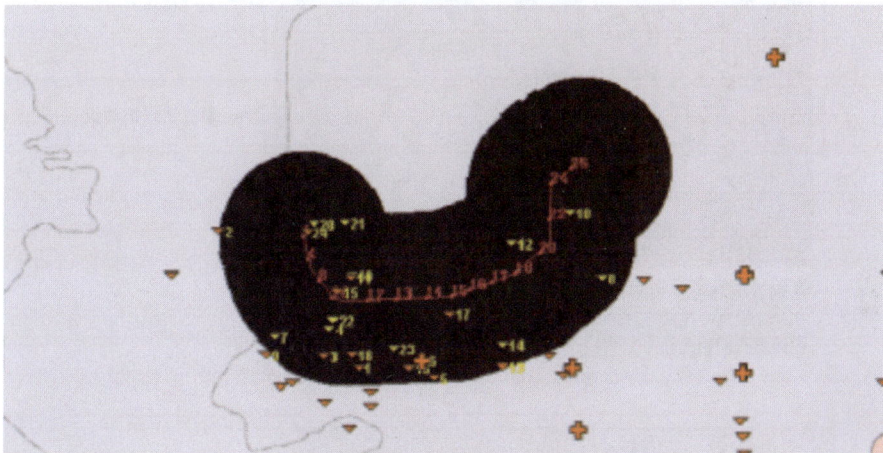

图 1–47　雷电监测系统

处理措施： 开关遭受多重雷击跳闸后，无论重合闸是否成功，均应开展以下检查：

（1）检查监控后台有无发开关压力异常告警，在较远的距离用红外热像仪拍摄开关热像，确认压力与红外热像无异常后方可靠近开关进行近距离检查。

（2）检查开关灭弧室、支柱外表面有无放电痕迹。

（3）通过灭弧室压力、电流、电压、故障录波、保护信号等信息判断开关端口是否已被击穿。如已被击穿，则按开关断口击穿后的步骤进行处理。

整改效果： 形成了开关遭受多重雷击跳闸后的标准处理流程，降低了运行人员检查跳闸后开关的人身风险以及遭受断口击穿后开关被继续操作的设备风险。

> **1.29　反措规定：** 对 2011 年 9 月前北京 ABB 产 LTB245E1–1P 型断路器结合检修对分闸掣子进行更换或返厂轮替检修。
>
> 注：南方电网公司反事故措施（2021 版）2.5.17 条。

反措条款解读：

近年来系统内发生了多起北京 ABB 产 LTB245E1–1P 型断路器合后即分缺

陷。故障原因是分闸掣子制造工艺不良所致。因此提出对 2011 年 9 月前北京 ABB 产 LTB245E1-1P 型断路器结合检修对分闸掣子进行更换或返厂轮替检修，以彻底消除该隐患。

【案例一】某电网公司先后发生多起 500kV、220kV 变电站断路器（北京 ABB 产 LTB245E1-1P 型）合后即分故障。

处理措施：针对 2011 年 9 月前产 LTB245 断路器分闸掣子，结合检修逐步进行更换（见图 1-48）。

整改效果：更换分闸掣子后未发生合后即分隐患。

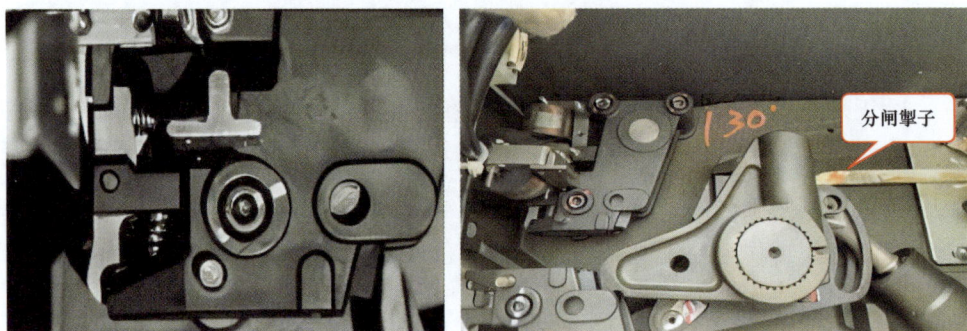

图 1-48　断路器机构检查

【案例二】2019 年 9 月 11 日，某 220kV 变电站值班员根据调度指令同期操作 220kV R 线合闸，40ms 后 C 相断路器跳开，导致非全相运行；线路保护装置主二保护动作，主一保护未动作，主二保护动作后跳开线路三相断路器（见图 1-49）。

处理措施：更换该型断路器机构三相分闸掣子。

整改效果：对 2011 年 9 月前出厂的 ABB 该型断路器掣子进行了全部更换。更换分闸后断路器运行可靠，未再次发生合后即分事件。

1.30　反措规定：六氟化硫开关设备现场安装过程中，在进行抽真空处理时，应采用出口带有电磁阀的真空处理设备，且在使用前应检查电磁阀动作可靠，防止抽真空设备意外断电造成真空泵油倒灌进入设备内部。并且在真空处理结束后应检查抽真空管的滤芯有无油渍。为防止真空度计水银倒灌进入设备中，禁止使用麦氏真空计。

注：南方电网公司反事故措施（2021 版）2.5.2 条。

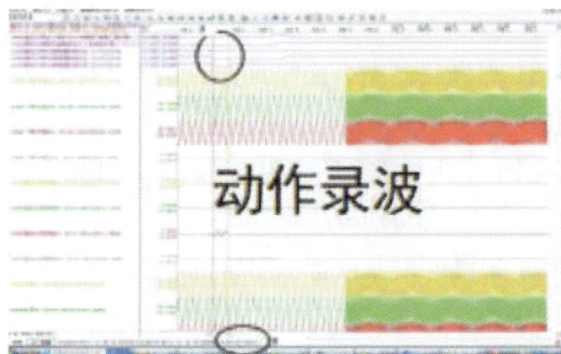

图 1-49 故障录波图

反措条款解读：

近年来系统内出现多起六氟化硫开关设备现场安装过程中因抽真空设备意外断电造成真空泵油倒灌进入设备内部的故障。因此提出六氟化硫开关设备现场在进行抽真空处理时，应采用出口带有电磁阀的真空处理设备，且在使用前应检查电磁阀动作可靠，并且在真空处理结束后应检查抽真空管的滤芯有无油渍，以彻底消除该隐患。

【案例】 2017 年，某换流站在六氟化硫开关现场安装过程中，在进行抽真空处理时，厂家未采用出口带有电磁阀的真空处理设备。

处理措施： 立即通知厂家进行整改，在进行抽真空处理时，采用出口带有电磁阀的真空处理设备，且在使用前检查电磁阀，保证其可靠动作（见图 1-50）。

整改效果： 完成整改后，真空泵油未发生倒灌进入设备内部的现象。

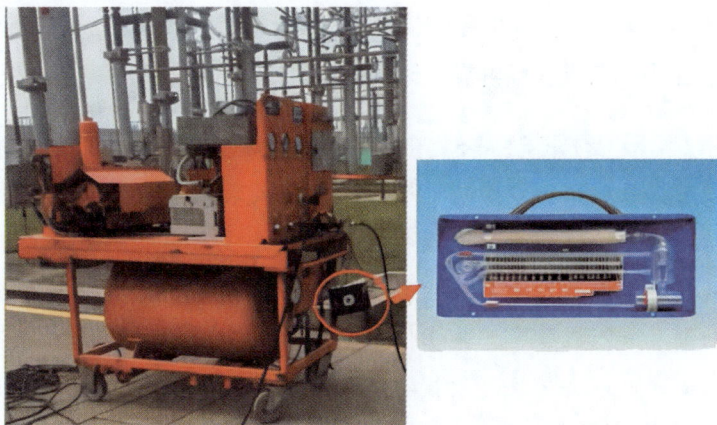

图 1-50 六氟化硫设备微水超标处理

1.31　反措规定：对在运 GIL 设备，要对照 2.5.21 条款要求进行梳理，按照"一站一方案"的原则，不满足要求的应研究制定整改方案，并尽快组织实施；在未整改期间，要优化运维策略，加强运行监视，定期开展超声波局部放电带电测试，防止设备故障的发生；同时，要优化制定现场应急预案，联合厂家及时做好备品备件、抢修设施、工器具、仪器仪表等的储备，明确应急抢修队伍，最大限度缩短设备故障的抢修复电时间。

注：南方电网公司反事故措施（2022 版）2.5.22 条。

南方电网公司反事故措施 2.5.21 条：

对于处于设备采购及制造阶段的新建工程（未投运工程），要根据两渡工程及江门站江西甲乙线串抗工程发现的问题，在技术规范书中补充如下技术条款要求，并对照要求全面进行梳理排查，发现问题及时整改。

1. 支柱绝缘子工艺要求

（1）绝缘子应采用真空浇注及分段固化工艺，一次固化完成后脱模应采取保温措施；厂家应提供不同固化工艺对绝缘子性能影响的研究报告。

（2）支柱绝缘子柱腿嵌件涂胶厚度应严格执行工艺文件要求，厂家应提供不同嵌件处理工艺对绝缘子性能影响的研究报告。

（3）支柱绝缘子柱腿嵌件处理若采用滚花工艺，则宜选用网纹滚花，模数宜取 M0.4，滚花宽度应在不造成内部电场集中的前提下取最大值。滚花表面应涂抹半导电胶，涂胶厚度应严格控制避免涂胶过厚覆盖滚花。厂家应提供不同嵌件处理工艺对绝缘子性能影响的研究报告。

2. GIL 设备试验要求

（1）GIL 支柱绝缘子型式试验应至少包括：

1）X 射线探伤试验；

2）热性能试验；

3）运输与冲击模拟试验；

4）整体抗拉试验（破坏）——参照附录 E 执行；

5）整体抗压试验（破坏）——参照附录 F 执行；

6）密度试验；

7）玻璃化温度试验；

8）工频耐压试验；

9）局部放电试验及雷电冲击耐压试验；

此外，由业主单位与厂家协商，开展特殊试验，包括：

1）整体抗弯试验（破坏），具体试验方法及要求由双方协商确定；

2）单柱腿抗弯试验（破坏），具体试验方法及要求由双方协商确定；

3）单柱腿抗拉试验（破坏），具体试验方法及要求由双方协商确定。

（2）每只 GIL 支柱绝缘子出厂试验中应补充如下试验：

1）X 光探伤试验（应对支柱绝缘子每个柱腿嵌件部位及中心嵌筒部位进行 X 光探伤）；

2）局部放电检测试验（局部放电试验电压值应不低于工频耐压值 80%，单个绝缘件局部放电值应小于 3pC）。

（3）开展 GIL 支柱绝缘子厂内抽检，试验项目及要求应与支柱绝缘子型式试验相同。其中机械破坏试验破坏值应不小于设计值 3 倍；抽样样本容量应不小于同批次出厂批量的 5%。抽样试验中如仅有 1 支试品不符合该抽样组的任何一项要求，则在同一批中抽取第一次样本容量两倍数量的绝缘子进行重复试验。重复试验如仍有一项不合格，则认为该批不合格。第一次抽样试验中如有 2 支或以上的试品不符合任何一项要求，则认为该批不合格。

（4）在 GIL 设备型式试验及伸缩节抽检试验中增加伸缩节的循环寿命试验（试验方法参照附录 G 执行）。伸缩节的循环寿命试验应按照伸缩节的补偿功能进行相应试验项目。

对于同时实现两种或多种补偿功能的伸缩节应进行对应的全部试验项目。安装型伸缩节只需进行安装补偿循环寿命试验；单补沉降的伸缩节需要进行基础沉降补偿循环寿命试验和地震位移补偿循环寿命试验；温补型伸缩节需要进行安装补偿循环寿命试验、地震位移补偿循环寿命试验和温度补偿循环寿命试验。试验结束后，应进行真空气密性和六氟化硫气体气密性定性检查，结果应无泄漏现象。若伸缩节设计规定有其他工况条件下的循环寿命要求，用户和制造厂可据此对循环寿命试验进行补充完善。

（5）在设备型式试验及滑动触头抽检试验中增加滑动触头的循环寿命试验。试验应满足 DL/T 978《气体绝缘金属封闭输电线路技术条件》规定的特殊

机械试验要求，在正常工作条件下允许滑动循环次数应不小于 15000 次。制造厂应提供相关试验报告。

3.GIL 设备安装运输要求

（1）GIL 每个运输单元应装有振动记录仪或三维冲击记录仪，记录运输过程遭受颠簸的次数与严重程度，振动记录仪或三维冲击记录仪应安装在受冲击最严苛位置。

（2）GIL 每个运输单元应满足运输尺寸、重量及公路运输时倾斜不超过 15° 等运输条件的要求，并能承受运输中的冲撞，当冲撞加速度不大于 3g 时，应无任何松动、变形和损坏。运输中如出现冲击不满足要求，产品运至现场应进行开盖检查，必要时可增加试验项目或返厂处理。

4.GIL 设备监造要求

（1）工艺记录审查重点见证环节。

1）见证人员驻厂见证，要求厂家提供支柱绝缘子工艺手册，核查支柱绝缘子嵌件处理、混料、浇注、固化、脱模、校平生产记录卡是否满足工艺文件要求。

2）支柱绝缘子嵌件前期清洁是否执行三检质量控制（执行人、班组长、专责）。

3）支柱绝缘子嵌件表面涂覆材料过程是否执行三检质量控制。

4）支柱绝缘子应采用真空浇注及分段固化工艺，一次固化完成后脱模应采取保温措施，脱模过程禁止敲打支柱绝缘子。

（2）零部件出厂试验重点见证环节。

1）每只 GIL 支柱绝缘子出厂试验中应开展 X 光探伤试验，应对支柱绝缘子每个柱腿钳件部位及中心嵌筒部位进行 X 光探伤。

2）每只 GIL 支柱绝缘子出厂试验中应开展工频耐压及局部放电测试，局部放电试验电压值应不低于工频耐压值 80%，单个绝缘件局部放电值应小于 3pC。

（3）GIL 单元出厂试验重点见证环节。

1）所有 GIL 单元出厂试验中应开展雷电冲击试验、工频耐压及局部放电测试，局部放电试验电压值应不低于工频耐压值 80%，单个绝缘件局部放电值应小于 5pC。

2）GIL 出厂前需在外壳标注出支柱绝缘子与外壳接触位置，位置标识应牢固可靠。

反措条款解读：

近年来系统内出现多起 GIL 内部三支柱绝缘子炸裂故障，主要原因为三支柱绝缘子低压侧嵌件与环氧材料界面黏接强度不足，现场运行中在热和力的作用下加速缺陷劣化，交界面产生间隙，在电场作用下该间隙产生局部放电，最终发展成内部贯穿性放电，导致三支柱绝缘子炸裂。因此提出整改及运维管控措施。

【案例】 某换流站 GIL 设备用电源自动投入装置（以下简称备用电源自动投入装置）运以来，共发生 6 起三支柱绝缘子炸裂故障，3 起 GIL 管道异响。故障主要分为绝缘子焊点断裂异响和绝缘炸裂 2 大类。经分析，明确 GIL 三支柱绝缘子故障的根本原因为：三支柱绝缘子生产工艺存在分散性，导致三支柱绝缘子低压侧嵌件与环氧材料界面黏接强度不足，现场运行中在热和力的作用下加速缺陷劣化，交界面产生间隙，在电场作用下该间隙产生局部放电，最终发展成内部贯穿性放电，导致三支柱绝缘子炸裂。

处理措施： 针对 GIL 三支柱绝缘子隐患，制订了以下措施：

（1）制订了整改前的针对性运维措施

1）按照 Ⅱ 级管控开展直流分压器日常巡视、专业巡维、停电检修和动态巡维。

2）缩短带电局部放电检测周期，每月开展一次。

3）每半年开展基础沉降观测。

4）结合 SF_6 气体压力变化，加强多维度数据分析。

5）完善现场应急处置预案，增加备品储备，对 GIL 异常做到及时发现，妥善快速处置。

（2）制订了更换 GIL 三支柱绝缘子的彻底整改措施，绝缘子优化措施如下：

1）嵌件表面清洁度检查；

2）工装结构改进，杜绝脱模时嵌件异常受力；

3）优化固化温度曲线，减小环氧树脂复合材料内应力；

4）加强脱模及后固化保温管理，增强嵌件与环氧材料间的粘接力。

（3）完成了该换流站 GIL 三支柱绝缘子的更换（见图 1–51）。

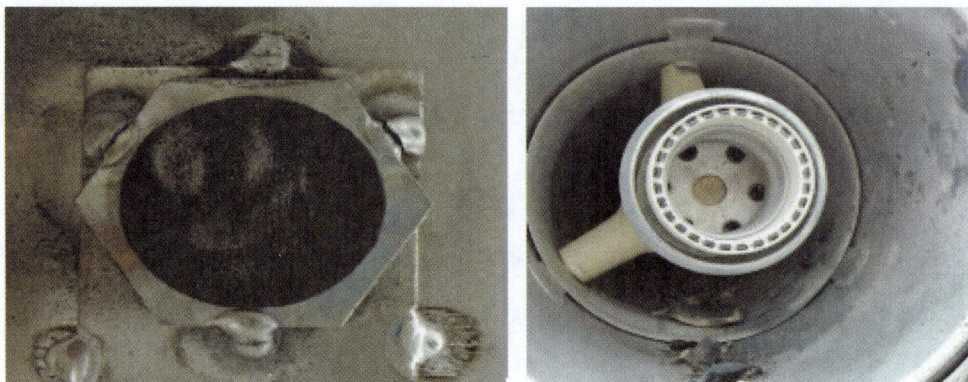

图 1-51　更换为改进工艺后的三支柱绝缘子

整改效果： 该换流站 GIL 完成隐患整治并顺利投运，运维单位从产品设计结构、生产工艺和试验标准三方面提出 9 项改进措施，为隐患整改奠定坚实基础。同时，强化运维管控，累计发现 13 起三支柱绝缘子局部放电异常，避免GIL 母线故障停运；克服迎峰度夏期间停电困难、母线双层单停施工难度大等困难，较常规方式提前完成隐患整治，最大限度保障了直流通道畅通。

1.32　反措规定： 西安西电高压开关有限责任公司 2004 年 12 月 31 日前生产的 LW25-126 及 LW15-252 型断路器的轴销连接结构存在设计缺陷，使得绝缘拉杆接头处出现局部放电。应分批开展一次 SF_6 气体普测（湿度、分解产物），若发现 SO_2 气体含量超过 $3\mu L/L$，应立即开展状态评价，必要时应解体检查。

注：南方电网公司反事故措施（2022 版）2.5.23 条。

反措条款解读：

近年来系统内陆续发生多起西安高压开关厂 2004 年 12 月 31 日前生产的 LW25-126 及 LW15-252 型断路器气体组分超标缺陷。经分析认为该型号断路器轴销连接结构存在设计缺陷，在断路器灭弧室的动触头活塞拉杆、圆柱销、绝缘拉杆接头连接处，因存在间隙配合不当，使得绝缘拉杆接头处存在悬浮电位，发生局部放电并伴有异响，对圆柱销造成电腐蚀，使 SF_6 气体成分超标，具体表现为 SO_2、H_2S 气体组分超标。因此提出对西安高压开关厂 2004 年 12 月 31 日前生产的 LW25-126 及 LW15-252 型断路器分批开展一次 SF_6 气体普测（湿度、分解产物），若发现 SO_2 气体含量超过 $3\mu L/L$，

应立即开展状态评价，必要时应解体检查。通过排查将有效排除同类型缺陷隐患。

【案例一】2011 年 3 月 31 日，某 220kV 变电站 110kV R 线 145 断路器在由热备用转运行操作中，当运行人员下令合闸后，断路器操动机构处于半分半合状态（见图 1-52）；检修人员对该断路器进行慢分慢合操作后，断路器操动机构恢复正常。对断路器进行了相关试验时发现 145 断路器操动机构处于分闸状态时，断路器 B 相本体处于合闸状态。经综合判断为断路器绝缘拉杆松脱。该断路器型号为：LW25-126，生产厂家为西安高压开关厂（西安西电高压开关有限责任公司），生产日期为 1999 年 1 月。

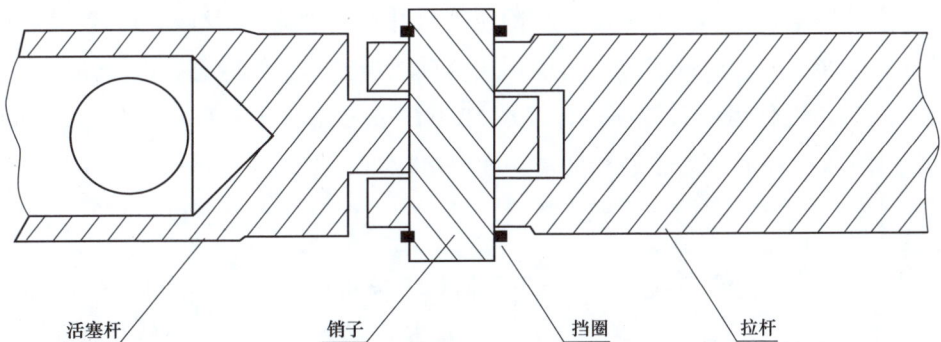

活塞杆　　　　　　　　销子　　　　　　　挡圈　　　　　　　拉杆

图 1-52　断路器操动机构

处理措施：对该型断路器开展局部放电检测及气体成分检测，对存在异常的开展检查及整改。

整改效果：检查整改后，彻底消除了断路器绝缘拉杆松脱隐患。

【案例二】2020 年 7 月 6 日，某 110kV 变电站 110kV S 线 131 断路器进行 SF_6 分解产物试验时，发现 SO_2 及 H_2S 严重超标，断路器运行中存在轻微异响缺陷。经分析为断路器灭弧室的动触头活塞拉杆、圆柱销、绝缘拉杆接头连接处存在间隙配合不当，使绝缘拉杆接头处存在悬浮电位，发生局部放电，对圆柱销造成烧蚀，并伴有异响。

处理措施：开展断路器气体组分及微水普测。若发现 SO_2 气体含量超过 $3\mu L/L$，应立即开展状态评价，必要时应解体检查，根据内部受损情况加装等电位连接片或更换灭弧触头。

整改效果：整改后，彻底消除了断路器绝缘拉杆松脱隐患。

1.33　反措规定： 北京北开电气股份有限公司生产的 ZF19-252 型 GIS 断路器存在静弧触头位置异常、导向环脱落、动触头喷口断裂等隐患。应在半分半合和分闸状态下分别对断路器触头位置开展一次 X 射线专项检查，对于检查存在异常的断路器本体开展解体检查。

注：南方电网公司反事故措施（2022 版）2.5.24 条。

反措条款解读：

近年来系统内在对北开公司 220kV ZF19-252 型 GIS 设备开展 X 光核查时，发现多起开关存在动触头喷口部件及静弧触头位置异常。分析为弧触头导轨装配上侧固定螺栓预紧力不够，多次操作后发生松动脱落、失去限位，拨叉出现合闸过位；分闸过程，传动杆轴销无法进入拨叉叉槽，导致拨叉侧边与传动杆轴销卡阻，造成喷口在漏斗形固定座位置沿径向拉断。因此提出对北京北开电气股份有限公司生产的 ZF19-252 型 GIS 断路器应在半分半合和分闸状态下分别对断路器触头位置开展一次 X 射线专项检查，对于检查存在异常的断路器本体开展解体检查。通过整改可及时发现并消除该型断路器存在的静弧触头位置异常、导向环脱落、动触头喷口断裂等隐患。

【案例】 某供电局结合停电检修，对 220kV A 变电站 220kV T 线 2056 开关（北开 ZF19-252 型）开展 X 光检查，发现该断路器存在 A 相断路器动触头屏蔽罩导向环脱落、B 相引弧触头位置异常缺陷。

处理措施： 对 2056 开关进行解体，对 A 相动触头屏蔽罩导向环进行重新黏合，对 B 相连杆拨叉进行修正。

整改效果： 解体检修后，消除了断路器内部缺陷，至今运行正常。

1.34　反措规定： 西门子（杭州）高压开关有限公司采用灰铸铁材质爆破片的罐式断路器防爆膜应进行更换，应采取措施如下：① 2021 年 6 月 30 日前，完成圆饼型瓦克硅胶被顶出、保护橡胶层直接暴露于空气的罐式断路器防爆膜更换；② 2021 年 12 月 31 日前，完成圆饼型瓦克硅胶顶出、保护橡胶层未直接暴露于空气的罐式断路器防爆膜更换；③ 2022 年 12 月 31 日前，完成剩余罐式断路器防爆膜更换。

注：南方电网公司反事故措施（2022 版）2.5.25 条。

反措条款解读：

近年来系统内发生多起 110~500kV 西门子（杭州）公司产 3AP 型罐式断路器发生防爆膜保护橡胶层异常隆起的现象，分析认为该型号断路器爆破片存在质量隐患，爆破压力不达标；防爆膜保护橡胶层存在防护失效隐患，导致防爆膜受潮锈蚀。因此提出对西门子（杭州）高压开关有限公司采用灰铸铁材质爆破片的罐式断路器防爆膜应进行更换。

【**案例一**】2021 年 1 月 26 日某 500kV 变电站 5722 断路器 B 相气压骤降为 0MPa（A、C 相气压正常），防爆膜破裂（见图 1-53）。检查发现防爆膜保护橡胶层存在防护失效，爆破片锈蚀问题。经分析认为，5722 断路器 B 相防爆膜片存在材质或制造工艺不良问题，导致运行过程中异常破裂。

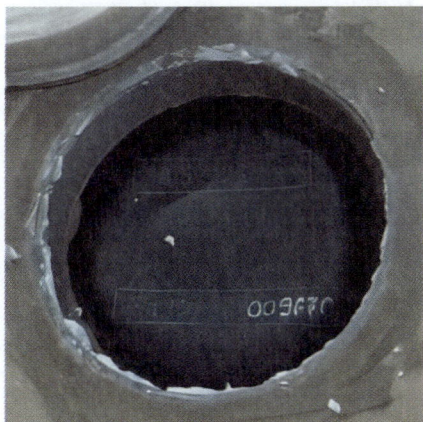

图 1-53　断路器防爆膜破裂

处理措施：对采用灰铸铁材质爆破片的罐式断路器防爆膜进行更换。

整改效果：对采用灰铸铁材质爆破片的罐式断路器防爆膜更换后，消除了防爆膜破裂和锈蚀隐患。

【**案例二**】2020 年 7 月 3 日，班组在某 110kV 变电站检查时发现，站内 PASS 开关的防爆膜橡胶有明显鼓起现象。

处理措施：停电进行防爆膜更换，改为金属防爆膜。

整改效果：对防爆膜更换后，消除了防爆膜破裂和锈蚀隐患。

【**案例三**】某变电站 35kV 断路器（西门子 3AP1DT 型）在运行中发现防爆膜保护橡胶层异常隆起，将圆饼型瓦克硅胶（第一道加强防护）顶飞；第一道加强防护失效后导致保护橡胶层（第二道加强防护）长期暴露空气中，在潮气、

外力等作用下极易引起爆破片表面进水受潮，加剧了防爆膜性能的劣化，使其在运行中可能存异常破裂风险。断路器防爆膜边缘锈蚀情况如图 1-54 所示。

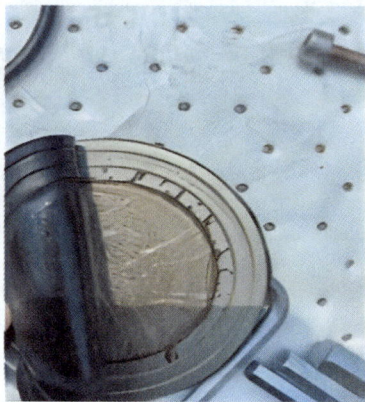

图 1-54　断路器防爆膜边缘锈蚀情况

处理措施：更换新的不锈钢防爆膜。

整改效果：对防爆膜更换后，消除了防爆膜破裂和锈蚀隐患。

> **1.35　反措规定：**云南云开电气股份有限公司生产的 LW8-40.5 型断路器相间传动连杆的紧固螺母存在松动隐患，应采取措施如下：①2022 年 12 月 31 日前，完成无功投切用断路器的紧固螺母做防松动改造；②其余断路器的紧固螺母防松动改造结合停电完成。
>
> 　注：南方电网公司反事故措施（2023 版）2.5.26 条。

反措条款解读：

近年来系统内发生多台云南开关厂生产的 LW8-40.5 型断路器故障，该型断路器经多次操作后，相间传动连杆的紧固螺母容易发生松动，使连杆无法传动到位，造成断路器触头分合闸不到位，触头放电烧蚀，严重时发生灭弧室爆炸。因此提出对云南云开电气股份有限公司生产的 LW8-40.5 型断路器相间传动连杆的紧固螺母做防松动改造。

【案例】2017 年某 110kV 变电站先后出现 4 台云南开关厂生产的 LW8-40.5 型断路器故障，其中 1 台发生爆炸，现场检查发现故障断路器相间传动连杆逼紧螺母均存在不同程度的松动。

处理措施：对相间传动连杆紧固螺母加防松动锁片（见图 1-55）。

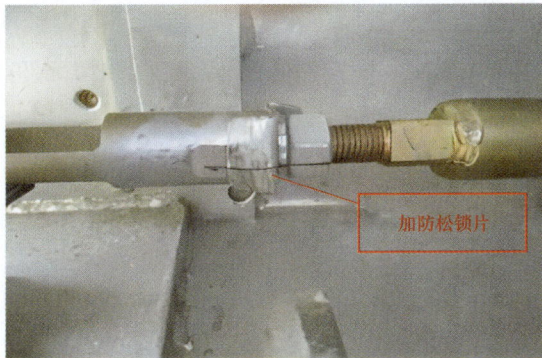

图 1-55　断路器相间传动连杆紧固螺母加防松锁片

1.36　反措规定： 对 2012 年以前出厂的北开公司 ZF19-252 型 GIS 线路侧快速接地开关材质为铜钨合金镀银的动触头进行更换，更换为铜钨合金不镀银触头。整改前，应尽量减少对该批次快速接地开关的操作，改用接地线替代线路侧接地。

注：南方电网公司反事故措施（2023 版）2.5.27 条。

反措条款解读：

近年来系统内发生多起 GIS 盆式绝缘子击穿故障，综合故障检查及试验分析认为，2012 年以前出厂的北开公司 ZF19-252 型 GIS 线路侧快速接地开关动触头铜钨合金位置存在镀银工艺不良批次性缺陷，运行中容易发生镀银层脱落，并且脱落的金属颗粒由于电场作用在盆式绝缘子表面分布排列，容易导致绝缘子表面击穿进而引起闪络短路。因此提出对 2012 年以前出厂的北开公司 ZF19-252 型 GIS 线路侧快速接地开关材质为铜钨合金镀银的动触头进行更换。更换后可彻底消除该隐患。

【案例】 2020 年 9 月 15 日，某 220kV 线路操作中出现 C 相接地故障，线路保护动作跳闸。解体检查发现北开公司 ZF19-252 GIS 设备线路侧快速接地开关动触头镀银层存在损伤、脱落现象（见图 1-56），导致 C 相隔离开关气室盆式绝缘子沿面放电。

处理措施： 将铜钨合金镀银的动触头更换为铜钨合金不镀银触头（见图 1-57）。未更换前，停止快速接地开关的操作，如需转检修则改用接地线替代的方式。

整改效果： 更换为铜钨合金不镀银的触头后，避免了镀银层脱落风险。

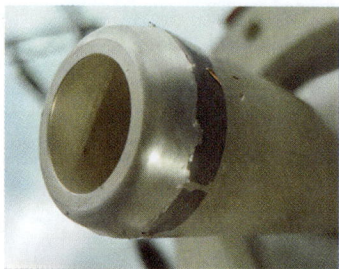

图 1-56　接地开关动触头镀银层磨损　　图 1-57　铜钨合金镀银动触头及不镀银触头对比

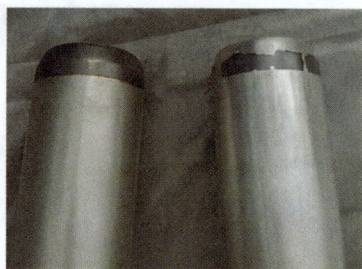

1.37　反措规定： 河南平高电气股份有限公司 LW35-126W 型 SF_6 断路器密度继电器存在积水、渗水隐患，应拆除密度继电器二次转接盒，将二次接线直接引入机构箱内端子排。

注：南方电网公司反事故措施（2023 版）2.5.28 条。

反措条款解读：

近年来系统内发生多起河南平高电气股份有限公司 110kV LW35-126W 型 SF_6 断路器本体 SF_6 密度继电器进水受潮导致误发信。由于在户外长时间的阴雨潮湿情况下，位于开关本体与机构箱连接部位的航空插头转接处有积水，积水潮气侵入航空插接线盒内引起航空插受潮，插头触点短路，SF_6 密度继电器误发报警、闭锁信号，后台监控误发控制回路断线警报；航空插头受潮触点间绝缘降低，发生直流接地故障，严重时可能导致开关拒动或误动。因此提出对河南平高电气股份有限公司 LW35-126W 型 SF_6 断路器密度继电器存在积水、渗水隐患，应拆除密度继电器二次转接盒，将二次接线直接引入机构箱内端子排。通过改造可彻底消除该隐患。

【案例】 2020 年 10 月 26 日，某 220kV 变电站 110kV B 线报"控制回路断线"故障，经检查发现该开关密度继电器二次转接盒内部绝缘不良使得"压力低闭锁"二次回路导通（见图 1-58）。导致发生控制回路断线现象，同时引起直流系统绝缘下降。

处理措施： 拆除密度继电器二次转接盒，将二次接线直接引入机构箱内端子排。

整改效果： 整改完成后，该间隔二次绝缘恢复正常，直流电压恢复正常值。

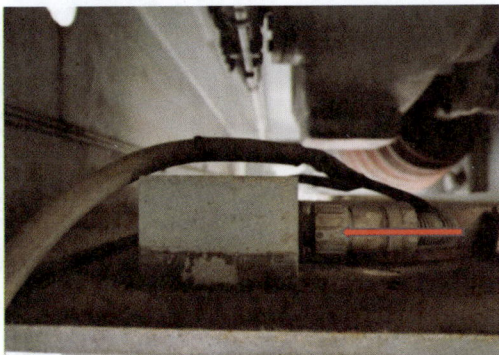

图 1-58　密度继电器二次转接盒内部绝缘不良

1.38　反措规定：新投运的 550kV 瓷柱式、罐式断路器和组合电器用断路器额定短路开断电流的直流分量时间常数应大于等于 75ms。

注：南方电网公司反事故措施（2022 版）2.5.29 条。

反措条款解读：

近年来系统内发生多个变电站短路电流直流分量超标的情况。一旦断路器无法成功开断，将导致系统暂态失稳或越级跳闸，造成大面积停电。因此，需严防短路电流直流分量超标引发断路器无法开断的风险。因此提出对新投运的 550kV 瓷柱式、罐式断路器和组合电器用断路器额定短路开断电流的直流分量时间常数应大于等于 75ms。通过改造可彻底消除变电站短路电流直流分量超标的情况。

【案例】随着用电负荷和电力系统装机容量逐年扩大，发电机、电力变压器和输电线路构成的输电网络中的电抗电阻比（L/R）越来越大，导致系统短路电流中的直流分量衰减越来越慢，增大了短路冲击电流和开关开断能力要求。

2016 年发生了一起与直流分量相关导致的事件（见图 1-59），故障时由于两回并联线路两侧系统短路容量强弱相差较大，线路发生单相永久跳闸后，弱系统先合于永久故障、强系统侧后合，导致短路电流发生转移，在先合开关（弱系统侧）产生较大的直流分量，且弱系统提供短路电流较小，先合开关无法形成过零点致使开关无法开断。

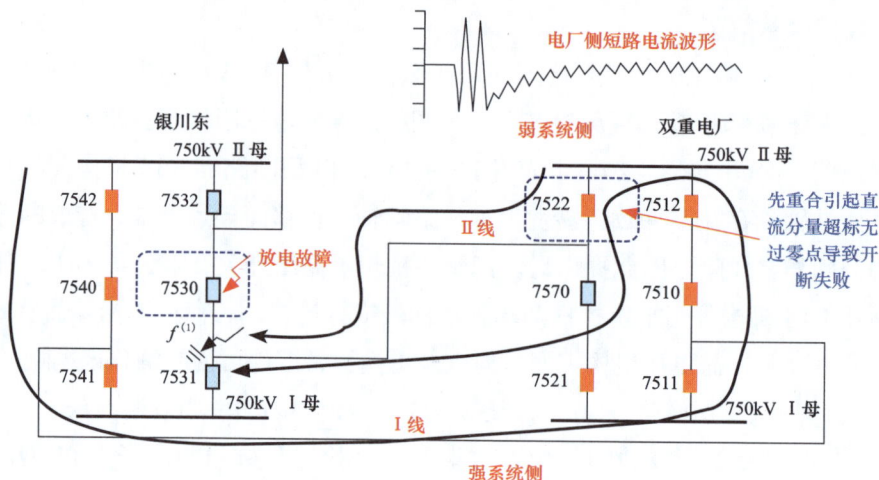

图 1-59　密度继电器二次转接盒内部绝缘不良

处理措施:

（1）在电网建设阶段，应结合短路电流规划水平明确规划年限内开关短路电流直流分量的变化趋势，避免考虑不足导致投运后短时间内需要开展开关设备改造和替换。

（2）电网运行阶段应及时根据网架变化、厂站投产计划，做好直流分量计算，提前明确开关设备短路电流水平以便开展开断能力校核，及时替换不满足开断能力开关，防范开断能力不足造成开关拒动。

（3）对新投运的 550kV 瓷柱式、罐式断路器和组合电器用断路器，明确额定短路开断电流的直流分量时间常数应大于等于 75ms 的技术参数要求。

整改效果: 按要求整改完成后，未发生异常情况。

> **1.39　反措规定:** 西门子（杭州）高压开关有限公司 3AP2-FI 型断路器 FA5 机构分闸平衡杠杆两端轴承标号不一致，或者存在无标号轴承，会引起轴承滚轴轴线偏移而卡涩，从而导致机构分闸异常。应对该分闸平衡杠杆两端轴承标号进行检查，若存在无标号轴承或轴承标号不一致，需更换机构。
>
> 注：南方电网公司反事故措施（2023 版）2.5.30 条。

反措条款解读：

近年来系统内发生多起杭州西门子公司 2008～2013 年间生产的 3AP2-FI 型断路 FA5 机构拒动，现场检查发现分闸线圈及并联电阻烧坏。检查分析认为杭州西门子公司 2008～2013 年间生产的 3AP2-FI 型断路器 FA5 机构分闸平衡杠杆两端轴承存在不一致，易发生轴承滚轴轴线偏移而导致卡涩，造成断路器机构分闸异常风险。因此提出对西门子（杭州）高压开关有限公司 3AP2-FI 型断路器 FA5 机构分闸平衡杠杆两端轴承标号进行检查，若存在无标号轴承或轴承标号不一致，需更换机构。通过检查及更换异常部件可彻底消除该风险。

【案例一】 2020 年 8 月 6 日，某 ±500kV 换流站因功率调节退出 563 交流滤波器，563 开关 A、C 相断开，B 相未断开。经检查是杭州西门子 3AP2 型断路器 FA5 机构分闸平衡杠杆两端轴承标号不一致，或者存在无标号轴承，引起轴承滚轴轴线偏移而卡涩，从而导致拒分。分闸平衡杠杆两端轴承标号见图 1-60。

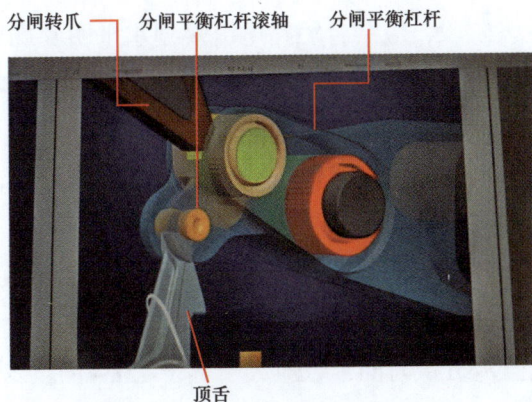

图 1-60　分闸平衡杠杆两端轴承标号

处理措施： 设备停电（操动机构处于释能状态）后，使用内窥镜检查分闸平衡杠杆滚轴两端轴承套品牌 LOGO，若存在无标号轴承或轴承标号不一致，需更换操动机构。

整改效果： 整改完成后，运行正常，未出现轴承滚轴轴线偏移而卡涩或拒分。

【案例二】 2021 年某 500kV 变电站开展断路器排查，发现均为无标号轴承。按网公司要求，应对分闸平衡杠杆两端轴承标号不一致或存在无标号轴承，进行更换。轴承滚轴轴线偏移而卡涩如图 1-61 所示。

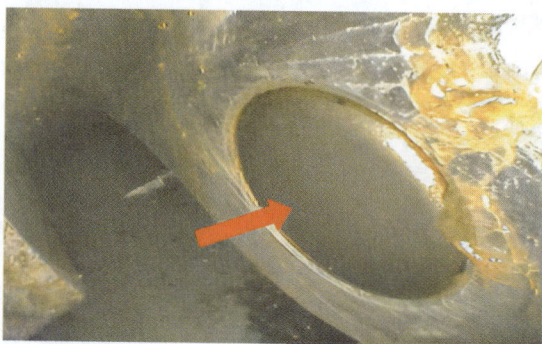

图 1-61　轴承滚轴轴线偏移而卡涩

处理措施： 整体更换机构。

整改效果： 更换后相关试验正常，设备隐患彻底消除。

> **1.40　反措规定：** 厦门 ABB 高压开关有限公司 2013 年 12 月 31 日前出厂的 110kV ELK-04、EXK-0 型 GIS 断路器 HMB-1 液压操动机构存在隐患，建议结合停电对液压机构储能油泵锥齿轮更换，并将旧锥齿轮穿销（开口弹性插销）更换为新穿销（一体式）。
>
> 注：南方电网公司反事故措施（2023 版）2.5.31 条。

反措条款解读：

近年来系统内发生多起厦门 ABB 高压开关有限责任公司 2013 年 12 月 31 日前出厂的 EXK-CBO/3P 型 110kV GIS 断路器设备机构储能异常缺陷。解体发现该型号断路器运行 10 年后的储能齿轮（材质为复合树脂特氟龙）出现了不同程度的材质老化以及硬质性能下降，多次分合后易发生断裂，造成机构储能异常。因此提出对厦门 ABB 高压开关有限公司 2013 年 12 月 31 日前出厂的 110kV ELK-04、EXK-0 型 GIS 断路器 HMB-1 液压操动机构储能油泵锥齿轮更换，并将旧锥齿轮穿销（开口弹性插销）更换为新穿销（一体式）。通过整改可彻底消除该缺陷。

【案例】 某 220kV 变电站 110kV 断路器有 12 台开关存在储能齿轮老化开裂现象（见图 1-62）（从穿销位置开始裂开，直至整个齿轮一分为二完全脱落，导致电机空转，机构无法储能）。

处理措施： 采用新型一体式穿销取代传统的内外弹性穿销（见图 1-63），

新穿销中间略粗带凸起，利用中间凸起部分卡住金属转轴的方式，使长期从内到外撑开的力仅作用在中间的金属转轴。金属转轴强度韧性好，可以承受住长期从内到外撑开的力。

整改效果： 更换新型穿销后，隐患彻底消除。

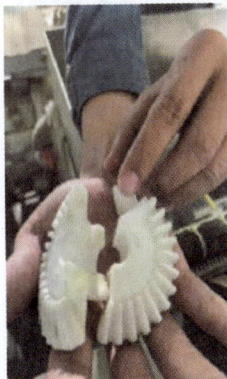

图 1-62　齿轮一分为二脱

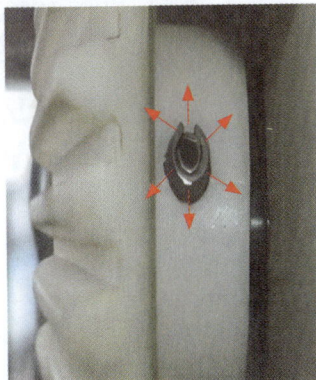

图 1-63　齿轮一分为二脱

1.41　反措规定： 现对组合电器（含 GIS、HGIS、GIL、PASS、COMPASS）提出如下反事故措施：

（1）结合停电对接地开关分合闸位置进行划线标识。通过对传动机构连杆位置进行划线标识，能正确反映接地开关分合闸位置。

（2）在倒闸操作过程中应严格执行接地开关分合闸位置核对工作的要求，通过"机构箱分/合闸指示牌、汇控箱位置指示灯、后台监控机的位置指示、现场位置划线标识确认、接地开关观察孔（现场条件具备时）可视化确认"，明确接地开关分合闸状态。

注：南方电网公司反事故措施（2022 版）2.5.32 条。

反措条款解读：

近年来系统内发现多起北京 ABB 生产的 PASS M0 SBB 设备快速接地开关相间连杆缺少分合闸指示位置标识情况，当机构传动部件发生断裂或者严重变形时，无法通过"机构箱分/合闸指示牌、汇控箱位置指示灯、后台监控机的位置指示"对快速接地开关位置进行准确判断。因此提出对组合电器（含 GIS、HGIS、GIL、PASS、COMPASS）提出结合停电对接地开关分合闸

位置进行划线标识。在倒闸操作过程中应严格执行接地开关分合闸位置核对工作的要求，严格执行相关检查措施明确接地开关分合闸状态。通过整改可彻底消除该隐患。

【案例一】2021年1月30日，某110kV变电站110kV C线送电中10538快速接地开关发生三相接地故障。现场检查发现传动连杆间的卷制弹性圆柱销发生断裂，机构箱指示器在分闸位置、汇控箱内10538快速接地开关分闸指示灯亮、后台监控显示10538快速接地开关在分闸位置。对快速接地开关操动机构进行手动合闸操作，隔离开关机构转动正常，信号切换正常，但相间连杆未转动。分析认为圆柱销断裂，造成10538快速接地开关分闸传动链在卷制弹性圆柱销位置断开，电机组件分合闸指示牌正常转动、辅助开关正常切换、相间连杆未转动，导致三相触头出现"假分"现象（见图1-64）。

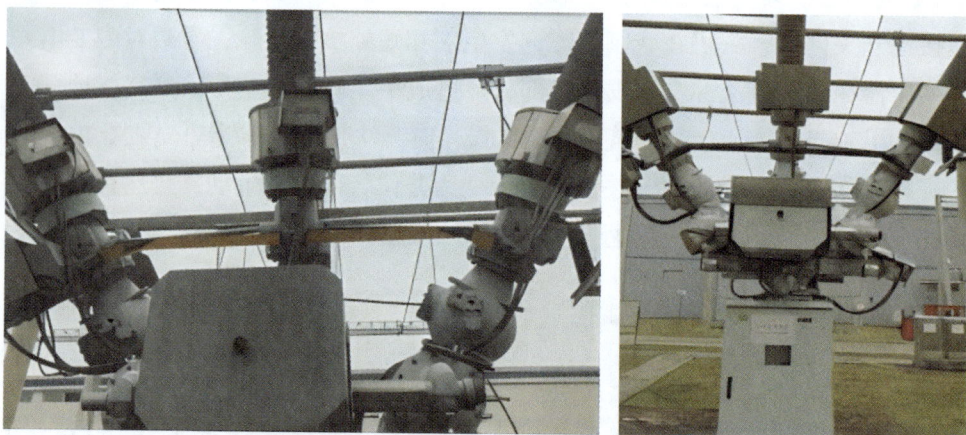

图1-64　三相触头出现"假分"现象

处理措施：设备停电后，对接地开关分合闸位置进行划线标识。同时在倒闸操作过程中应严格执行接地开关分合闸位置核对工作的要求。

整改效果：整改后未发现有类似故障。

【案例二】某供电局地调人员在对110kV D线进行送电操作时发现线路电压异常（未采集到C相电流）。经过进一步检查发现线路对侧站内1876隔离开关存在异响［热备用状态，河南平高2010年产ZF12-126（L）GIS设备］。现场分开线路对侧站内1876隔离开关后，异响消除。停电检查为隔离开关合闸不到位导致的隔离开关气室烧蚀故障（见图1-65）。

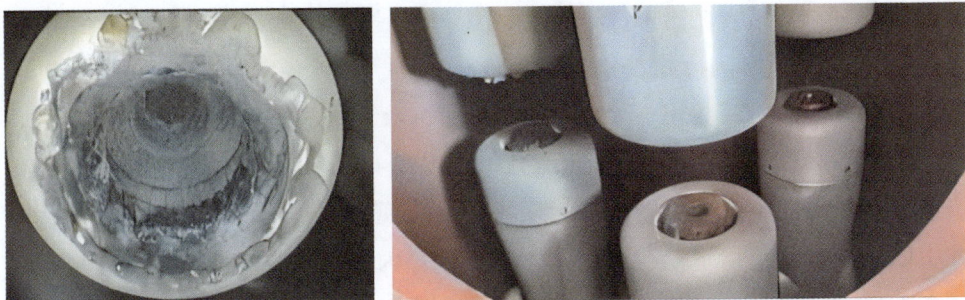

图 1-65　隔离开关气室烧蚀

处理措施：对隔离开关气室实施停电更换。在对隔离开关进行划线标识时，要重点对隔离开关传动进入本体的位置进行划线标记。

整改效果：通过对 GIS 隔离开关进行划线标记，彻底消除了该隐患。

【案例三】某变电站操作人员在合上线路开关对 110kV 新线路充电时，快速接地开关内部触头仍在合闸状态，发生三相短路接地故障，导致对侧变电站主变压器在故障电流冲击下发生内部故障造成中压侧 B 相变形。线路接地开关机构输出轴与本体连接的弹簧销断裂，操作时无法带动连杆转动（见图 1-66），在进行操作分闸时，接地开关位置指示变为分位，而本体未动作仍然在合闸位置，在合上线路开关时，发生三相短路接地故障。

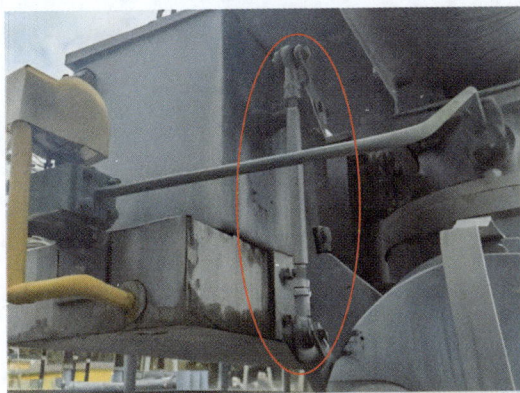

图 1-66　隔离开关传动连杆

处理措施：

（1）结合停电对接地开关分合闸位置进行划线标识。通过对传动机构连杆位置进行划线标识，能正确反映接地开关分合闸位置。

（2）在倒闸操作过程中应严格执行接地开关分合闸位置核对工作的要求，

通过"机构箱分/合闸指示牌、汇控箱位置指示灯、后台监控机的位置指示、现场位置划线标识确认、接地开关观察孔（现场条件具备时）可视化确认"，明确接地开关分合闸状态。

整改效果： 操动机构连杆划线标识后，能正确反映隔离开关分合闸位置。

> **1.42 反措规定：** 同一组合电器设备间隔汇控柜内隔离开关的电机电源空气断路器应独立设置；同一组合电器设备间隔汇控柜的"远方/就地"切换钥匙与"解锁/联锁"切换为同一把钥匙的，宜采用更换锁芯的方式进行整改。
>
> 注：南方电网公司反事故措施（2023版）2.5.4条。

反措条款解读：

近年来系统内发生多起因组合电气设备因设备间隔汇控柜的"远方/就地"切换钥匙与"解锁/联锁"切换为同一把钥匙，导致操作人员使用时出现带接地开关合隔离开关的恶性电气误操作事件。因此提出同一组合电器设备间隔汇控柜内隔离开关的电机电源空气断路器应独立设置；同一组合电器设备间隔汇控柜的"远方/就地"切换钥匙与"解锁/联锁"切换为同一把钥匙的，宜采用更换锁芯的方式进行整改。

【案例】2016年8月31日，某220kV变电站运行人员在试合2731隔离开关时，因电气联锁无法直接合2731隔离开关，随即从钥匙柜中取出"联锁/解锁"切换开关钥匙（与"远方/就地"切换开关钥匙相同），误合带电的2732隔离开关（见图1-67），造成带27327接地开关合隔离开关的恶性电气误操作事件。

处理措施：

（1）对同一组合电器设备间隔汇控柜内隔离/接地开关的电机电源空气断路器独立设置。

（2）同一组合电器设备间隔汇控柜的"远方/就地"切换钥匙与"解锁/联锁"切换为同一把钥匙的，宜采用更换锁芯的方式进行整改。

（3）完善组合电器设备间隔汇控柜就地五防功能，可采用加装防护罩或电编码锁的方式进行整改。

整改效果： 整改后未发现有类似故障。

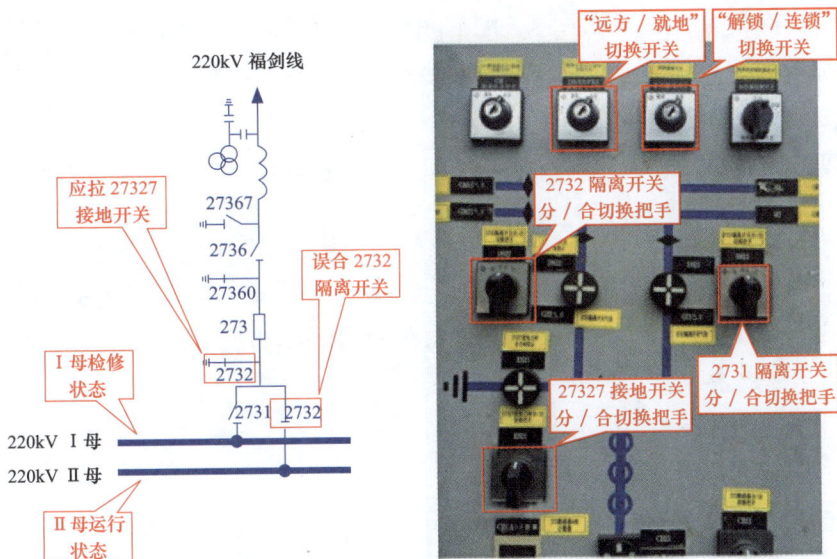

图 1-67　误合带电的 2732 隔离开关

1.43　反措规定：

（1）对隔离开关分合闸位置进行划线标识。在倒闸操作过程中应严格执行隔离开关分合闸位置核对工作的要求，通过"机构箱分/合闸指示牌、汇控箱位置指示灯、后台监控机的位置指示、现场位置划线标识确认、隔离开关观察孔（ELK-14 型 GIS 隔离开关自配）可视化确认"，明确隔离开关分合闸状态。

（2）对组合电器（含 GIS、HGIS、GIL、PASS、COMPASS）提出如下反事故措施：结合停电对接地隔离开关分合闸位置进行划线标识。通过对传动机构连杆位置进行划线标识，能正确反映接地隔离开关分合闸位置。在倒闸操作过程中应严格执行接地隔离开关分合闸位置核对工作的要求，通过"机构箱分/合闸指示牌、汇控箱位置指示灯、后台监控机的位置指示、现场位置划线标识确认、接地隔离开关观察孔（现场条件具备时）可视化确认"，明确接地隔离开关分合闸状态。

注：南方电网公司反事故措施（2023 版）2.5.6 条。

反措条款解读：

近年来系统内发生多起隔离开关因接地开关机构输出轴与本体连接的弹簧销断裂，操作时无法带动连杆转动。因此提出对隔离开关分合闸位置进行划线标识。在倒闸操作过程中应严格执行隔离开关分合闸位置核对工作的要求，明确隔离开关分合闸状态。

【**案例一**】2021 年 1 月 30 日，某供电局进行 110kV D 线启动试运行合上 154 开关对线路充电时，发生三相短路接地故障。原因为 10538 接地开关机构输出轴与本体连接的弹簧销断裂，操作时无法带动连杆转动，在进行操作分闸时，接地开关位置指示变为分位但由于机构未动作，实际在合闸位置（见图 1-68）。

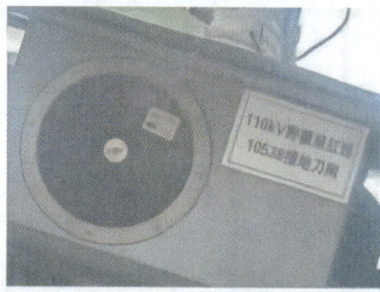

图 1-68　接地开关位置指示变为分位但由于机构未动作

处理措施： 对隔离开关分合闸位置进行划线标识，并要求操作人员在倒闸操作过程中应严格执行隔离开关分合闸位置核对工作的要求，明确隔离开关分合闸状态。

整改效果： 按要求执行划线机操作要求后，明确隔离开关分合闸状态。

【**案例二**】2021 年 2 月 4 日，某换流站在对极 1 低端间隔进行复电过程中，极 1 低端换流变压器间隔 508167 接地开关现场分合闸到位指示标记缺失（见图 1-69），现场无法直接判断 508167 接地开关是否可靠分闸，此时后台显示 508167 接地开关已操作至分位。

处理措施： 现场通过 508167 接地开关划线和观察孔判断，508167 接地开关实际已分闸到位，该缺陷可能原因为标识牌松脱。

针对 GIS 的接地开关与隔离开关实际位置不好判断的情况，对于三相联动的隔离开关，每相应有位置指示牌，提供每相的实际位置，同时在分合位置初应设计观察孔，提供必要时的判断手段。GIS 传动轴应方便划线做出标示。

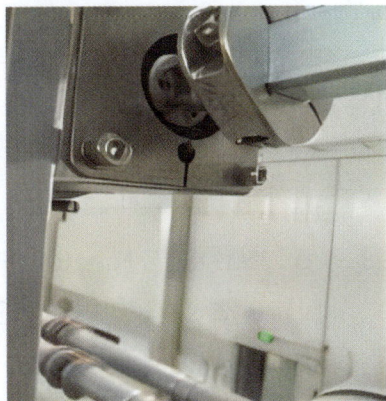

图 1-69　接地开关现场分合闸到位指示标记失去

整改效果： 增加隔离开关、接地开关传动轴划线标识后，分合不到位时能得到及时发现和处理，提高了运维效率。

【案例三】 2020 年 6 月 25 日，某 220kV 变电站对 220kV 设备全停操作过程中，发现 2 号主变压器高侧 22024 隔离开关机械变位异常（见图 1-70），经检查为 22024 隔离开关 B 相拐臂断裂，X 射线成像结果显示 22024 隔离开关 B 相未拉开。现场申请紧急缺陷停电处理，经更换拐臂备品及调试合格后恢复设备运行。

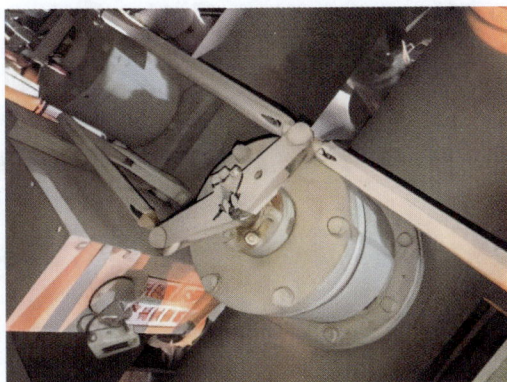

图 1-70　隔离开关机械变位异常

处理措施： 采用 X 射线检测隔离开关动触头为分闸到位，与本体侧传动轴位置相符。现场经更换 B 相拐臂及调试后恢复正常，同时严格落实隔离开关分合闸位置进行划线标识及现场操作五确认的要求。

整改效果： 严格落实隔离开关分合闸位置进行划线标识及现场操作五确认的要求，未发生因人为因素引起的误操作事件。

> **1.44　反措规定：** 由于平高2013年前投运的ZF12–126（L）型GIS线型接地开关所配绝缘子内部存在应力集中的隐患，会在运行中逐渐导致裂纹的出现和生长。故应对平高2013年前投运的ZF12–126（L）型GIS线型接地开关进行更换。
>
> 注：南方电网公司反事故措施（2023版）2.5.7条。

反措条款解读：

近年来系统内发生多起平高2013年前生产的ZF12–126（L）型GIS线形接地开关绝缘子缺陷导致的漏气缺陷，由于故障绝缘子内部存在3个分布不对称金属嵌件，由于生产或装配工艺控制不良，导致绝缘子应力集中，逐渐造成内部裂纹的出现和生长，并最终导致漏气。因此提出对平高2013年前投运的ZF12–126（L）型GIS线型接地开关进行更换，杜绝同类型缺陷的发生。

【案例】 2015年10月31日，运行人员巡视时发现某220kV变电站的110kV F线1466隔离开关气室表压为0.02MPa。经解体发现，14660线形接地开关绝缘子由于生产或装配工艺控制不良导致应力集中，随着运行年限的增加以及多年寒暑的温度变化，逐渐导致裂纹的出现和生长（见图1–71），并最终导致GIS隔离开关气室线形接地开关绝缘子漏气。

处理措施： 对平高2013年前投运的ZF12–126（L）型GIS线型接地开关进行更换。

整改效果： 更换该型接地开关后，彻底消除了该隐患。

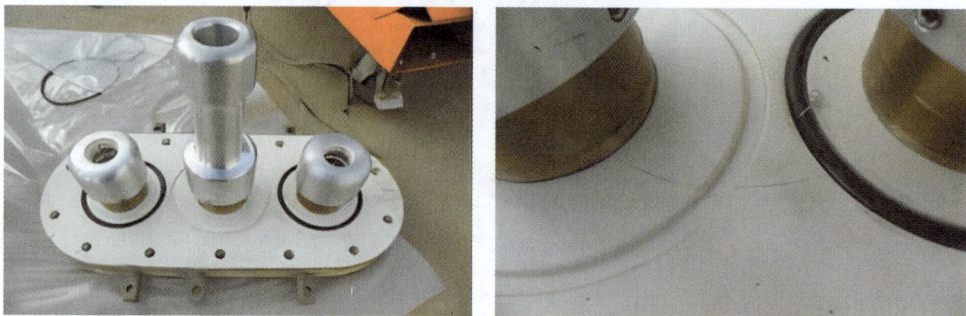

图1-71　GIS隔离开关气室解体

> **1.45 反措规定：** 北京 ABB 公司 2019 年 6 月以前生产的 LTB145D1/B 型断路器 FSA1 型机构所使用的分闸线圈 1（拉环式，EXIN400833R9）和分闸线圈 2（顶针式，EXIN400834R9），应更换为 2GTA650589P0001 型（拉环式）和 2GTA650588P0001（顶针式）。
>
> 注：南方电网公司反事故措施（2023 版）2.5.33 条。

反措条款解读：

近年来系统内出现多起 ABB 公司 FSA1 型操动机构分闸线圈因出力裕度过小，导致分闸脱扣器拒动或延迟动作的隐患。因此提出将北京 ABB 公司 2019 年 6 月以前生产的 LTB145D1/B 型断路器 FSA1 型机构所使用的分闸线圈 1（拉环式，EXIN400833R9）和分闸线圈 2（顶针式，EXIN400834R9），更换为 2GTA650589P0001 型（拉环式）和 2GTA650588P0001（顶针式），彻底消除该隐患。

【**案例一**】检查发现某换流站 110kV 1 号站用变压器 110kV 侧 151 断路器为北京 ABB 公司 2019 年 6 月以前生产的 LTB145D1/B 型断路器，FSA1 型机构分合闸线圈（见图 1-72）存在安全隐患。

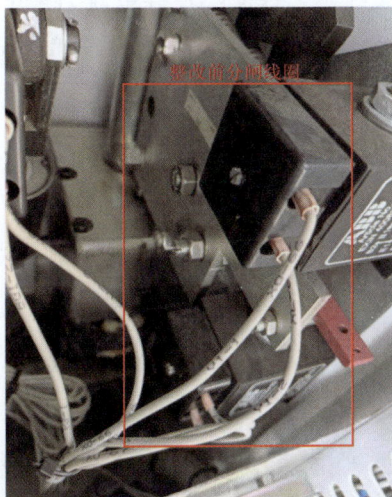

图 1-72　分闸线圈示意图

处理措施： 将北京 ABB 公司生产的 LTB145D1/B 型断路器 FSA1 型机构的分合闸线圈更换为 2GTA650589P0001 型（拉环式）和 2GTA650588P0001（顶针式）。

整改效果： 设备隐患整治整改完毕后，至今运行正常。

【案例二】 2021 年 6 月 3 日，某 110kV 线路因雷击发生三相短路接地故障，线路开关延迟分闸，未及时隔离故障点，导致 2 号主变压器中后备动作跳开 2 号主变压器三侧开关，故障设备为北京 ABB 公司 LTB145D1/B 型（配置 FSA1 机构）断路器。根据设备检查与试验结果，判断线路开关延迟分闸的根本原因是分闸线圈（EXIN400834R9）（见图 1-73）出力裕度不足，当开关分闸脱扣触发阈值增大时，无法可靠触发分闸。

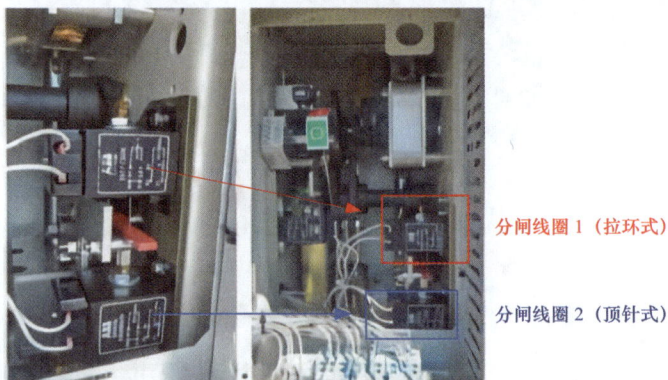

图 1-73　分闸线圈示意图

处理措施： 将北京 ABB 公司 2019 年 6 月以前生产的 LTB145D1/B 型断路 FSA1 型机构所使用的分闸线圈 1（拉环式，EXIN400833R9）和分闸线圈 2（顶针式，EXIN400834R9）更换为 2GTA650589P0001 型（拉环式）和 2GTA650588P0001（顶针式）。

整改效果： 整改后的同型号开关未再发生同类原因的拒分故障。

【案例三】 某 220kV 变电站 3 号主变压器变中 103 开关属于北京 ABB 公司 2019 年 6 月以前生产的 LTB145D1/B 型断路器 FSA1 型机构所使用的分闸线圈 1（拉环式，EXIN400833R9）和分闸线圈 2（顶针式，EXIN400834R9），并对 103 开关进行停电更换为 2GTA650589P0001 型（拉环式）和 2GTA650588P0001（顶针式）线圈（见图 1-74），确保了设备安全可靠运行。

处理措施： 通过专项检查确定 103 开关属于北京 ABB 公司 2019 年 6 月以前生产的 LTB145D1/B 型断路器 FSA1 型机构，申请计划停电进行线圈更换整改工作。

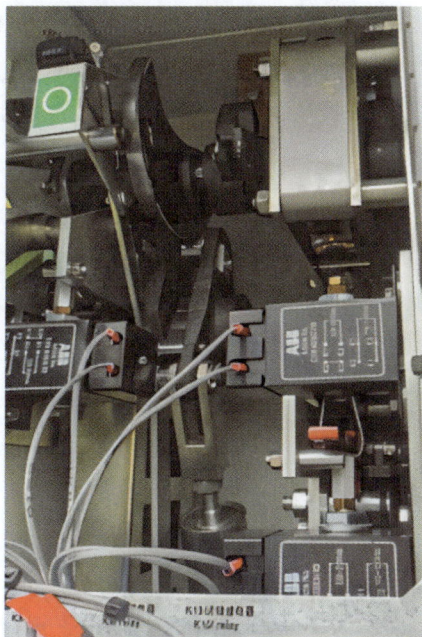

图 1-74　分闸线圈

整改效果：通过停电更换 103 开关的分闸线圈 1（拉环式，EXIN400833R9）和分闸线圈 2（顶针式，EXIN400834R9），开关机械特性试验合格，保证了设备安全可靠运行。

> **1.46　反措规定：**平高电气 LW35-126 型断路器相间传动拉杆接头交叉钻孔处剩余横截面积小，拉杆整体抗拉强度裕度小，应将拉杆外圆直径 $\phi 26mm$ 更换为 $\phi 30mm$。
>
> 注：南方电网公司反事故措施 (2023 版)2.5.34 条。

反措条款解读：

近年来系统内发生多起平高电气股份有限公司 LW35-126 型 126kV 断路器相间传动拉杆接头断裂缺陷，影响设备安全运行。因此提出对平高电气 LW35-126 型断路器相间传动拉杆外圆直径从 $\phi 26mm$ 更换为 $\phi 30mm$，提升抗拉强度，彻底消除该安全隐患。

【案例】某 220kV 变电站 101、100、107、108 开关为平高电气 LW35-126 型断路器，相间传动拉杆（见图 1-75）接头存在断裂风险。

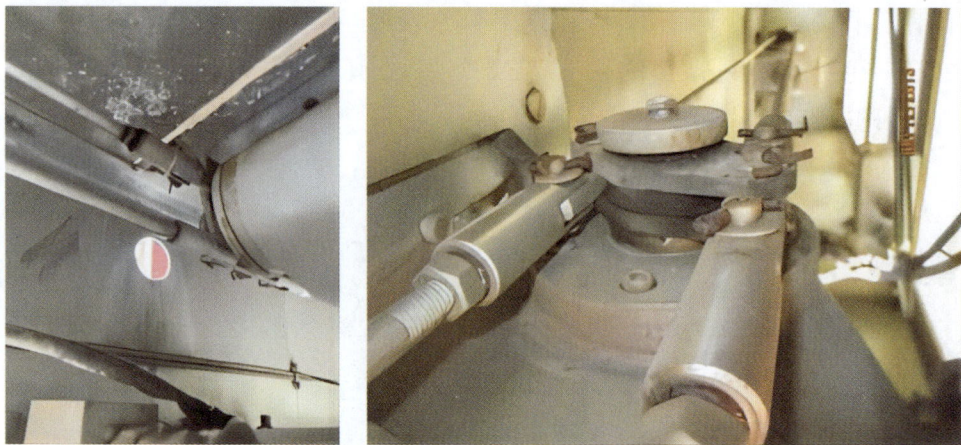

图 1-75 分合闸状态指示精密度不足

处理措施： 结合停电将开关相间传动拉杆接头进行更换，由 ϕ26mm 更换为 ϕ30mm。

整改效果： 整改后，开关机械特性数据无异常，未发现有相间拉杆接头断裂等现象发生。

> **1.47 反措规定：** ABB 公司 2006 年 12 月 2 日至 2020 年 8 月 15 日期间生产的 220kV LTB245E2-1P 型断路器设备 BLK222 型操动机构弹簧采用 2.2m 长卷簧衬垫存在设计不当、固定不牢靠的情况，当其向卷簧中心移动时，可能导致断路器发生拒合，应将长卷簧衬垫裁剪至 1.5m。
>
> 注：南方电网公司反事故措施（2023 版）2.5.35 条。

反措条款解读：

近年来系统内发生多起 ABB 公司 220kV LTB245E2-1P 型断路器拒合故障。该断路器配备的 BLK222 型操动机构弹簧采用 2.2m 长卷簧衬垫，存在设计不当、固定不牢靠的情况，当其向卷簧中心移动时，会导致断路器发生拒合。因此提出将 ABB 公司 2006 年 12 月 2 日至 2020 年 8 月 15 日期间生产的 220kV LTB245E2-1P 型断路器设备 BLK222 型操动机构长卷簧衬垫裁剪至 1.5m，彻底消除该安全隐患。

【案例一】某 220kV 变电站 220kV A 线 231 断路器、220kV B 线 201 断路器为 ABB 公司 220kV LTB245E2-1P 型断路器，其配备的 BLK222 型操动机构，

弹簧采用 2.2m 长卷簧衬垫，存在设计不当、固定不牢靠的情况。已按照反措要求将长卷簧衬垫裁剪至 1.5m。断路器操动机构弹簧如图 1–76 所求。

处理措施：将长卷簧衬垫裁剪至 1.5m。

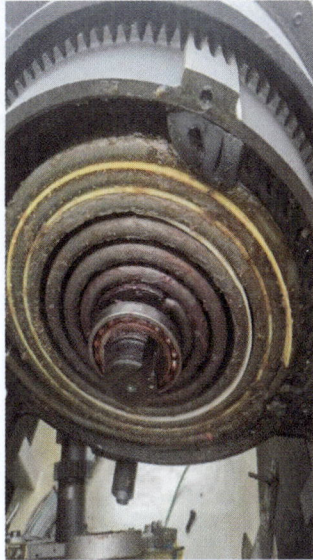

图 1–76　断路器操动机构弹簧

整改效果：长卷簧衬垫剪短后试分合 20 次，未出现位移及固定不牢等现象。

【案例二】2021 年 12 月 6 日，某换流站发现 220kV 第四串联络 2042 断路器（ABB 公司 220kV LTB245E2–1P 型断路器，配备 BLK222 型操动机构）A、B、C 三相衬垫都出现不同程度的裂痕（见图 1–77），但未完全断裂。

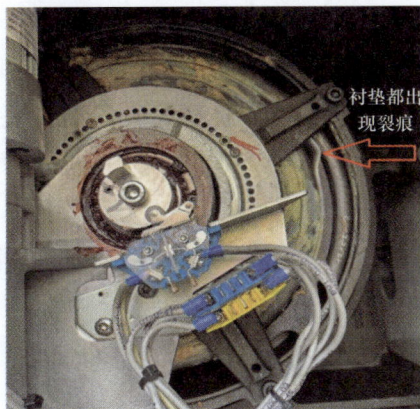

图 1–77　断路器衬垫都出现裂痕

处理措施：将长卷簧衬垫裁剪至 1.5m。

整改效果：整改后的同型号开关未出现同类型原因造成的拒合故障。

【案例三】2021 年，根据厂网联动机制，ABB 公司上报了 2006 年 12 月 22 日至 2020 年 8 月 15 日生产的 BLK222 型操动机构 2.2m 长卷衬垫可能出现断裂等问题（见图 1-78），经组织专家评审，明确了隐患原因与整改措施。

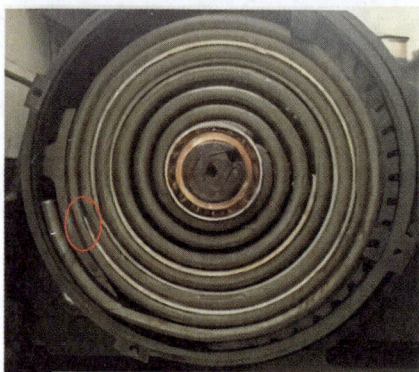

图 1-78　断路器操动机构 2.2m 长卷衬垫出现断裂

处理措施：ABB 公司 2006 年 12 月 22 日至 2020 年 8 月 15 日生产的 BLK222 型操动机构，采用的 2.2m 长卷簧衬垫存在设计不当、固定不牢靠情况，当其向卷簧中心移动时，可能导致断路器发生拒合。对采用 2.2m 长卷簧衬垫的断路器，联系 ABB 公司结合停电对卷簧进行裁剪，将卷簧衬垫裁剪至 1.5m，裁剪完毕后应进行断路器机械特性试验。

整改效果：整改后的同型号开关未出现同类型原因造成的拒合故障。

【案例四】2022 年 4 月 28、29 日，某供电局变电管理所对 500kV C 变电站多条线路开关开展停电防拒动检查及 BLK222 型操动机构卷簧衬垫隐患排查，发现机构卷簧衬垫实际测量超过 2.2m（见图 1-79），该隐患将导致开关拒合。该局立即对 ABB 公司 LTB245E2-1P 型断路器设备 BLK222 型操动机构卷簧衬垫过长进行隐患整改，将长卷簧衬垫裁剪至 1.5m，消除该隐患。

处理措施：将开关 BLK222 型操动机构卷簧衬垫裁剪至 1.5m，消除该隐患。

整改效果：整改后的同型号开关未出现同类型原因造成的拒合故障。

【案例五】2014 年 5 月，某 500kV 变电站 220kV D 线 2192 开关 A 相不能储能，现场检查发现卷簧卡死导致（见图 1-80），导致电机烧毁。经分析为卷簧内垫片向卷簧中心移动，导致卷簧卡涩不能储能，直到电机烧毁。

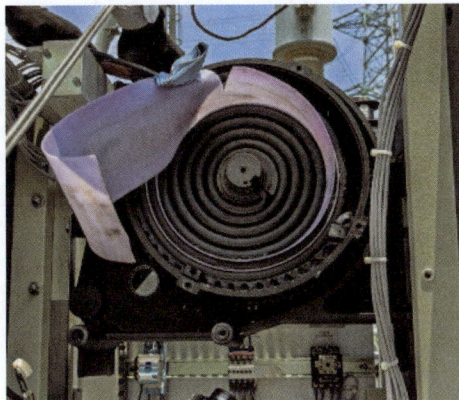

图 1-79　将断路器卷簧衬垫长度裁剪至 1.5m

处理措施： 垫片剪短至 1.5m。

整改效果： 储能正常，开关特性试验正常。

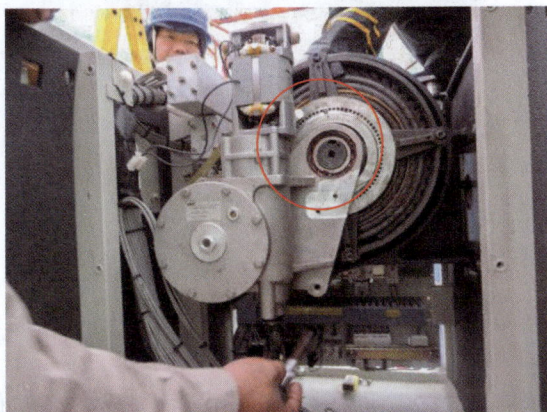

图 1-80　断路器卷簧卡涩

　　1.48　反措规定： 山东泰开生产的 ZF16-252 型 252kV 组合电器三相机械联动断路器内拐臂与绝缘拉杆连接轴销紧固螺栓存在残留油脂，多次分合闸后造成紧固螺栓松动。开展 X 射线成像仪检查螺栓是否松动，若发现螺栓松动的情况，及时停电检修，未发现隐患应开展逐步整治，2022 年 12 月 30 日前完成关键重要站点隐患设备整治，2024 年 6 月 30 日前完成全部排查整治。

　　注：南方电网公司反事故措施（2023 版）2.5.36 条。

反措条款解读：

近年来系统内发生多起山东泰开生产的 ZF16-252 型 252kV 组合电器三相机械联动断路器因内拐臂与绝缘拉杆连接轴销紧固螺栓存在残留油脂，导致多次分合闸后造成紧固螺栓松动。因此提出对该型设备开展 X 射线成像仪检查螺栓是否松动，若发现螺栓松动的情况，及时停电检修，未发现隐患应开展逐步整治。彻底消除该安全隐患。

【案例一】某供电局对泰开 ZF16-252 型开关进行 X 射线排查时，发现 210 开关 B 相存在螺栓松动（见图 1-81）。

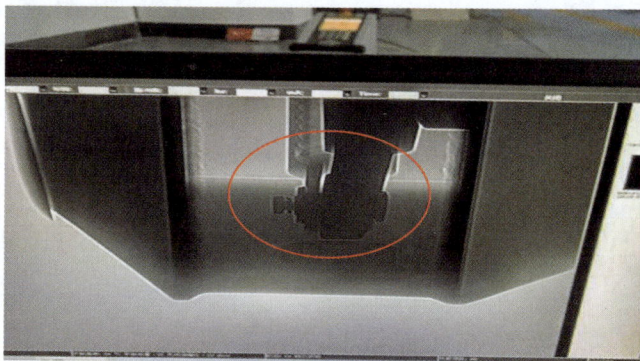

图 1-81　断路器螺栓松动

处理措施：更换整台开关。

整改效果：更换开关后，彻底消除该隐患。

【案例二】2021 年 3 月 12 日，技术人员在对某 500kV 变电站 220kV GIS 现场进行验收试验，开展母联 2012 开关机械特性试验时发现断路器 B 相分、合闸信号异常，无 B 相测试数据。现场开展回路电阻验证并对断路器外部传动机构进行检查，判断故障位置为断路器 B 相气室内部。后制订方案对 B 相断路器进行解体检查，发现 B 相断路器的绝缘拉杆与内拐臂连接轴销的限位螺栓松脱（见图 1-82），轴销脱落后内拐臂无法驱动断路器动触头分合闸。

处理措施：对 ZF16-252 型三相联动断路器进行 X 光检测排查，根据排查结果进一步研讨分析发现曲轴和绝缘拉杆轴销固定形式存在设计缺陷，要求厂家对固定形式进行整改并开展试验验证，并对隐患设备返厂整改。

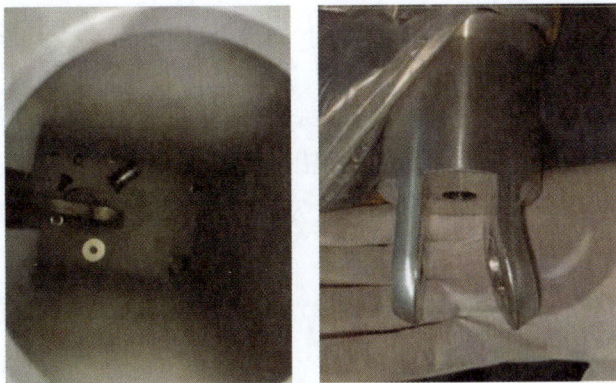

图 1-82　断路器的绝缘拉杆与内拐臂连接轴销的限位螺栓松脱

整改效果： 220kV ZF16-252 型三相联动断路器轴销异常脱落重大缺陷隐患的发现及排查整改，避免了因该缺陷隐患引起的设备强迫停运乃至母线失压事件发生。

1.49　反措规定： 北京 ABB 产 BLK222 型和 BLG1002A 型操动机构分合闸掣子部分部件为铁基合金（含铁量 95% 左右），抗腐蚀能力较差，受潮时易发生锈蚀。

（1）应在 2024 年 6 月 30 日前，完成机构箱受潮、分合闸掣子锈蚀专项检查，若发现锈蚀应及时开展检修处理或更换。

（2）在日常运维时，应重点检查机构箱加热器空气断路器状态（其中 PASS 设备应检查汇控柜中加热器空气断路器状态），若在合位，应使用红外测温仪等方式确认机构箱加热器功能正常（其中 PASS 设备可通过确认汇控柜加热器功能正常间接判断）；若在分位或发现机构箱存在受潮情况，应尽快针对分合闸掣子小滚针或亮轴开展专项检查，确认是否存在锈蚀，若存在则应开展低电压测试，检修处理或更换。

（3）在备品保存中，应采用真空密封等防锈保存方式。

（4）对 2011 年 9 月前北京 ABB 产 LTB245E1-1P 型断路器结合检修对分闸掣子进行更换或返厂轮替检修。

注：南方电网公司反事故措施（2023 版）2.5.37 条。

反措条款解读：

近年来系统内发生多起北京 ABB 产 LTB245E1 型断路器（配 BLK222 型操

动机构）拒分故障，因该机构箱受潮导致分闸掣子锈蚀，分合闸掣子部分部件为铁基合金（含铁量95%左右），抗腐蚀能力较差，受潮时易发生锈蚀，锈蚀的分闸掣子操作时卡涩造成断路器拒分。因此提出对2011年9月前北京ABB产LTB245E1-1P型断路器结合检修对分闸掣子进行更换或返厂轮替检修。彻底消除该安全隐患。

【**案例一**】2021年3月30日，某局地调在执行遥控操作分开某220kV线路278断路器（北京ABB产LTB245E1型机构为BLK222型）时，278断路器A、C相成功分闸，B相拒分处于合位。现场检查：278断路器B相机构分闸掣子烧毁严重；B相分闸掣子系统多处传动部件、合闸掣子及分闸缓冲器轴处均发现锈蚀存在明显锈蚀（见图1-83）。经分析判断278断路器B相拒分的直接原因为材质及运行环境等原因产生锈蚀，导致断路器分闸时未正确动作分闸掣子卡涩不能复位。

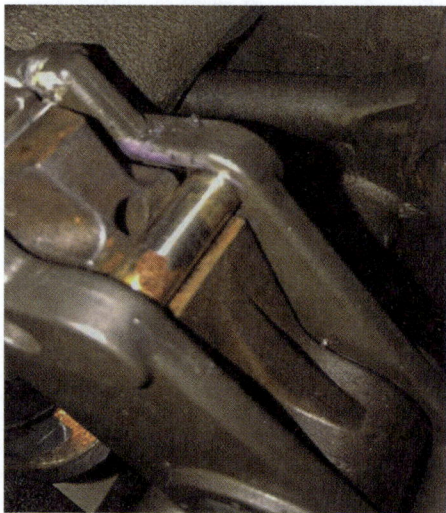

图1-83　断路器B相机构分闸掣子锈蚀严重

处理措施： 对分闸掣子进行更换；在日常巡维时，重点检查加热器的功能方面，其次检查机构可视部件是否存在锈蚀。

整改效果： 更换分闸掣子后，彻底消除该隐患。

【**案例二**】2020年3月11日，某500kV甲线4642开关、乙线4643开关在检修过程中发生合后即分情况，经分析是北京ABB产LTB245E1-1P型断路器2011年9月前产的分闸掣子（见图1-84）抗冲击能力不足导致。

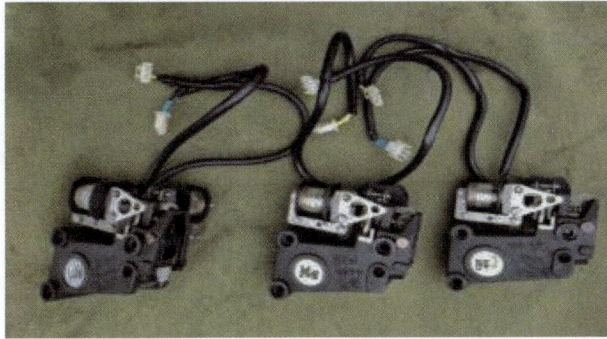

图 1-84　开关分闸掣子更换

处理措施：将开关分闸掣子更换为升级版的分闸掣子。

整改效果：已全部完成整改，未出现开关动作异常情况。

【**案例三**】2020 年某供电局在检修某 220kV 线路 2289 开关 A 相时，发现该开关存在合后即分的情况，经分析原因为机构分闸掣子复位弹簧弹性疲劳（见图 1-85），抗冲击能力减弱。

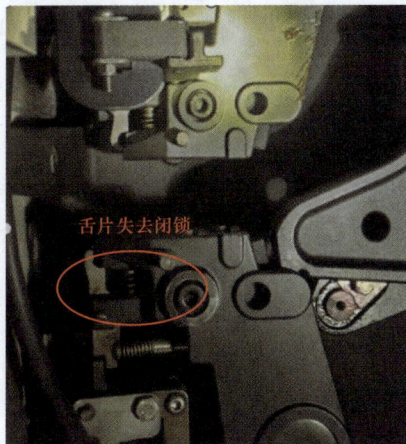

图 1-85　触头上、下部导电发生跑位

处理措施：更换分闸掣子。

整改效果：更换升级后的分闸掣子，重新调试后恢复正常状态。

1.50　反措规定：针对新投产的 110kV 及以上电压等级重点工程 GIS 设备，宜开展 X 射线检测，并将检测结果反馈到 LCC 评价中。

注：南方电网公司反事故措施（2023 版）2.5.39 条。

反措条款解读：

近年来系统内发生多起基建工程中隔离开关、接地开关分合闸位置调试不当（分闸时动触头超出屏蔽罩或合闸时动触头未超过第二个抱紧弹簧）的缺陷。X射线数字成像技术可通过可视化成像，对GIS断路器、隔离开关、电压互感器、母线及连接件部位进行透视化"体检"，是检测GIS设备内部缺陷及隐患的一种最直观、有效的手段。而GIS的内部结构性隐患，多是由于运输、现场安装导致的，因此在新投运时开展最为有效。因此提出对新投产的110kV及以上电压等级重点工程GIS设备，宜开展X射线检测，并将检测结果反馈到LCC评价中。彻底消除该安全隐患。

【案例】2022年某220kV变电站扩建1号主变压器，变压器高压侧22011隔离开关交接验收时，X光检测的合闸插入深度为20mm，不满足插入深度合格标准27mm（见图1-86）。

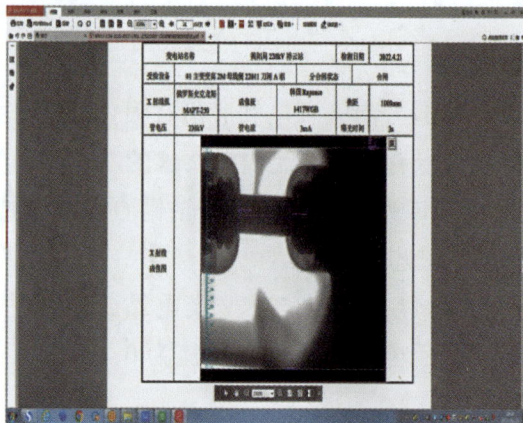

图1-86 隔离开关X光检测

处理措施：对隔离开关进行调整，加大动触头插入深度。

整改效果：对隔离开关调整后，插入深度符合要求。

1.51 反措规定：河南平高电气股份有限公司2010年以前生产的LW35-126W型断路器（配CT27-I机构），存在分闸保持掣子中分闸止位销轴承断裂风险。应对分闸保持掣子中分闸止位销轴承进行检查，发现有裂纹或断裂的应更换。

注：南方电网公司反事故措施（2023版）2.5.40条。

反措条款解读：

近年来系统内发生多起河南平高电气股份有限公司 2010 年以前生产的 LW35–126W 型断路器（配 CT27–I 机构）分闸保持掣子中分闸止位销轴承断裂缺陷。严重影响断路器安全稳定运行。因此应对该型断路器分闸保持掣子中分闸止位销轴承进行检查，发现有裂纹或断裂的应及时更换，彻底消除该安全隐患。

> **1.52　反措规定：**云南云开电气股份有限公司（以下简称"云开"）LW36–126 型断路器相间连杆轴销尺寸存在不满足设计要求的制造偏差情况（轴销与锁紧垫片的重合扣接量设计值为 1.12~1.5mm，出现缺陷的 3 台断路器实际扣接量为 0~0.5mm。），应将 O 形锁紧垫片更换为 U 形锁紧垫片。
>
> 注：南方电网公司反事故措施（2023 版）2.5.41 条。

反措条款解读：

近年来系统内发生多起云南云开电气股份有限公司生产的 LW36–126 型断路器存在相间连杆轴销尺寸存在不满足设计要求的缺陷，严重影响设备断路器安全稳定运行。因此应将该型开关相间连杆轴销 O 形锁紧垫片更换为 U 形锁紧垫片，彻底消除该安全隐患。

【案例】2021 年 12 月 11 日，某 500kV 变电站 35kV 电抗器组 324 断路器合闸后，后台保护装置显示电抗器组 A 相电流为 0，现场检查发现 324 断路器 B 相轴销松脱（见图 1–87）。

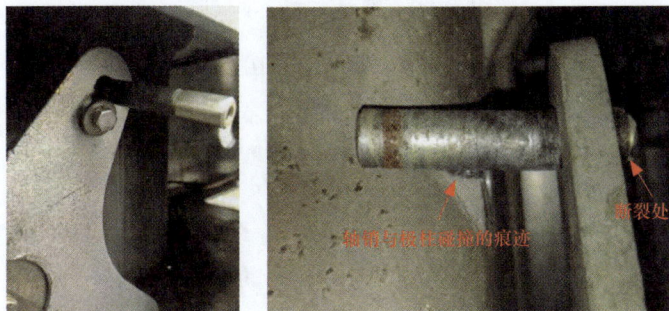

图 1–87　断路器拐臂轴销松脱

处理措施：将现有 O 形锁紧垫片更换为 U 形带圆弧缺口的锁紧垫片（见

图 1-88），并对锁紧后的螺钉及锁紧垫片进行划线标记。

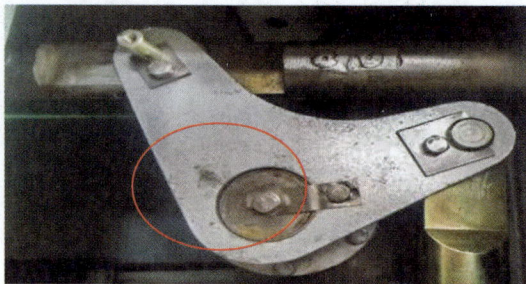

图 1-88 断路器拐臂轴销改造后

整改效果： 对更换后的拐臂及 U 形锁紧垫片进行试验验证，2000 次分合试验后三相相拐臂轴销未脱出，安装 U 形锁紧垫片螺钉未松动，拐臂轴销及 U 形锁紧垫片无变形。

> **1.53 反措规定：** 针对苏州阿海珐公司 GL314 型 SF$_6$ 断路器设备，应结合停电开展操动机构储能模块检查，重点排查储能模块的离合器是否存在漏油、开裂等现象；若发现离合器存在漏油、开裂等缺陷，应立即更换离合器；若检查未发现异常，结合断路器机构 A 修周期更换离合器。
>
> 注：南方电网公司反事故措施（2023 版）2.5.42 条。

反措条款解读：

近年来系统内发生多起苏州阿海珐公司 GL314 型 SF$_6$ 断路器储能模块的离合器漏油、开裂等缺陷，严重影响断路器安全稳定运行。因此应对该型断路器结合停电开展操动机构储能模块检查，重点排查储能模块的离合器是否存在漏油、开裂等现象；若发现离合器存在漏油、开裂等缺陷，应立即更换离合器；若检查未发现异常，应结合断路器机构 A 修周期更换离合器，彻底消除该安全隐患。

【案例一】2022 年 9 月 22 日，某 220kV 线路 2257 开关 C 相机构出现储能异常缺陷（储能空转），机构不能正常储能，影响设备正常运行。检修检查发现储能离合器的锥形尼龙压块有开裂（见图 1-89），导致在储能过程中出现空转，需要更换储能离合器。该开关是 2010 年 1 月 1 日由苏州阿海珐高压电气开关有限公司生产的 GL314 断路器，配置 FK3-1 操动机构。

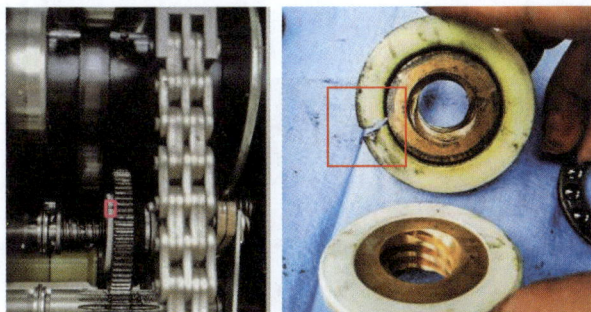

图 1-89　断路器离合器开裂情况

处理措施： 更换新型储能离合器（见图 1-90），可防止主轴渗油，增强储能离合器的锥形尼龙压块与储能齿轮的摩擦力，杜绝储能空转的隐患。

整改效果： 更换新型储能离合器后，增强了储能离合器的锥形尼龙压块与储能齿轮的摩擦力，杜绝了储能空转的隐患。

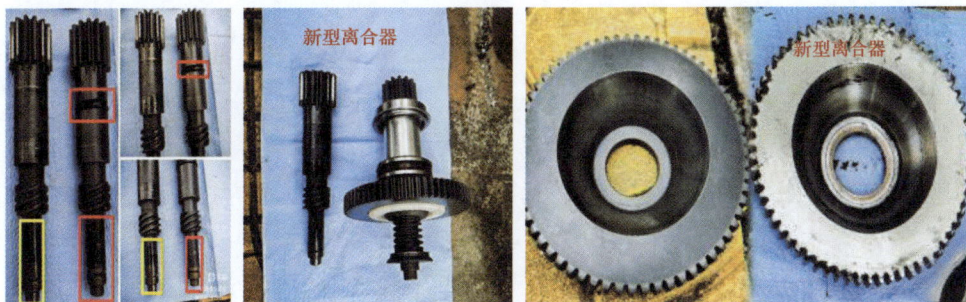

图 1-90　断路器离合器改造后情况

【**案例二**】某 220kV 变电站 220kV C1 线 4714 开关、220kV C2 线 4813 开关分别在 2022、2021 年发生开关不能储能缺陷，检查发现储能离合器有破裂现象（见图 1-91），该站共 9 台该类型开关，对安全稳定运行构成较大的影响。

处理措施： 更换主轴带密封轴的离合器（见图 1-92），清除多余油脂，B修作业加注润滑脂要符合要求并适量，防止环境温度高的情况下增加流动性，防止机构分合闸动作时飞溅进入造成离合器打滑；在离合器的主轴上增加一道密封，防止飞溅的润滑脂缓慢进入离合器传动接触面。

整改效果： 更换新型储能离合器后，增强了储能离合器的锥形尼龙压块与储能齿轮的摩擦力，杜绝了储能空转的隐患。

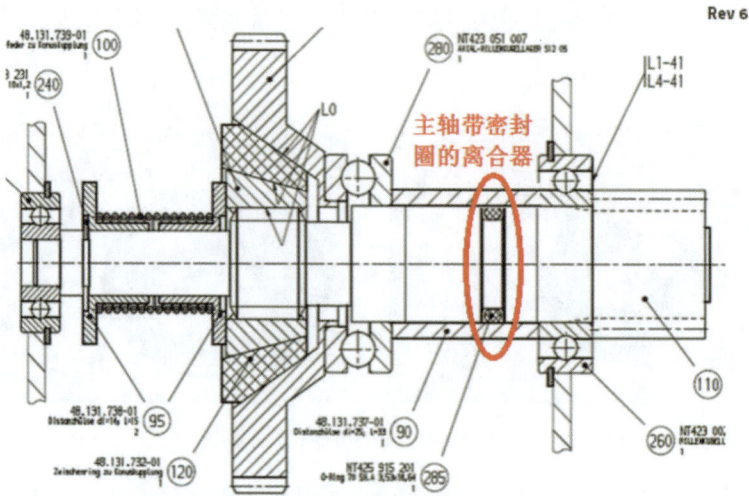

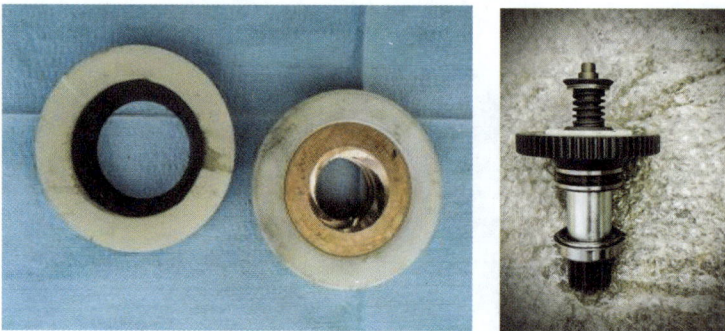

图 1-91　断路器离合器

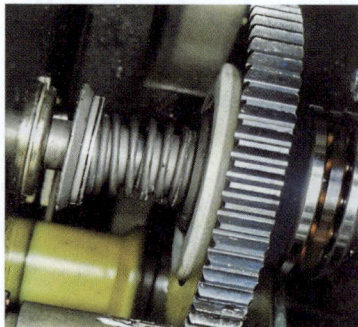

图 1-92　断路器离合器改造后情况

【案例三】某供电局在进行 220kV M 站 220kV F 线 2363 开关检修时发现，当开关合闸后，其 B 相无法储能，储能电机一直在空转，经判断为储能离合

器打滑导致（见图1-93）。现场将开关的B相储能离合器更换后，开关储能正常。

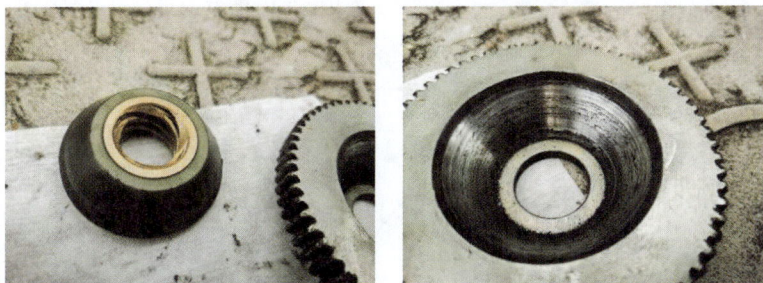

图1-93　断路器离合器

处理措施：将开关的储能离合器更换为新型离合器（见图1-94）后，开关储能正常。

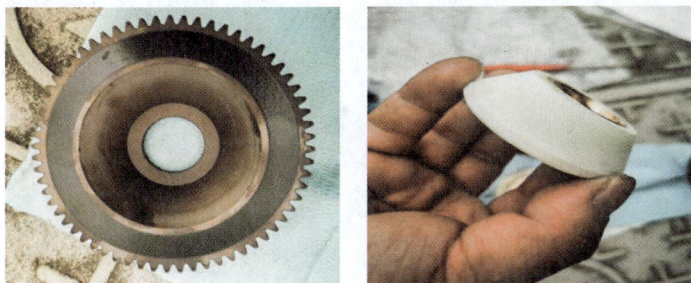

图1-94　断路器离合器改造后情况

整改效果：储能离合器更换后，隐患彻底消除。

1.54　反措规定：针对增量的110kV及以上断路器液压机构，应具备开关储能电机启动和停止、打压超时告警等信号接点，并接入变电站后台监控系统，宜具备打压计数功能。针对存量的110kV及以上断路器液压机构，应排查是否具备开关储能电机启动和停止、打压超时告警等信号接点，如具备条件，应将上述信号接入变电站后台监控系统；如不具备条件，宜进行改造，并将上述信号接入变电站后台监控系统。

注：南方电网公司反事故措施（2023版）2.5.43条。

反措条款解读：

近年来系统内发生多起断路器液压机构因未能够及时发出储能电机启动和停止、打压超时等告警信号而导致短路机构故障的缺陷，严重影响断路器安全稳定运行。因此新投运的 110kV 及以上断路器液压机构，应具备开关储能电机启动和停止、打压超时告警等信号触点，并且接入变电站后台监控系统，宜具备打压计数功能。针对存量的 110kV 及以上断路器液压机构，应排查是否具备开关储能电机启动和停止、打压超时告警等信号触点，如具备条件，应将上述信号接入变电站后台监控系统；如不具备条件，宜进行改造，并将上述信号接入变电站后台监控系统，彻底消除该安全隐患。

【**案例一**】2018 年检修专业人员专业巡视发现 220kV N 站 220kV H 线 2919 开关 B 相机构频繁打压；220kV N 站所有 220kV 开关不具备打压计数功能，没有上传后台监视（见图 1-95），导致无法判断频繁打压，无法对开关储能电机打压次数进行监视，存在较大安全隐患。

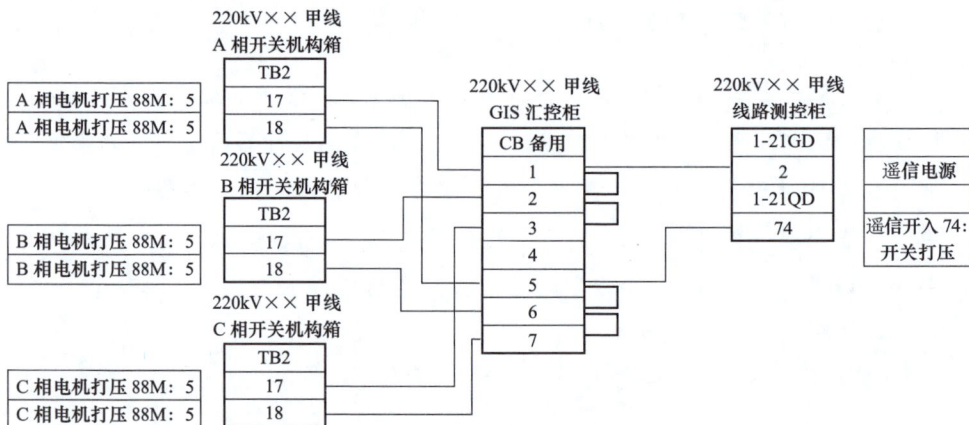

图 1-95　断路器监视回路图

处理措施： 拆除开关液压机构进行返厂解体大修，更换损坏密封圈。针对 HMB-4 型机构频繁打压无法实施监视的问题，将开关打压中间继电器的动合触点接入综合自动化系统，并在后台监控机设置了日打压次数统计功能，便于运行人员及时发现频繁打压隐患。

整改效果： 开关机构启动打压接入后台监视，便于全面掌控断路器机构工作状态。

【**案例二**】2021 年 12 月 28 日某供电局巡维中心人员在 220kV P 站巡视时

发现 1 号主变压器 2201 开关机构 B 相频繁打压，打压间隔约 180s，每次打压时间约 3s，由于没有将相关信号接入后台监控且无打压计数器，在液压机构内漏（见图 1-96）初期未被发现。

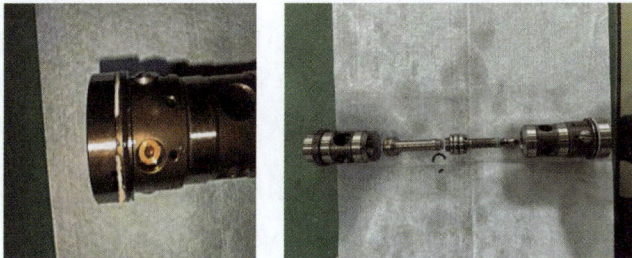

图 1-96　断路器液压机构阀芯

处理措施： 对该机构进行返厂解体检修更换密封圈，将打压启动信号接入变电站后台监控系统，并加装打压计数。

整改效果： 通过定期检查打压计数可在机构发生内漏的初期及时发现并消除内漏缺陷，有效防止开关拒动。

1.55　反措规定： ABB 公司 2010 年 6 月以前生产的配置 BLG1002A 操动机构的断路器，BLG1002A 操动机构的分、合闸缓冲器活塞杆处的紧定螺钉在操作时承受一定的冲击力，紧定螺钉断裂后落入储能链条传动系统中，可能会引起储能链条断裂，导致合闸失败。整改方法为：对于 2010 年 6 月以前生产的 BLG1002A 操动机构，在检修维护时应更换缓冲器紧定螺钉（使用内六角顶丝）。

注：南方电网公司反事故措施（2023 版）2.5.44 条。

反措条款解读：

近年来系统内发生多起 ABB 公司 2010 年 6 月以前生产的配置 BLG1002A 操动机构的断路器分、合闸缓冲器活塞杆处的紧定螺钉断裂后落入储能链条传动系统引起储能链条断裂，导致合闸失败的缺陷，严重影响断路器安全稳定运行。因此提出对 ABB 公司 2010 年 6 月以前生产的 BLG1002A 操动机构，在检修维护时应更换缓冲器紧定螺钉，彻底消除该安全隐患。

1.56　反措规定： 湖北永鼎红旗电气有限公司 LW36-126 型断路

器主拐臂与操作连杆间固定轴销的圆形限位垫片长期运行后，垫片会发生变形损坏，造成拐臂与连杆连接脱落。应将圆形限位垫片更换为 U 形高强度碳钢材质限位垫片，增大垫片与轴销接触面积，防止垫片变形造成拐臂与连杆脱落。

注：南方电网公司反事故措施（2023 版）2.5.45 条。

反措条款解读：

近年来系统内发生多起湖北永鼎红旗电气有限公司 LW36–126 型断路器主拐臂与操作连杆间固定轴销的圆形限位垫片变形损坏导致拐臂与连杆连接脱落的缺陷，严重影响断路器安全稳定运行。因此提出对湖北永鼎红旗电气有限公司 LW36–126 型断路圆形限位垫片更换为 U 形高强度碳钢材质限位垫片，增大垫片与轴销接触面积，防止垫片变形造成拐臂与连杆脱落，彻底消除该安全隐患。

1.57　反措规定： 对于新投运 GIS/HGIS，盆式绝缘子应尽量避免水平布置，尤其是在断路器、隔离开关及接地开关等具有插接式运动磨损部件的下部，避免触头动作产生金属屑造成盆子沿面放电。

注：南方电网公司反事故措施（2023 版）2.5.46 条。

反措条款解读：

近年来系统内发生多起 GIS/HGIS 盆式绝缘子沿面放电，放电原因由断路器、隔离开关及接地开关等具有插接式运动磨损部件产生的金属屑引起，严重影响设备安全稳定运行。因此提出对于新投运 GIS/HGIS，盆式绝缘子应尽量避免水平布置，尤其是在断路器、隔离开关及接地开关等具有插接式运动磨损部件的下部，彻底消除该安全隐患。

第六节　防止隔离开关事故反措案例

1.58　反措规定： 西门子早期生产的双臂垂直伸缩式隔离开关的传动连接均采用空心弹簧销，机械强度不够，在隔离开关多次分合闸操作

后出现扭曲变形，最终导致断裂，如两个弹簧销变形断裂且传动拐臂未过死点，隔离开关合闸过程在重力作用下会导致隔离开关合闸不到位或接触压力不够接触电阻过大导致隔离开关发热，严重时会导致自动分闸，造成带负荷拉隔离开关事故；将所有西门子 2007 年前生产的 PR 系列隔离开关空心卡销更换为实心卡销。

注：南方电网公司反事故措施（2022 版）2.6.1 条。

反措条款解读：

近年来系统内发生多起西门子早期生产的双臂垂直伸缩式隔离开关因传动部分故障导致的带负荷拉隔离开关事故。该隔离开关的传动连接均采用空心弹簧销，机械强度不够，在隔离开关多次分合闸操作后出现扭曲变形，最终导致断裂，如两个弹簧销变形断裂且传动拐臂未过死点，隔离开关合闸过程在重力作用下会导致隔离开关合闸不到位或接触压力不够接触电阻过大导致隔离开关发热，严重时会导致自动分闸，造成带负荷拉隔离开关事故。因此提出将所有西门子 2007 年前生产的 PR 系列隔离开关空心卡销更换为实心卡销。彻底消除该安全隐患。

【案例】2015 年 10 月 15 日，某 220kV 变电站进行 220kV 母联 1M 侧 20121 隔离开关 B 类检修时，对隔离开关进行试分合发现隔离开关合闸不到位。经检查发现隔离开关的传动连接销机械强度不够，在隔离开关多次分合闸操作后出现扭曲变形（见图 1-97），从而导致合闸不到位。

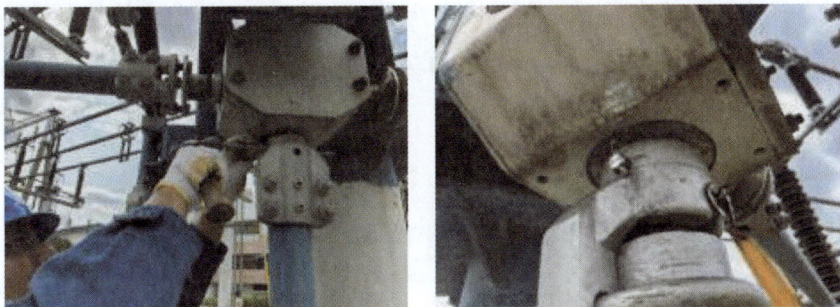

图 1-97　触头上、下部导电发生跑位

处理措施： 现场结合检修将空心卡销更换为实心卡销后隔离开关调试正常。

整改效果： 处理后未出现合闸不到位情况。

1.59　反措规定： 西安西电高压开关有限责任公司 2014 年 12 月前生产的 GW10A–126 型隔离开关，存在导电基作上的传动拉杆无过死点自锁装置的设计制造缺陷，当隔离开关受到短路电动力、风压、重力和地震时，隔离开关上部导电杆滚轮与齿轮盒坡顶的位置会产生偏离，隔离开关存在从合闸位置向分闸位置分开的可能，须对西开 2014 年 12 月前出厂的该型号隔离开关传动拉杆增加自锁装置及限位功能完善化改造。

注：南方电网公司反事故措施（2023 版）2.6.2 条。

反措条款解读：

近年来系统内发生多起西安西电高压开关有限责任公司 2014 年 12 月前生产的 GW10A–126 型隔离开关动静触头夹紧力不足导致的放电现象。由于该隔离开关存在导电基作上的传动拉杆无过死点自锁装置的设计制造缺陷，当隔离开关受到短路电动力、风压、重力和地震时，隔离开关上部导电杆滚轮与齿轮盒坡顶的位置会产生偏离，隔离开关存在从合闸位置向分闸位置分开的可能。因此提出对西开 2014 年 12 月前出厂的该型号隔离开关传动拉杆增加自锁装置及限位功能完善化改造。彻底消除该安全隐患。

【案例一】2016 年 11 月 28 日，某 220kV 线路 15117 隔离开关运行中突然 B、C 相触头自行打开，触头开距约 70mm，上、下部导电发生跑位（见图 1–98），导电成曲臂状，触头起弧燃烧。

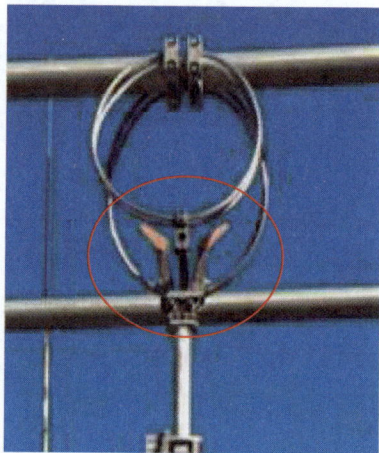

图 1-98　触头上、下部导电发生跑位

处理措施： 导电杆折臂处增加限位装置，导电基座上的拉杆增加自锁装置。

整改效果： 处理后未出现隔离开关运行中从合闸位置向分闸位置分开的情况。

【案例二】 2018 年某供电局值班员在操作某间隔母线隔离开关合闸过程中，曾出现过隔离开关机构箱内限位失效，引起隔离开关合闸到位后主拉杆继续往合闸方向转动，导致合闸过位动静触头脱开。

处理措施： 针对该类型隔离开关限位存在问题，在 110kV 变电站该类型隔离开关 B 修工作中加装了主连杆限位片及限位螺钉（见图 1-99），对分合闸进行限位。

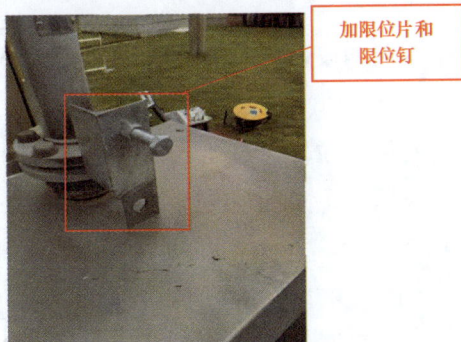

加限位片和限位钉

图 1-99   加限位片及限位钉

整改效果： 加装了主连杆限位片及限位螺钉，对分合闸进行限位后，提高了隔离开关分合闸操作限位可靠性。

> ## 1.60   反措规定：对 2013 年前由湖南长高生产的 GW35/36-550 型隔离开关锻造件关节轴承应进行更换。
>
> 注：南方电网公司反事故措施（2021 版）2.6.3 条。

反措条款解读：

近年来系统内发生多起湖南长高 2013 年以前生产的 GW35/36-550 型隔离开关关节轴承断裂缺陷。由于制造工艺问题，该轴承在制造过程中遗留的内部应力导致轴套表面产生了裂纹，在隔离开关操作过程中，其轴承表面的裂纹出现脆性开裂，最终导致轴承断裂。因此提出对 2013 年前由湖南长高生产的 GW35/36-550 型隔离开关锻造件关节轴承应进行更换。彻底消除该安全隐患。

【案例一】2013 年 2 月 27 日，某 500kV 线路 54532 隔离开关 A 相关节轴承在正常操作中断裂，经分析，主要是由于该关节轴承为锻造不锈钢，由于制造过程中遗留的内部应力在轴套表面产生了裂纹，加之制造工艺不佳，降低了轴套的强度，导致隔离开关动作过程中在沿表面裂纹部位产生了脆性开裂，裂纹发展并最终导致轴套断裂（见图 1-100）。

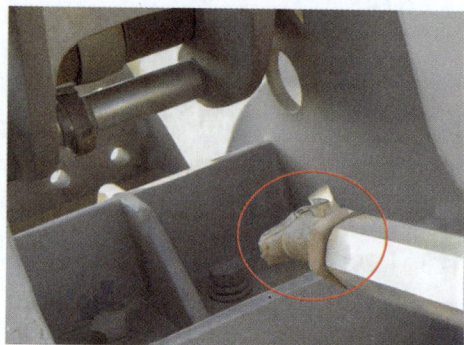

图 1-100 隔离开关轴套断裂

处理措施： 对 2013 年前由湖南长高生产的 GW35/36-550 型隔离开关锻造件关节轴承应进行更换。

整改效果： 更换后未发生轴承断裂情况。

【案例二】某 500kV 变电站有 9 组隔离开关为湖南长高 2013 年前生产的 GW35/36-550 型隔离开关，依据反措要求，应对 2013 年前由湖南长高生产的 GW35/36-550 型隔离开关锻造件关节轴承进行更换。

处理措施： 对 2013 年前由湖南长高生产的 GW35/36-550 型隔离开关锻造件关节轴承进行更换（见图 1-101）。

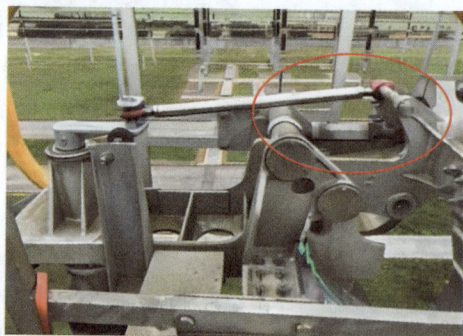

图 1-101 更换后的隔离开关轴套

整改效果： 消除设备隐患，提高设备健康水平。

> **1.61 反措规定：** 对 2008 年 6 月 1 日前出厂的西高公司 GW10–252 型隔离开关的整个导电部分进行更换。
>
> 注：南方电网公司反事故措施（2023 版）2.6.4 条。

反措条款解读：

近年来系统内发生多起西高公司 2008 年 6 月 1 日前生产的 GW10–252 型隔离开关触头接触不良导致的发热缺陷。因该隔离开关上导电臂内易进水导致动触头操作卡涩，使得运行中出现触头接触不良。因此提出对 2008 年 6 月 1 日前出厂的西高公司 GW10–252 型隔离开关的整个导电部分进行更换。彻底消除该安全隐患。

【案例一】2017 年 8 月 29 日，某 500kV 变电站运行人员在巡视中发现，220kV F 线 20604 隔离开关 A 相触指有放电现象，随即采取临时措施：将 220kV F 线 2060 断路器倒至 200kV 3 号 M 母线运行。220kV 4 号 M 母线及 F 线停电检修，检修人员对该隔离开关进行检查，发现该隔离开关 A 相的导电臂未完全伸直，该相隔离开关的行程未走完，上导电臂动触头的触指未有效夹紧静触头，导致触指放电（见图 1–102），该隔离开关型号为 GW10–252。

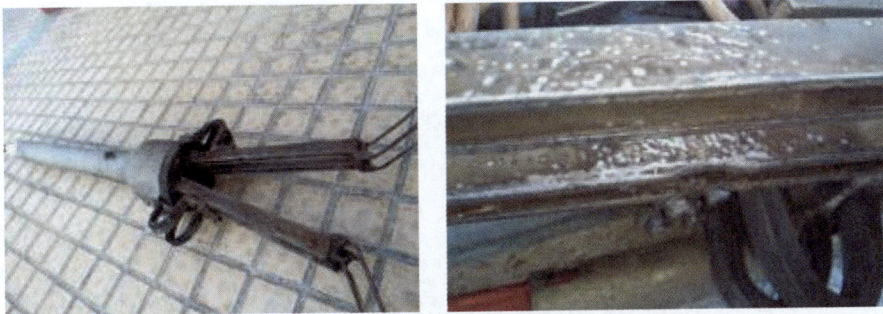

图 1–102 隔离开关 A 相触指放电痕迹

处理措施： 将西开 GW10–252 型隔离开关的整个导电部分进行更换并调试，确保隔离开关动作情况匹配合适。

整改效果： 更换后未再出现类似故障。

【案例二】2021 年 2 月 3 日，某 220kV 变电站 220kV 1 号母线送电时母联开关 2 号母线侧隔离开关因中间传动部位传动杆锈蚀卡涩（见图 1–103），导致无法合闸。

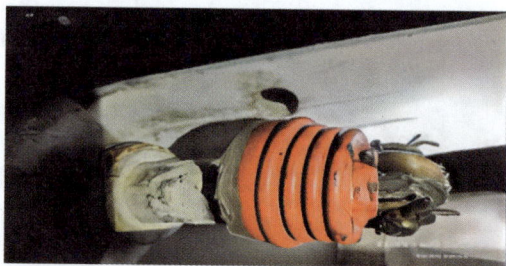

图 1-103　隔离开关传动部位传动杆锈蚀卡涩

处理措施： 对 2008 年 6 月 1 日前出厂的西高公司 GW10-252 型隔离开关的整个导电部分进行更换，将齿轮箱改造为敞开式结构。结合预试定检、大修技改等停电机会对传动部位进行加油润滑保养，按期开展检查性操作。

整改效果： 整改后隔离开关锈蚀卡涩导致不能分合闸问题显著减少。

1.62　反措规定： 对 35kV 及以上隔离开关垂直连杆上下抱箍处应加装穿销；对于湖南长高、山东泰开、西安西电、正泰电气等公司生产的隔离开关，开展垂直连杆与抱箍进行穿芯销固定改造，穿芯销固定的方式采用非完全贯穿型穿芯销钉固定的方案，穿芯销采用实心卡销方式，以方便日后对隔离开关进行微调；对于其他厂家生产的隔离开关，联系厂家进行检修处理。

注：南方电网公司反事故措施（2023 版）2.6.5 条。

反措条款解读：

近年来系统内发生多起 35kV 及以上隔离开关垂直连杆与抱箍打滑现象，导致无法合闸到位。由于该类型隔离开关垂直连杆上下抱箍处未加装穿销。因此提出对 35kV 及以上隔离开关垂直连杆上下抱箍处应加装穿销，彻底消除该安全隐患。

【案例一】 2017 年 11 月 18 日，运行人员对某 220kV 变电站 2353 隔离开关（湖南长高生产）进行操作时发现该隔离开关合闸不到位，随后检修人员进站开票处理，检查发现该隔离开关垂直连杆上下抱箍已变位。检修人员对隔离开关进行调整后，在垂直连杆上下抱箍处加装穿销，见图 1-104。

处理措施： 开展垂直连杆与抱箍进行穿芯销固定改造，采用非完全贯穿型穿芯销钉固定。

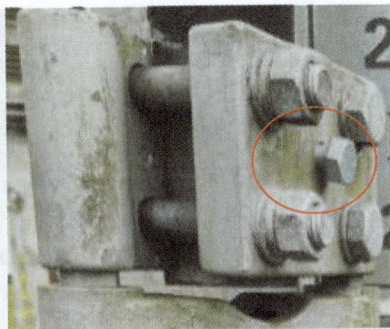

图 1-104　隔离开关抱加装穿销箍

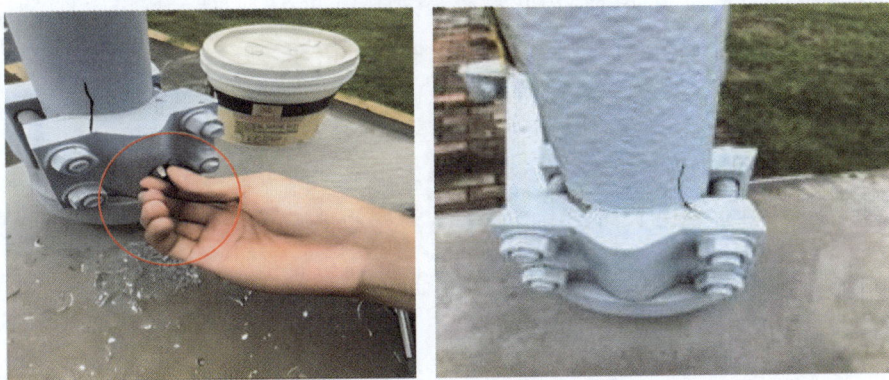

图 1-105　隔离开关上抱箍走位

整改效果： 对该类问题已整改完毕，整改后未发现有类似故障。

【案例二】 某 35kV 变电站 2 号变压器高压侧 1M 母线侧 31021 隔离开关上抱箍走位（见图 1-105），隔离开关无法合上。

处理措施： 在隔离开关垂直连杆处加装穿销。

整改效果： 加装穿销后隔离开关分合闸操作可靠性进一步提高。

【案例三】 某供电局根据反措要求，对 35kV 及以上隔离开关垂直连杆上下抱箍处应加装穿销；对于湖南长高、山东泰开、西安西电、正泰电气等公司生产的隔离开关，开展垂直连杆与抱箍进行穿芯销固定改造，穿芯销固定的方式采用非完全贯穿型穿芯销钉固定的方案，穿芯销采用实心卡销方式，以方便日后对隔离开关进行微调，见图 1-106。

处理措施： 结合设备计划停电或 AB 修工作，检修班组对 35kV 及以上隔离开关垂直连杆上下抱箍处加装穿销，确保隔离开关传动良好，不发生相对位移。

整改效果： 改造后设备未出现与反措相关的故障。

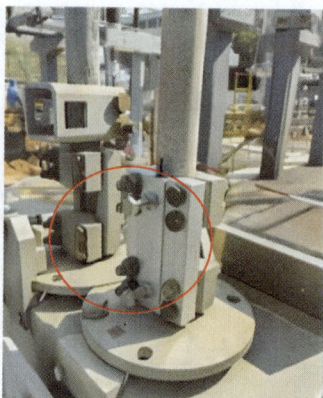

图 1-106　抱箍进行穿芯销固定改造

【案例四】某串补站9组隔离开关垂直连杆上下抱箍未设置穿销，存在因抱箍锁紧螺栓松动，导致传动杆滑动而无法正常分合闸隐患。通过加装螺旋非贯穿型穿芯销结构的方案，完成了9组隔离开关上下抱箍加装穿芯销结构的改造。

处理措施： 设备停电后，使用改进后的抱箍更换现有抱箍，并对隔离开关分合闸到位情况进行调整，确定分合闸到位后，再使用锥形穿销通过抱箍螺旋接口拧紧，使锥形穿销尖头嵌入连杆起到防滑作用（见图1-107）。

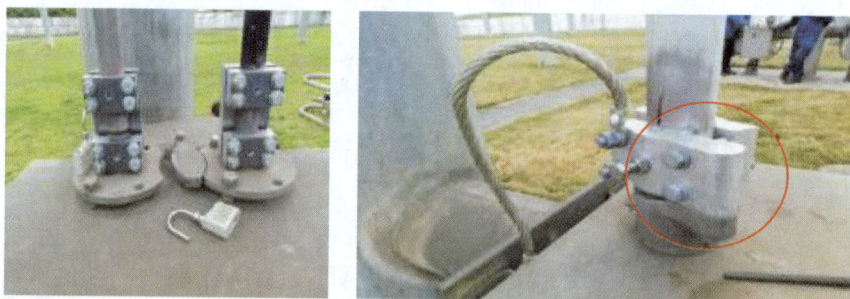

图 1-107　抱箍进行穿芯销固定改造

整改效果： 改造有效解决了机构与连杆的不对位的情况。

【案例五】2019年在某换流站交流滤波器场隔离开关定检过程中，发现隔离开关未在垂直连杆上下抱箍处加装穿销（见图1-108），导致隔离开关操作时存在打滑现象。

处理措施： 在垂直连杆与抱箍连接处加装穿销，穿芯销固定的方式采用非完全贯穿型穿芯销钉固定。

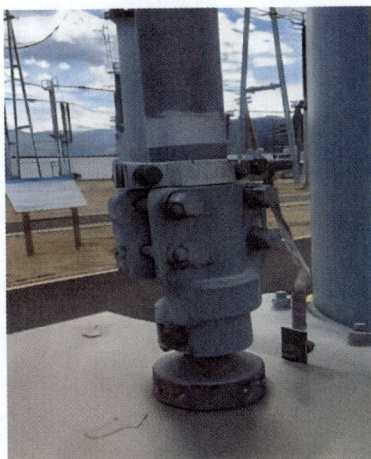

图 1-108　抱箍进行穿芯销固定改造

整改效果：目前对不满足该条要求的隔离开关已完成全部整改，目前隔离开关操作未发生打滑现象。

1.63　反措规定：北京 ABB 公司、云南开关厂与 ABB 合作生产的 PASSMO 隔离开关传动轴盖板安装时有活动余位，当防水圈与轴承不在同一轴心时，防水圈容易出现缝隙造成渗水。开展隔离开关传动轴防水圈、传动轴承及分合闸到位检查，联系设备厂家对现场发现 PASS 隔离开关不到位的隔离开关传动轴处的防水堵头进行更换，并重新涂覆润滑脂。

注：南方电网公司反事故措施（2023 版）2.6.6 条。

反措条款解读：

近年来系统内发生多起北京 ABB 公司、云南开关厂与 ABB 合作生产的 PASSMO 隔离开关传动轴渗水现象。由于该传动轴盖板安装时有活动余位，当防水圈与轴承不在同一轴心时，防水圈容易出现缝隙造成渗水。因此提出对该型隔离开关传动轴处的防水堵头进行更换，并重新涂覆润滑脂。彻底消除该安全隐患。

【案例】 2022 年 3 月 15 日，将 110kVA 站 1 号主变压器高压侧 1101 开关间隔停电后打开隔离开关传动轴盖板，检查内部发现有渗水迹象，润滑脂未凝结，该处密封良好。

处理措施：更换防水堵头、盖板密封圈，重新涂覆润滑脂，操动试验测试合格。

整改效果：通过检查设备，更换防水堵头及盖板密封圈，重新涂覆润滑脂，防止了隔离开关出现不到位的情况。

第七节 防止开关柜事故反措案例

1.64 反措规定：因 GG1A 型高压开关柜属于母线外露的老式产品，对于运行时间超过 10 年或缺陷较多的 GG1A 柜应完成更换。新建、扩建变电站工程不应采用 GG1A 柜型。

注：南方电网公司反事故措施（2023 版）2.7.1 条。

反措条款解读：

近年来系统内发生多起 GG1A 型高压开关柜因小动物进入导致的短路故障。GG1A 型高压开关柜是一种母线外露老式的开关柜，开关柜顶部没有盖，存在小动物爬进开关柜，引发绝缘事故问题，如相间短路，相对地短路等。因此提出对运行时间超过 10 年或缺陷较多的 GG1A 柜应完成更换。彻底消除该安全隐患。

【案例】某 110kV 变电站原 10kV 开关柜为 GG1A 型开关柜（见图 1-109），设备多次出现接头发热及隔离开关分合不到位、开关渗油等缺陷，已结合技改工程将该类型开关柜更换为中置式手车柜。

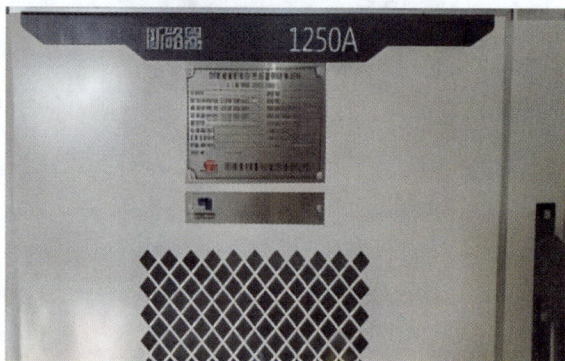

图 1-109 GG1A 型开关柜

处理措施： 更换该型号开关柜。

整改效果： 整改后未发现有类似故障。

> **1.65 反措规定：** 针对广州白云电器公司采用西屋公司 2005 年前生产真空泡的 10kV 开关柜，结合检修规程的要求，开展真空度测试及断口耐压试验，如有异常应及时更换。其中已发现深圳供电局 2004 年投运的广州白云 XGN12 型开关柜，配 ZN28 型断路器存在此类问题。
>
> 注：南方电网公司反事故措施（2021 版）2.7.2 条。

反措条款解读：

近年来系统内发生多起广州白云电器设备股份有限公司（以下简称广州白云电器公司）开关柜断路器真空泡泄漏导致的设备故障。该断路器使用的 35760W 型真空泡，存在批次制作工艺不合格，真空泡在焊接时温度不够，导致动端盖板和波纹管之间的焊料未完全融化，长期运行真空泄漏，绝缘性能降低，引起开关越级误动。因此提出对针对广州白云电器公司采用西屋电气公司 2005 年前生产真空泡的 10kV 开关柜，结合检修规程的要求，开展真空度测试及断口耐压试验，如有异常应及时更换。彻底消除该安全隐患。

【案例一】 某 110kV 变电站 10kV 分段 512 开关为广州白云电器公司生产，制造日期为 2003 年 6 月，采用的是西屋电气公司 2005 年前生产的真空泡（见图 1–110）。

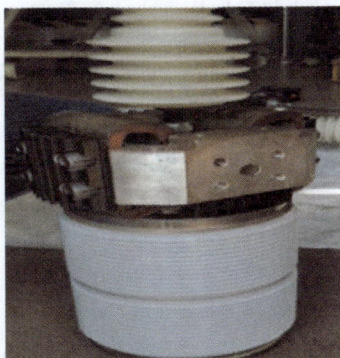

图 1–110　西屋电气公司真空泡

处理措施： 对 10kV 分段 512 开关进行停电检修更换三相真空泡并进行相关试验验收。

整改效果： 更换新真空泡后，断路器的三相整组及断口间绝缘、耐压、机械特性、回路电阻试验均合格，安装工艺满足要求。

【**案例二**】2020年对某110kV变电站10kV B线 F12开展耐压试验及绝缘电阻试验时发现A、B项试验结果不合格（见图1-111），经检修专业更换真空泡后，复测结果合格。

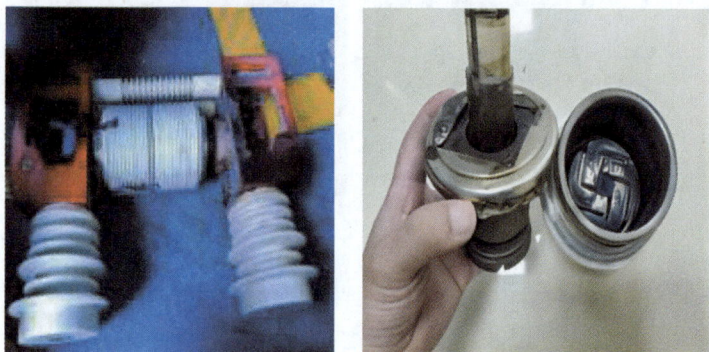

图 1-111　更换真空泡

处理措施： 对西屋电气公司2005年前生产真空泡开展耐压及真空度专项检查。

整改效果： 通过专项试验及整改工作，确保西屋电气公司真空泡绝缘及真空度合格，保障了现场操作人员的人身安全。

1.66　反措规定： 汕头正超电气有限公司 ZN98、ZN28 断路器辅助开关拐臂头前期采用锌合金材质，长期服役的锌合金铸件因老化而发生变形，表现为锌合金材料体积胀大，锌合金材料机械性能及塑性下降，压铸件因晶粒之间腐蚀而老化断裂。应将2009年以前生产的断路器辅助开关拐臂头更换为锡青铜材质。

注：南方电网公司反事故措施（2023版）2.7.3条。

反措条款解读：

近年来系统内发生多起汕头正超电气有限公司 ZN98、ZN28 断路器辅助开关拐臂头老化断裂缺陷，由于该型号开关辅助开关拐臂前期采用锌合金材质，长期服役的锌合金铸件因老化而发生变形体积胀大，锌合金材料机械性能及塑性下降，压铸件因晶粒之间腐蚀而导致拐臂投老化断裂。因此提出对2009年以前生产的断路器辅助开关拐臂头更换为锡青铜材质，彻底消除该安全隐患。

【案例一】 某供电局所辖的3座110kV变电站的汕头正超公司所生产的ZN98型断路器辅助开关拐臂头铝合金铸件多次发生老化断裂情况（见图1-112）。

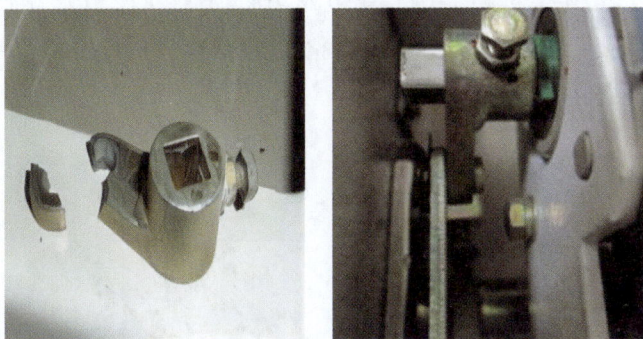

图1-112 辅助开关拐臂断裂情况

处理措施： 制订改造方案，由原厂使用耐腐蚀的新合金材料制作替换拐臂（见图1-113），并在原厂经长期分合、恶劣环境试验验证后，组织开展改造。

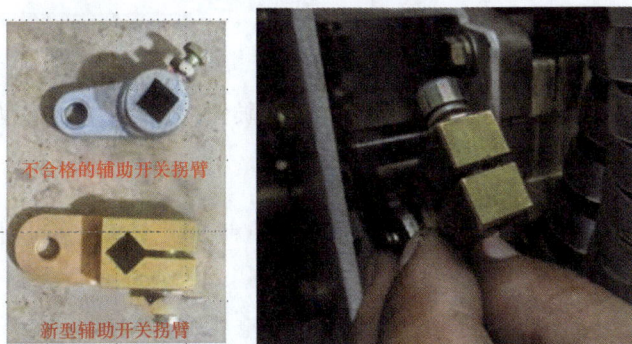

图1-113 新型辅助开关拐臂

整改效果： 2019年初已完成全部所辖变电站内汕头正超公司ZN98型断路器的辅助开关拐臂更换工作，改造后未发生过拐臂断裂的故障，设备运行良好。

【案例二】 2023年5月30日，某110kV变电站10kV 4号电容器组514开关合闸之后出现开关位置异常情况，现场检查开关在合位，分合闸指示灯均不亮，后台机显示"控制回路断线""保护装置异常"光字牌亮，保护装置的"异常"指示灯亮。手动断开关后，故障信息不变。初步判断是开关辅助开关与开关实际位置不一致导致。检修班停电检查发现开关机构内辅助开关连杆断开，开关与辅助开关位置不对应，更换辅助开关锡青铜材质拐臂后设备正常。

处理措施：将辅助开关拐臂更换为新型锡青铜材质拐臂。

整改效果：更换锡青铜材质的拐臂后，暂无发现类似拐臂断裂缺陷。

第八节　防止接地设备事故反措案例

> **1.67　反措规定：**对于新建变电站的户内地下部分的接地网和地下部分的接地线应采用紫铜材料。铜材料间或铜材料与其他金属间的连接，须采用放热焊接，不得采用电弧焊接或压接。土壤具有强腐蚀性的变电站应采用铜或铜覆钢材料。
>
> 注：南方电网公司反事故措施（2023版）2.8.1条。

反措条款解读：

近年来系统内发生多起地网缺陷。故障原因多为地网连接部分采用电弧焊接或压接，受土壤腐蚀导致地网故障。因此提出对于新建变电站的户内地下部分的接地网和地下部分的接地线应采用紫铜材料。铜材料间或铜材料与其他金属间的连接，须采用放热焊接，不得采用电弧焊接或压接。土壤具有强腐蚀性的变电站应采用铜或铜覆钢材料。彻底消除该安全隐患。

【案例一】2019年，某换流站加装交流线路融冰装置工程采用铜质材料接地网（见图1-114），新增设备机构箱、端子箱二次等电位接地线与二次等电位接地网连接采用放热焊。

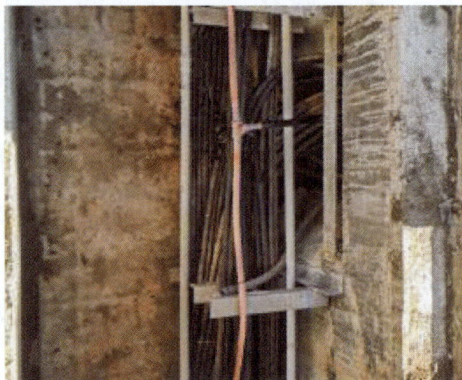

图 1-114　接地网扩建采用铜质材料接地网

改造效果： 采用铜质材料接地网和采用放热焊工艺后，有效防止地网事故。

【案例二】 某新建的 110kV 变电站为室内 GIS 站，户内地下部分地网与地下接地线均采用紫铜材料，铜材料间采用放热焊接（见图 1–115）。

执行效果： 采用铜质材料接地网和采用放热焊工艺后，有效防止地网事故。

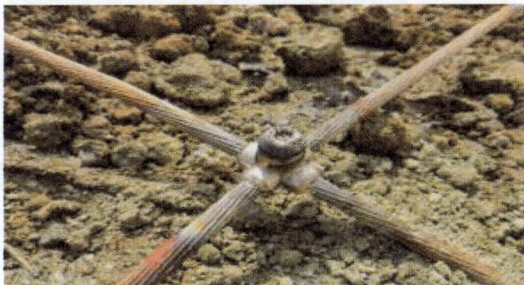

图 1–115　铜材料间采用放热焊接

第九节　防止其他变电设备事故反措案例

> **1.68　反措规定：** 严禁采用铜铝直接对接过渡线夹。对在运设备应进行梳理排查，若采用该类线夹应结合停电进行更换。
>
> 注：南方电网公司反事故措施（2023 版）2.9.1 条。

反措条款解读：

近年来系统内发生多起铜铝直接对接过渡线夹断裂。铜铝直接对接过渡线夹由于工艺结构原因，易在铜铝对接处发生断裂，引发相间短路或接点故障。因此提出严禁采用铜铝直接对接过渡线夹。对在运设备应进行梳理排查，若采用该类线夹应结合停电进行更换。彻底消除该安全隐患。

【案例一】 某 35kV 变电站 10kV 电容计划开展预试，运行人员操作时发现 10kV 电容 9081 隔离开关 B 相母线侧接线板断裂（见图 1–116），存在相间短路风险。

处理措施： 经紧急申请 10kV 母线停电对该间隔隔离开关的铜铝对接过渡线夹全部更换。

改造效果： 更换该型线夹后，消除了对接线夹容易断裂的隐患。

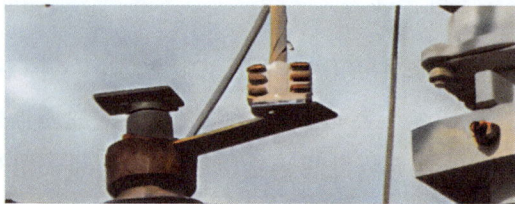

图 1-116　接线板断裂缺陷

【案例二】 2020 年 10 月 16 日，某 110kV 变电站 35kV D 线 35521 母线隔离开关母线侧发生故障，1 号主变压器中后备保护装置过电流Ⅰ、Ⅱ段保护动作跳 1 号主变压器 35kV 侧 3501 开关。经检查分析，35kV 冯坡线母线侧 35521 隔离开关靠母线侧线夹采用铜铝直接对接过渡线夹，在长期承受引线拉力和故障当天 6 级风力的作用下，产生的应力作用使线夹在铜、铝过渡焊接口发生断裂，断裂后相连接的导线先与 B 相形成 AB 相间弧光短路（见图 1-117），继而发展成三相弧光短路故障。

处理措施： 对在运设备进行梳理排查，将该类线夹结合停电进行更换，更换为铜铝过渡线夹。

改造效果： 由于更换后为新型铜铝过渡线夹，不会造成断裂的风险。

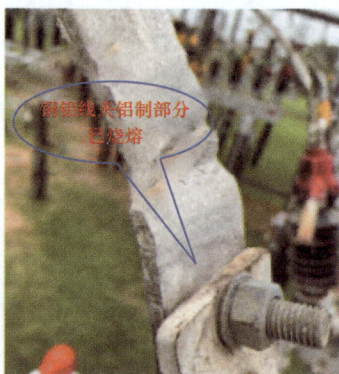

图 1-117　B 相线夹放电点

1.69　反措规定： 主变压器低压 10（20）kV 侧母线连接母线桥应全部采用绝缘材料包封（可预留接地线挂点），防止小动物或其他原因造成变压器近区短路。

注：南方电网公司反事故措施（2023 版）2.9.4 条。

反措条款解读：

近年来系统内发生多起主变压器低压 10（20）kV 侧未采用全绝缘材料包封的母线桥因小动物造成变压器近区短路事故，对主变压器造成冲击。因此提出主变压器低压 10（20）kV 侧母线连接母线桥应全部采用绝缘材料包封。彻底消除该安全隐患。

【案例】 2021 年 1 月 22 日，某 110kV 变电站 1 号主变压器比率差动保护动作，跳开 1 号主变压器三侧断路器。经检查，1 号主变压器 10kV 侧母线桥处 BC 相支柱绝缘子有放电痕迹，母线桥绝缘包裹被灼烧变黑，1 号主变压器基座处有一只被电弧烧伤的猫原因为母线桥支柱绝缘子处未完全包裹，猫在爬行过程中触碰到母线导体，导致放电。

处理措施： 将母线桥支柱绝缘子处的裸露导体进行包裹。

改造效果： 绝缘包裹后，有效防止小动物或其他原因造成变压器近区短路。

1.70　反措规定： 针对在运变电站隔离开关电机电源要求：

（1）应严格执行反措："隔离开关/接地开关的电机电源仅在操作前投入，操作完成后应立即退出；若需长期投入，需经专门审批，220kV 及以上设备应由各分子公司生技部审批。"在充分评估端子箱（汇控箱）隔离开关电机电源总空气断路器断开后不影响其他回路风险的基础上，可采用端子箱（汇控箱）隔离开关电机电源总空气断路器平时退出，机构箱内分相空气断路器平时投入的方式，操作隔离开关前投入电机电源总空气断路器，完成后立即退出。

（2）有远程操作需求的变电站隔离开关电机电源要求。

1）结合实际情况对电机电源空气断路器进行改造。一是对端子箱（汇控箱）隔离开关电机电源总空气断路器具备改造条件的，将总空气断路器改造为具备远方遥控功能。改造后，总空气断路器平时断开，机构箱分相空气断路器平时投入，操作前遥控投入总空气断路器。改造时应特别注意总空气断路器是否单独为电机电源回路供电，防止其他回路断电风险。二是对机构箱内各电机电源分相空气断路器具备改造条件的，将分相空气断路器改造为具有远方遥控功能。改造后，平时分相空气断路器断开，操作前遥控投入分相空气断路器。

2）在完成改造前，对于需推进远程操作的变电站，运维单位在进行

风险评估，制定并落实风险防控措施后，可保持隔离开关电机电源投入。风险防控措施包括但不限于以下方面：

a.隔离开关端子箱、机构箱等箱体应做好防潮、防小动物措施；

b.隔离开关机构箱应配置五防锁具；

c.接地隔离开关（变压器中性点接地开关除外）电机电源正常运行时应退出；

d.检修隔离面的隔离开关电机电源在检修期间应退出；

e.运维单位结合实际制定的其他风险管控措施。

3）各变电站应按照《新一代智能变电站推广应用手册（试行）》《智能变电站推进路线策略》的要求，尽快推进智能操作建设，防范电气误操作风险。

注：南方电网公司反事故措施（2023版）2.9.10条。

反措条款解读：

近年来系统内发生多起隔离开关恶性误操作事件。故障原因主要为设备间隔内隔离开关/接地开关的电机电源未独立设置，未严格执行隔离开关/接地开关的电机电源相关管理要求，当操作不当或其他防误装置失效时，易引发恶性误操作事件。因此提出对在运变电站隔离开关电机电源的相关整改要求，彻底消除该安全隐患。

【案例】 2016年4月10日，某500kV变电站由于施工人员在进行5042断路器测控屏二次回路接线工作时，剥线钳触碰电缆芯线头，导致500kVⅡ母5227接地开关的合闸控制回路导通，5227接地开关A、B相合上，造成500kVⅡ母A、B套母差保护动作，跳开500kVⅡ母上所有开关。其中的间接原因为二次安全措施不到位，在将带电运行的隔离开关及接地开关5117、5127、5217、5227、50432、50411机构箱许可给施工人员作业时，未分别断开这些隔离开关及接地开关机构箱内的电机电源和控制电源，造成现场作业风险失控。隔离开关及接地开关机构箱见图1-118。

处理措施： 严格执行接地开关操作电源仅在操作前投入，操作完成后应立即退出；检修隔离面的隔离开关电机电源在检修期间应退出；有远程操作需求的隔离开关电机电源在机构箱内有工作时必须断开。

改造效果： 严格执行隔离开关/接地开关的电机电源相关管理要求，可防止误操作发生。

电机电源空气开关在合上位置

电机电源空气开关在合上位置

A、B、C 相控制电源空气开关在合上位置

A 相机构箱空气开关

B 相机构箱空气开关

电机电源空气开关在分上位置

C 相机构箱空气开关

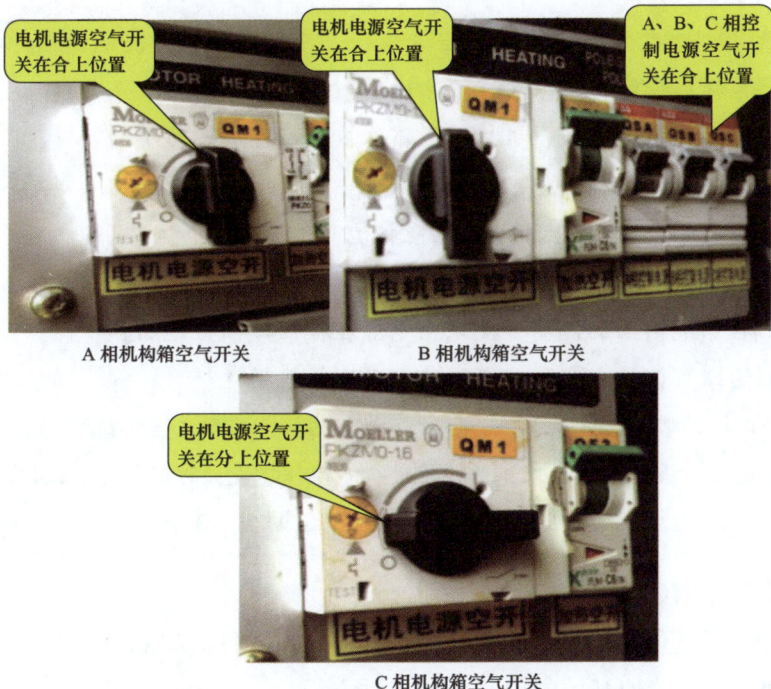

图 1-118　隔离开关及接地开关机构箱

1.71　反措规定：排油注氮灭火系统仅适用于变压器内部初期火灾，对扑灭变压器外部火灾作用有限。各单位应对在运排油注氮装置的所属变电站场地环境条件进行综合评估，具备条件的，应分轻重缓急将排油注氮装置改造为其他型式的固定灭火系统（优先选择水喷雾灭火方式）；确实不具备条件时，应对在运排油注氮装置进行专项核查，并按下述要求进行改造：

（1）排油注氮灭火系统应符合 GA 835《油浸变压器排油注氮灭火装置》的技术要求。

（2）采用排油注氮灭火系统的变压器应采用具有联动功能的双浮球结构的气体继电器。

（3）正常情况下，排油注氮灭火系统应设置为自动启动状态，具有防爆自动启动、灭火自动启动方式。

防爆自动启动应同时满足以下 3 个条件：

1）压力释放阀或速动油压继电器动作；

2）本体气体继电器发重瓦斯信号；

3）主变压器断路器跳闸。

灭火自动启动应同时满足以下3个条件：

1）有2个及以上独立的火灾探测器同时发信号；

2）本体气体继电器发重瓦斯信号；

3）主变压器断路器跳闸。

（4）排油注氮启动（触发）功率应大于220V×5A（DC），注氮阀动作线圈功率应大于220V×6A（DC）。

（5）注氮阀与排油阀间应设有机械连锁阀门。

（6）消防控制柜应有自动、手动启动和远程启动灭火装置功能。自动状态、手动状态应有明显标志并可相互转换。无论消防控制柜处于自动或手动状态，手动操作启动必须始终有效。

（7）火灾探测装置应布置成两个及以上的独立回路。

（8）消防柜应远离变压器进线电缆等易起火设备，距变压器距离不宜过大，不能影响排油速度。

（9）设置在室外的消防柜应有可靠的防水、防冻及防晒措施。当工作环境相对湿度大于85%时消防柜中应设置除湿装置。

（10）采用一台消防控制柜控制多台消防柜时，每台消防柜应对应独立的控制单元，且个控制单元应相互独立，互不干扰。

（11）断流阀应带有能直接观察阀门启闭状况的位置指示，具有手动复位装置。断流阀达到额定流量时应能可靠关闭。

（12）变压器本体储油柜与气体继电器间应增设断流阀，以防储油柜中的油下泄造成火灾扩大。

（13）排油注氮系统氮气驱动装置不应采用电爆型驱动装置，宜选用抗干扰能力强的电磁式驱动阀或防爆自密封瓶头阀。

（14）氮气释放阀宜安装在氮气储存容器上，保证释放阀后的管路平时处于无压状态，避免氮气瓶出口软管长期处于高压状态下，发生老化爆裂。排油管路宜增设波纹管管路，防止冷热交替发生渗油。

（15）排油阀或排油管路上应设置排油信号反馈装置，在油气隔离装置前端的注氮管路上应设置注氮信号反馈装置。

（16）排油阀下部的排油管路上应设置漏油观测或漏油报警装置，防止排油管路漏油导致气体继电器动作。

（17）注氮管路应设置能够排除泄漏氮气的排气组件，防止氮气泄漏进入变压器本体导致轻瓦斯频繁动作。

（18）在安装排油连接阀和注氮阀前，应采用高压空气对排油管和注氮管进行吹扫，清楚馆内的尘土等杂物。

（19）下列信号应接入变电站主设备监控系统：系统电源的工作状态，系统的启、停信息，阀门（排油阀、氮气释放阀、断流阀等）位置状态，漏油报警，气瓶压力报警。

（20）排油注氮灭火系统经改造并验证启动条件后，确保"自动状态"的功能有效。

注：南方电网公司反事故措施（2023 版）2.9.12 条。

反措条款解读：

近年来系统内发生多起主变压器排油注氮装置误动作故障。部分排油注氮装置重锤结构设计不合理，排油阀限位槽孔不在同一水平线上，蝶阀内部挡板倾斜，没有达到完全密封状态，导致排油阀持续排油。因此提出退出在运变电站主变压器排油注氮装置，彻底消除该安全隐患。

【案例一】 2020 年 3 月 23 日，运行人员在巡视某 110kV 变电站时发现 2 号主变压器储油柜油位下降明显。经检查是 2 号主变压器排油注氮装置重锤结构设计不合理，排油阀限位槽孔不在同一水平线上，蝶阀内部挡板倾斜，与水平位置有 8° 左右的夹角，没有达到完全密封状态，导致排油阀未完全关紧导致漏油。经现场多次试验，该排油阀在重锤关闭状态时有时会出现未完全关紧状态。

处理措施： 对排油注氮装置进行排查，重点对可能发生误动的重锤等机械部分、排油阀是否关紧、限位槽孔是否在同一水平线上。

改造效果： 经处理后，排除了隐患，装置恢复正常。

【案例二】 2019 年 4 月 16 日，某 110kV 变电站 2 号主变压器充氮灭火控制盘"压力低报警"灯亮，现场检查储氮罐压力正常，为防止装置存在不明原因发生误动，经批准，退出 2 号主变压器排油注氮装置。进一步检查，发现是氮气气瓶减压阀（见图 1-119）故障导致误发信。

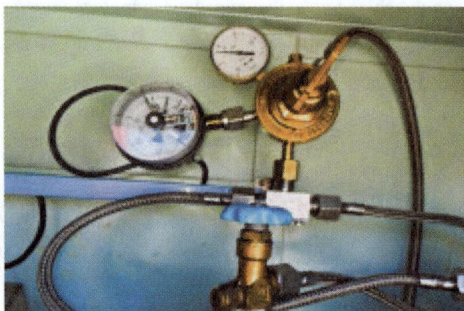

图 1-119 氮气气瓶减压阀

处理措施：装置退出运行，将重锤闭锁后更换减压阀，装置恢复正常。

改造效果：装置恢复正常。

1.72 反措规定：应结合例行试验检修，定期对排油注氮装置进行维护和检查，以防止误动和拒动。具体要求如下：

（1）排油注氮灭火系统的维护、操作和定期检查可参考 CECS 187《油浸变压器排油注氮装置技术规程》和 DB43/T 420《油浸变压器排油注氮消防系统设计、施工及验收规范》的要求执行。

（2）排油注氮系统日常巡视要求见附录 E。

注：南方电网公司反事故措施（2023 版）2.9.13 条。

反措条款解读：

油浸式变压器采用排油注氮灭火系统时，如果维护不当或不到位，易导致排油注氮装置误动和拒动，威胁变压器安全运行。由此提出，应结合例行试验检修，定期对排油注氮装置进行维护和检查，确保装置工况良好，防止误动和拒动。

1.73 反措规定：各单位应重点评估变压器排油注氮装置改造涉及的变电站内消防水池、场地环境的条件以及工程造价等因素，按照"一站一方案"的要求，制定排油注氮装置的处置方案。

排油注氮灭火装置应满足：

（1）对于重锤结构，采用电磁铁驱动脱扣结构的，排油及注氮阀动作线圈功率应大于 DC 220V×1.5A；采用电磁铁直接支撑结构的，排油及注氮阀动作线圈功率应大于 DC 220V×3A。

（2）对于采用其他结构的注氮阀，注氮阀动作线圈功率应大于 DC 220V×1.5A。

（3）注氮阀与排油阀间应设有机械连锁阀门。

（4）动作逻辑关系应满足本体重瓦斯保护、主变断路器开关跳闸、油箱超压开关（火灾探测器）同时动作时才能启动排油充氮保护。

注：南方电网公司反事故措施（2023 版）2.9.14 条。

反措条款解读：

重点评估变压器排油注氮装置改造涉及的变电站内消防水池、场地环境的条件以及工程造价等因素，按照"一站一方案"的要求，制订排油注氮装置的处置方案。

1.74 反措规定：经评估排油注氮装置要改造为其他型式固定灭火系统（水喷雾或泡沫喷雾）的变电站，应进行改造；经评估不具备改造为其他型式固定灭火系统条件的变电站，应进行排油注氮灭火系统的改造。

注：南方电网公司反事故措施（2023 版）2.9.15 条。

反措条款解读：

经评估排油注氮装置要改造为其他型式固定灭火系统（水喷雾或泡沫喷雾）的变电站，应进行改造；经评估不具备改造为其他型式固定灭火系统条件的变电站，应进行排油注氮灭火系统的改造。

1.75 反措规定：整改完成前，各相关变电站要优化现场火灾应急处置预案，制订有效的火灾风险管控临时措施，确保现场发生火灾后应急处置及时到位。

注：南方电网公司反事故措施（2023 版）2.9.16 条。

反措条款解读：

排油注氮装置整改完成前，各相关变电站要优化现场火灾应急处置预案，制订有效的火灾风险管控临时措施，确保现场发生火灾后应急处置及时到位。

1.76 反措规定：对内熔丝结构的电容器同时采用外熔丝保护整定的，结合设备停电拆除外熔丝，并按照 DL/T 584《3kV～110kV 电网断

电保护装置运行整定规程》的要求重新进行保护定值核算和调整。

注：南方电网公司反事故措施（2023版）2.9.19条。

反措条款解读：

近年来系统内发生多起因内熔丝结构的电容器同时采用外熔丝保护整定导致的电容器跳闸故障。为减少外熔丝缺陷导致电容器跳闸，提出对内熔丝结构的电容器同时采用外熔丝保护整定的，结合设备停电拆除外熔丝，并按照DL/T 584的要求重新进行保护定值核算和调整。彻底消除该安全隐患。

1.77 反措规定：新建高压室应配置空调用以控制温度和抽湿，高压室应做好密封措施，通风口应设置为不用时处于关闭状态的形式，防止设备受潮及积污。运行中的高压室应采取防潮防尘降温措施，必要时可安装空调。

注：南方电网公司反事故措施（2023版）2.9.2条。

反措条款解读：

近年来系统内发生多起因高压室设备受潮、积污或设备温度过高导致放电故障。由于部分地区潮湿多雨，高压室通风口导致室内潮湿，引起设备受潮、积污。应峰度夏期间，由于高压环境温度过高，导致设备发热。设备受潮、积污或温度过高，都易导致设备发生事故，因此提出对新建高压室应配置空调用以控制温度和抽湿，高压室应做好密封措施，通风口应设置为不用时处于关闭状态的形式，防止设备受潮及积污。运行中的高压室应采取防潮防尘降温措施，必要时可安装空调。彻底消除该安全隐患。

【案例】2020年，某电网公司专业巡维中发现两起开关柜存在局部放电缺陷，经现场检查，该产品设计的绝缘裕度较低，采用空气加隔板绝缘，相间距仅为195mm（其他厂家带隔板最小间距在280mm左右），在高海拔和高湿度的运行环境等的影响下，绝缘性能下降，导致开关柜存在局部放电，严重时可能导致绝缘击穿。

处理措施：

（1）更换开关柜内绝缘隔板并完成防潮整改。后续对该站此类型35kV断路器柜进行整柜更换，从源头上消除放电隐患。

（2）针对曾经出现受潮放电的4座220kV变电站（海拔均在1500m左

右），建议 2021 年 6 月前：①供电局开展高压室和开关柜防潮专项治理，并对受潮绝缘件进行更换或处理；②综合处理前，至少每月开展一次受潮检查及局部放电检测，建议使用超声和特高频方法开展检测；③若处理后仍然存在局部放电等情况，必要时进行柜式整体更换。

（3）针对相间距为 195mm 开关柜的暂未受潮站（17 座），建议供电局 2020 年 12 月 31 日前进行一次专项排查，重点关注高压室 / 开关柜受潮情况、局部放电检测情况。

改造效果：消除设备安全隐患。

> **1.78 反措规定：** 已经退出调度运行的载波通信通道，应及时拆除相应阻波器及结合滤波器，防止运行中因台风等自然灾害导致脱落，影响一次设备运行。
>
> 注：南方电网公司反事故措施（2023 版）2.9.7 条。

反措条款解读：

近年来系统内发生多起退运阻波器因台风导致脱落威胁在运设备安全。因此提出对已经退出调度运行的载波通信通道，应及时拆除相应阻波器及结合滤波器，防止运行中因台风等自然灾害导致脱落，影响一次设备运行。

【案例一】2020 年 5 月 12 日，对已经停运 220kV E 站 110kV F 线 C 相阻波器进行了拆除，防止间隔设备运行中因台风等自然灾害导致阻波器脱落。

处理措施：将构架上退运的阻波器和结合滤波器进行拆除，并恢复了一次接线连接（见图 1-120），消除了隐患。

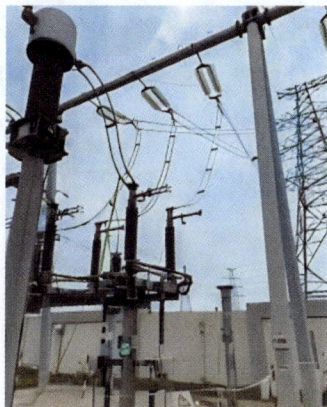

图 1-120　阻波器拆除后已恢复设备连线

改造效果：C 相阻波器和结合滤波器拆除后，消除了阻波器因台风导致脱落的风险。

【案例二】某供电局共梳理出 70 多台阻波器待拆，结合生产计划分批次对阻波器进行拆除（见图 1-121），防止阻波器坠落设备风险。

处理措施：拆除阻波器并恢复设备连接线。

改造效果：拆除阻波器，消除了阻波器因台风导致脱落的风险。

> **1.79　反措规定：**新建、扩建及技改工程变电站 10kV 及 20kV 主变压器进线禁止使用全绝缘管状母线。
>
> 注：南方电网公司反事故措施（2023 版）2.9.8 条。

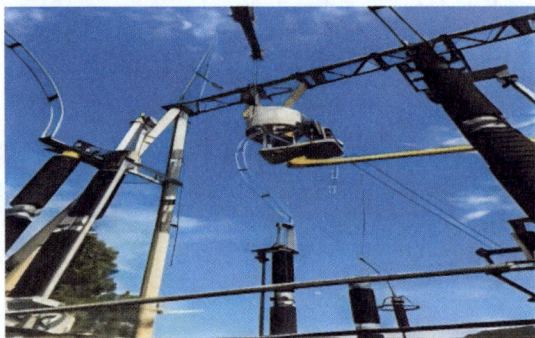

图 1-121　阻波器拆除

反措条款解读：

近年来系统内发生多起全绝缘管状母线故障。由于该类型全绝缘管母因设计及工艺问题导致屏蔽层的接地铜带严重锈蚀，绝缘层内部有进水，锈蚀导致接触不良进而引发设备故障。因此提出新建、扩建及技改工程变电站 10kV 及 20kV 主变压器进线禁止使用全绝缘管状母线，彻底消除该安全隐患。

【案例一】对某 220kV 变电站 1 号主变压器开展例行预试发现 10kV 绝缘管母的介质损耗值超出规程标准值，对该站绝缘管母开展更换时通过解体发现屏蔽层的接地铜带严重锈蚀（见图 1-122），绝缘层内部有进水痕迹。锈蚀导致接触不良是介质损耗超标的主要原因。10kV 绝缘管母改造为一般户外绝缘子支撑母线，消除事故隐患。

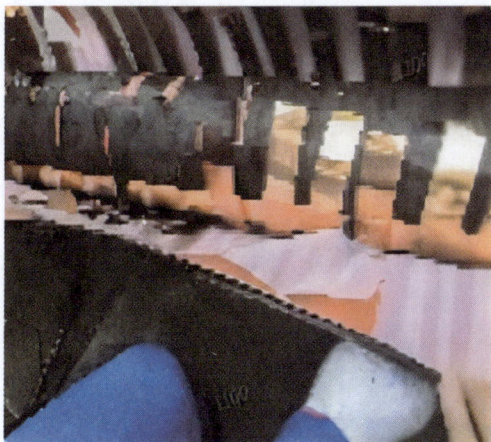

图 1-122　绝缘管母屏蔽层接地铜带严重锈蚀

处理措施： 将 10kV 绝缘管母改造为一般户外绝缘子支撑母线，消除事故隐患。

改造效果： 改造后消除绝缘型管母进水导致击穿的单相接地故障风险。

【案例二】 运行人员在某 110kV 变电站测温时，发现管母存在温差，超过 3℃且有异响，见图 1-123。停电试验结果比上次明显劣化，管母高压试验加压有明显的放电迹象。

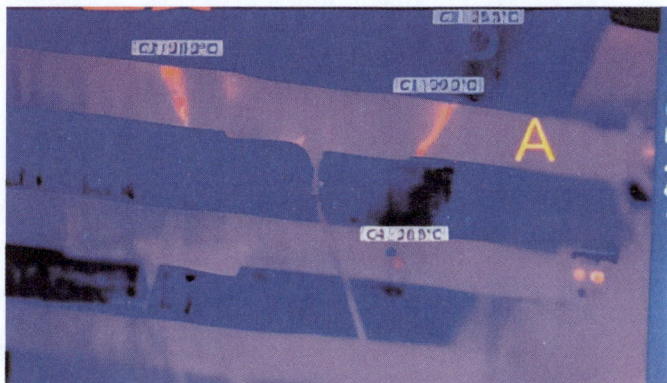

图 1-123　变电站管母测温

处理措施： 将全绝缘管状母线改造成矩形铜母线。

改造效果： 更换成铜排母线后，运行正常。

【案例三】 2019 年 5 月 15 日，某 220kV 变电站进行红外检测时，测得 1号主变压器低压侧 C 相管母避雷器引下线处发热至 75.6℃（见图 1-124），正

常相相同位置温度 34℃，环境参考温度为 33℃，温差为 42.6K。

处理措施： 将全绝缘管状母线改造成矩形铜母线。

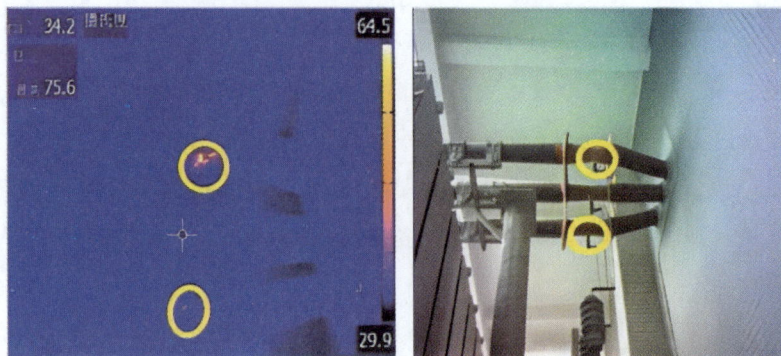

图 1-124　管母避雷器引下线处发热

改造效果： 改造完成后，消除管母发热缺陷。

【案例四】 某 220kV 变电站 1、2 号主变压器在前后不超过 30d 的时间内，接连发生全绝缘管状母线起火，且起火部位均在中间接头绝缘屏蔽筒的位置，但由于 2 次故障均是过热故障导致燃烧，没有故障电流（变电站内故障录波显示故障时未发现故障电流）主变压器差动保护并未动作，在发生故障前，测温均未发现异常。

处理措施： 将全绝缘管状母线改造成矩形铜母线。

改造效果： 改造完成后，消除管母发热缺陷。

【案例五】 2021 年 5 月 4 日，某供电局在巡视过程中发现 110kV S 变电站 1 号主变压器低压侧全绝缘母线有放电打火现象，导致全绝缘管母烧损（见图 1-125），立即申请将 1 号主变压器转冷备用进行故障隔离。

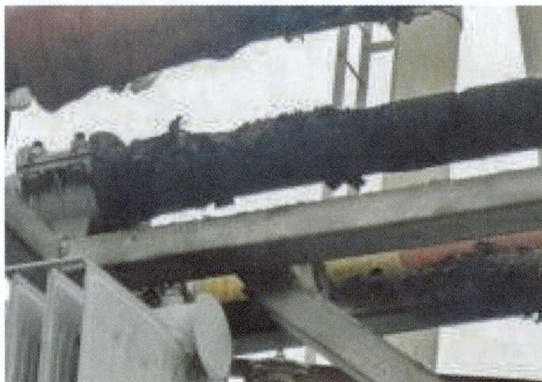

图 1-125　主变压器低压侧全绝缘母线起火烧损情况

处理措施： 将全绝缘管状母线改造成矩形铜母线。

改造效果： 改造完成后，消除管母发热缺陷。

1.80　反措规定： 新投运的 220kV 及以上电压等级瓷外套避雷器，应具有可靠排水措施（如设置排水孔等）。对在运的避雷器无排水孔的，应进行评估后增加排水措施，并重点跟踪泄漏电流的变化情况，同时结合停电检修试验检查压力释放板是否有锈蚀或破损。2023 年 6 月 30 日前完成关键重要站点隐患设备排查整治，2024 年 6 月 30 日前完成全部排查整治。

　　注：南方电网公司反事故措施（2023 版）2.9.21 条。

反措条款解读：

近年来系统内发生多起站用避雷器故障。故障后解体检查发现避雷器没有可靠排水措施，下法兰长期积水引起内部受潮和锈蚀严重。因此提出新投运的 220kV 及以上电压等级瓷外套避雷器，应具有可靠排水措施（如设置排水孔等）。对在运的避雷器无排水孔的，应进行评估后增加排水措施，并重点跟踪泄漏电流的变化情况，同时结合停电检修试验检查压力释放板是否有锈蚀或破损。彻底消除该安全隐患。

【案例一】2022 年 7 月 29 日，试验人员对某 500kV 变电站 220kV U 线 248 避雷器进行带电测试，发现 B 相线路避雷器（下节）1mA 直流参考电压偏低。现场改进多种试验方法数据均异常。

处理措施： 对数据异常的避雷器进行了更换。同时，对旧避雷器解体检查，发现顶盖锈蚀严重（见图 1-126）。

整改效果： 更换后的避雷器具有可靠排水措施，避免了运行中发生避雷器内部受潮和锈蚀，导致试验数据异常。

【案例二】某供电局 500kV W 线遭受雷击，A、B 相间短路故障跳闸。运行人员对线路强送成功。现场检查发现线路 B 相避雷器泄漏电流异常，数值接近 5mA，其余两相正常，持续观察发现 B 相泄漏电流有增大趋势，达到 7mA。现场运行人员向调度申请停电检查。在停电过程中，线路 B 相避雷器击穿，线路跳闸。根据故障录波复现及解体检查情况，判断避雷器故障的原因为：避雷器没有排水孔，下节避雷器存在受潮、锈蚀（见图 1-127），在线

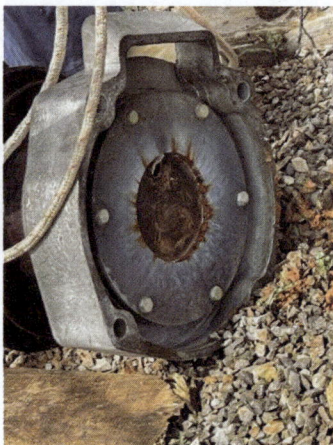

图 1-126 避雷器锈蚀严重

路遭受雷击的诱发下，下节避雷器损坏，在强送电后，只有两节避雷器承受线路运行电压，导致上、中节避雷器在工频电压下热崩溃，最终导致避雷器故障。

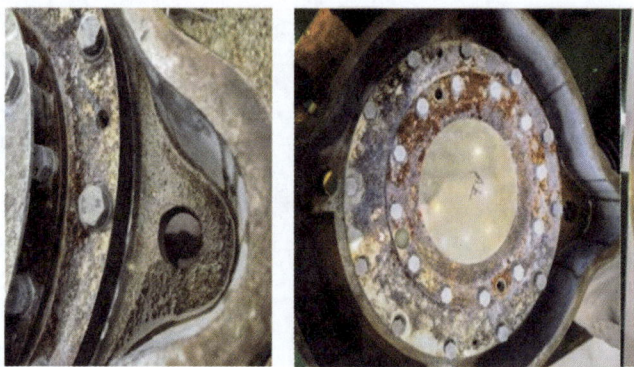

图 1-127 避雷器受潮生锈

处理措施： 对故障避雷器进行了更换，无排水孔的增加排水措施。

整改效果： 整改完成后，避免了运行中发生避雷器内部受潮和锈蚀缺陷。

【案例三】2022 年 6 月 27 日，某 500kV 变电站检查发现，A 线 5021 避雷器排水孔堵塞（见图 1-128），并有鸟巢，有积水、锈蚀现象。

处理措施： 清理鸟巢、积水，疏通排水孔，对生锈部分喷漆处理。

整改效果： 清理后并疏通排水孔后，避雷器运行良好。

【案例四】2022 年 8 月 29 日，某 220kV 变电站对 220kV B 线 2613 避雷

停电检查过程中，发现避雷器排水孔被堵塞，避雷器中间节内部存在较多积水（见图 1-129）。

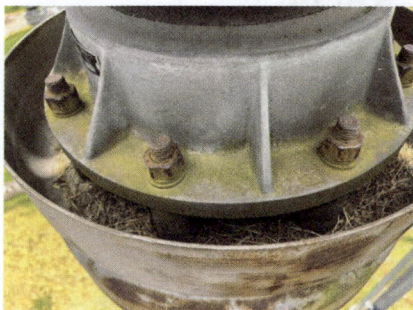

图 1-128　避雷器排水孔堵塞　　图 1-129　避雷器排水孔堵塞、有积水流出

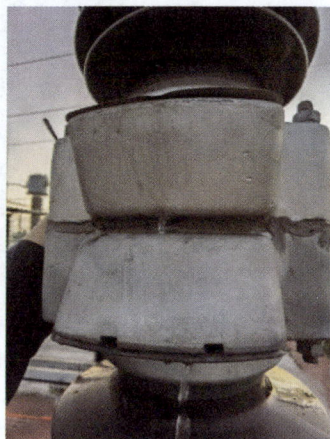

处理措施：对避雷器中部 4 处排水孔、下部 3 处排水孔依次进行疏通。

整改效果：已疏通该避雷器全部排水孔，积水已全部排出，避雷器运行正常。

1.81　反措规定：对于新建或者改建的 220kV 及以上电压等级的交流线路，无论是旧线路上已有还是新线路预备新装线路高抗，应在可研或设计阶段对高抗及中性点小电抗参数进行校核，防止可能产生的工频谐振过电压风险。

注：南方电网公司反事故措施（2023 版）2.9.22 条。

反措条款解读：

近年来系统内发生一起交流线路改建后，相关参数发生变化，在原有线路高压电抗器及小电抗继续运行的情况下，线路两相开断时断开相最大工频谐振过电压过大，会导致单相短路故障时短路支路熄弧困难。因此提出对于新建或者改建的 220kV 及以上电压等级的交流线路，无论是旧线路上已有还是新线路预备新装线路高压电抗器，应在可研或设计阶段对高压电抗器及中性点小电抗参数进行校核，防止可能产生的工频谐振过电压风险，从源头消除该安全隐患。

【**案例**】2021 年，广东电网规划在湛江双解口 500kV M 站～N 站线路后 π 接至新建的 J 站，原 M 站～N 站线全长约 110km，每回在 M 站侧装设有一组 90Mvar 高压电抗器，补偿度为 63.8%，高压电抗器中性点经小电抗接地，小电抗阻值为 516Ω。线路改建后，M 站～J 站线路长度为 87km，线路补偿度提高到 83.3%，经过电磁暂态仿真计算，在原有线路高压电抗器及小电抗继续运行的情况下，线路两相开断时断开相最大工频谐振过电压为 297.84kV，线路工频谐振过电压过大，单相短路故障时短路支路熄弧困难。说明原有小电抗已不合适变化后的新线路，通过取不同阻值小电抗下的线路工频谐振过电压计算，结果表明小电抗取值 1000Ω 时，线路上的工频感应过电压最大为 69.20kV，因此考虑更换小电抗后线路没有发生工频谐振的风险。

处理措施：近年来，主网网架结构经常因为新建变电站、电厂或者线路改造工程发生变化。对于已装设有线路高压电抗器的 220kV 及以上电压等级的线路由于改建发生长度变化，导致线路补偿度从通常的欠补偿过渡到接近全补偿或者过补偿状态时，容易在线路非全相运行时发生工频谐振的风险。为防止这种风险威胁电网安全稳定运行，建议在工程可研或设计阶段寻求设计单位核算线路工频谐振过电压并校核高压电抗器中性点小电抗阻值和绝缘水平。根据仿真计算的结果，考虑采取的措施有：①线路退出高压电抗器运行或改为母线高压电抗器；②更换高压电抗器中性点小电抗；③更换高压电抗器。

整改效果：整改后，线路非全相运行时不会有发生工频谐振的风险。

> **1.82 反措规定：**设置固定式气体灭火系统的发电厂、变电站等场所、长距离电缆隧道、长距离地下燃料皮带通廊、地下变电站至少配置 2 套正压式消防空气呼吸器，长距离电缆隧道、长距离地下燃料皮带通廊、地下变电站至少配置 4 只防毒面具。并应进行使用培训，确保其掌握正确使用方法，以防止人员在灭火中因使用不当中毒或窒息。正压式空气呼吸器和消防员灭火防护服应每月检查一次。
>
> 注：南方电网公司反事故措施（2023 版）2.9.23 条。

反措条款解读：

当长距离电缆隧道、长距离地下燃料皮带通廊、地下变电站等设置的固定式气体灭火系统在灭火系统启动或发生火灾时，会导致在此区间作业的人员无

法呼吸足以维持生命的氧气或吸进有毒气体。因此应在上述区间适当位置配置至少配置 2 套正压式消防空气呼吸器及至少配置 4 只防毒面具，定期对工作人员进行使用培训，确保其掌握正确使用方法，以防止人员在灭火中因使用不当中毒或窒息。正压式空气呼吸器和防毒面具应每月检查一次，确保紧急情况下区间内作业人员能正确逃生。

1.83 反措规定： 电力调度大楼、地下变电站、无人值守变电站应安装火灾自动报警或自动灭火设施，无人值守变电站其火灾报警系统应和视频监控系统联动，以便及时发现火警。

注：南方电网公司反事故措施（2023 版）2.9.24 条。

反措条款解读：

运行中的电力调度大楼、地下变电站、无人值守变电站存在发生火灾的风险，当火灾发生时会导致设备、资产的损失，甚至威胁电网安全稳定运行。因此应该对电力调度大楼、地下变电站、无人值守变电站应安装火灾自动报警或自动灭火设施，无人值守变电站其火灾报警系统应和视频监控系统联动，以便及时发现火警，快速响应，组织灭火减少损失。

1.84 反措规定： 大型发电、变配电等特殊建设工程应履行消防设计审查、消防验收制度，其他建设工程应履行备案抽查制度；依法应当进行消防验收的建设工程，未经消防验收或者消防验收不合格的，禁止投入使用；其他建设工程经依法抽查不合格的，应当停止使用。

注：南方电网公司反事故措施（2023 版）2.9.25 条。

反措条款解读：

大型发电、变配电等设备或场所内存在大量的充油设备和可燃物，充油设备发生故障时有着火的风险，其他设备故障也可能导致周围可燃物着火。因此，大型发电、变配电等特殊建设工程应履行消防设计审查、消防验收制度，其他建设工程应履行备案抽查制度；新建大型发电、变配电等特殊建设工程依法应当进行消防验收的建设工程，未经消防验收或者消防验收不合格的，禁止投入使用；其他建设工程经依法抽查不合格的，应当停止使用，以达到防止火灾发生的效果。

第十节 防止变电运行专业事故反措案例

1.85 反措规定： 500kV 变电站站用交流低压母线备用电源自动投入装置方式应采用单向自投方式（即站外电源对站内电源备用，而站内电源不对外来电源进行备用）。

注：南方电网公司反事故措施（2021 版）2.10.1 条。

反措条款解读：

500kV 变电站低压电源用交流低压母线中，接站外电源的母线不带负荷，该低压母线失压没有必要自投。若电源采用双向自投方式，可能导致向故障的站用交流低压母线充电，影响站用电运行可靠性。因此应将 500kV 变电站站用交流低压母线自投方式投单向方式（即站外电源对站内电源备用，而站内电源不对外来电源进行备用）。

【案例】2016 年 8 月 4 日，某 500kV 变电站发生了一起由于 380V IM 母线相间短路故障导致站用交流电源全失的事件。380V IM 母线相间短路故障发生时，1 号站用变压器低压侧 401 开关首先过流跳闸，380V IM 母线失压；随后 1 号备用电源自动投入装置动作，合上 400 甲开关；故障电流未消除，400 甲开关未动作，0 号站用变压器保护跳 0 号站用变压器高压侧 717 开关，造成 0M 母线失压；然后 1 号备用电源自动投入装置投动作，合上 400 乙开关，故障电流仍未消除，400 乙开关未动作，2 号站用变压器保护跳 2 号站用变压器高压侧 349 和低压侧 402 开关，最终导致全站 380V 交流失压（见图 1-130）。

处理措施： 将该站用交流低压母线自投方式投改为单向方式。

改造效果： 整改后，未再发生由于备用电源自动投入方式设置不合理导致的扩大事故。

1.86 反措规定： GIS（HGIS）设备间隔汇控柜中隔离开关、接地开关具备"解锁/联锁"功能的转换把手、操作把手，应在把手加装防护罩或在回路加装电编码锁。

注：南方电网公司反事故措施（2023 版）2.10.3 条。

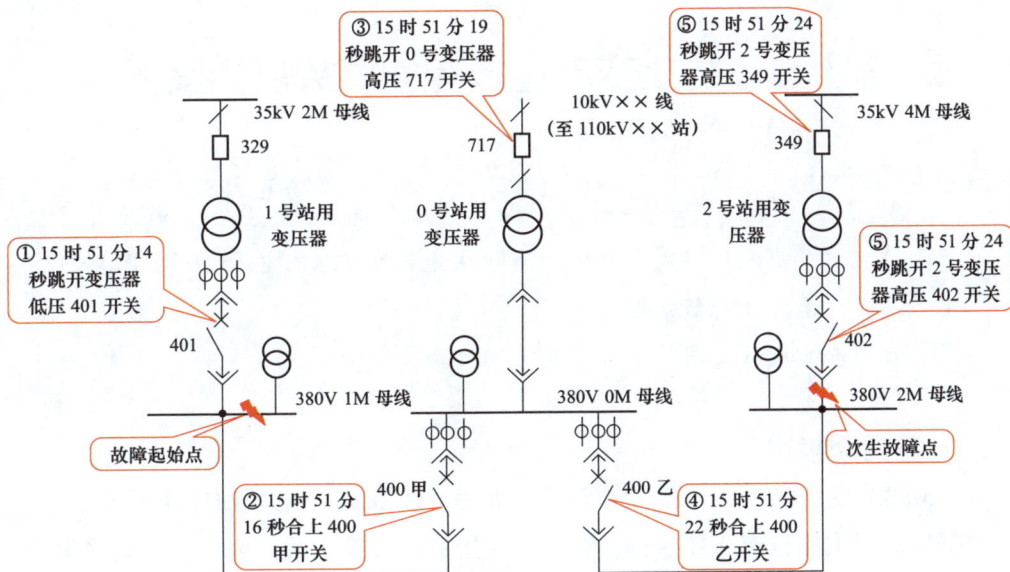

图 1-130　站用交流电源全失事件

反措条款解读：

近年来系统内发生多起由于电气连锁条件不满足要求的恶性误操作事件。因此提出对 GIS（HGIS）设备间隔汇控柜中隔离开关、接地开关具备"解锁/联锁"功能的转换把手、操作把手，应在把手加装防护罩或在回路加装电编码锁，防止操作人员误操作，从源头消除该安全隐患。

【案例】某换流站在开展 GIS 验收工作时，准备对隔离开关、接地开关进行就地试分合操作时，操作不成功，经检查为电气连锁条件不满足操作要求。为了验证设备电气安装质量及设备动作过程是否正常，验收时需对所有隔离开关、接地开关进行远方及就地操作，现场人员将隔离开关及接地开关转至解锁状态，但因现场作业人员疏忽，未核实清楚把手名称，误将旁边的断路器"远方/就地"转换把手从远方切换至就地状态，所幸及时发现，立即恢复原状态，未造成电气误操作事件。

处理措施：现场对隔离开关、接地开关的"解锁/联锁"功能转换把手加装防护罩（见图 1-131）。

改造效果：整改后，有效防止误操作事件。

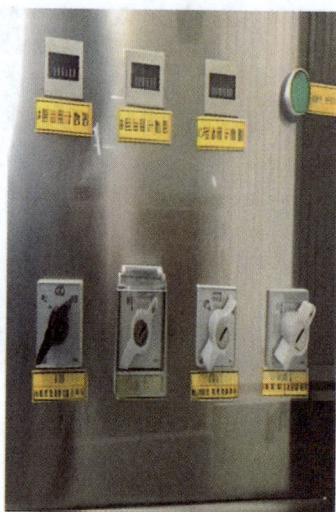

图 1-131　把手加装防护罩

1.87　反措规定： 微机防误闭锁装置应具备检修隔离功能，即在检修期间（特别是多工作面作业时），闭锁检修隔离面一次设备操作功能，以防止误向检修设备送电；同时检修工作面设备的操作则不受闭锁。检修隔离管理功能退出时，应不影响防误闭锁软件的正常运行。微机防误闭锁装置应配置检修隔离管理器、检修隔离授权钥匙以及实现检修隔离管理的软件系统。

注：南方电网公司反事故措施（2023 版）2.10.4 条。

反措条款解读：

近年来系统内发生多起由于电气连锁条件不满足要求的恶性误操作事件。因此提出对微机防误闭锁装置加装闭锁检修隔离面。检修隔离管理功能退出时，应不影响防误闭锁软件的正常运行。微机防误闭锁装置应配置检修隔离管理器、检修隔离授权钥匙以及实现检修隔离管理的软件系统。

【案例】 某 220kV 变电站微机防误闭锁系统投运时间为 2005 年 9 月，该站防误闭锁系统投运时不具备检修隔离功能。

处理措施： 加装一套智能检修电脑解锁钥匙管理机。

改造效果： 加装一套智能检修电脑解锁钥匙管理机后，该站防误闭锁装置具备检修隔离功能，有效防止误操作，见图 1-132。

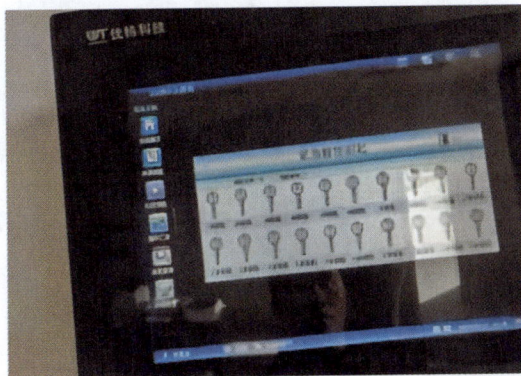

图 1-132　微机防误闭锁装置

1.88　反措规定：取消变电站五防电脑钥匙单一固定密码测试解锁功能；新投入运行的五防电脑钥匙，应采用动态密码加硬件的方式进行测试解锁，其硬件应纳入解锁钥匙进行管理。

注：南方电网公司反事故措施（2021 版）2.10.5 条。

反措条款解读：

变电站五防电脑钥匙采用单一固定密码测试功能，在测试模式下输入测试密码即可进行解锁操作，存在误操作的风险。因此通过升级软件及硬件取消五防电脑钥匙单一固定密码测试解锁功能，采用动态密码加硬件的方式进行测试，其硬件纳入解锁钥匙进行管理，从源头消除误操作的安全风险。

【案例】某供电局所辖 1 座 220kV 变电站、4 座 110kV 变电站五防电脑钥匙采用的是固定密码测试解锁功能，存在误操作风险。

处理措施：将电脑钥匙更换成具有动态密码加硬件的方式进行测试解锁的电脑钥匙，型号为 DNYS-1F（见图 1-133）。

改造效果：改造后的 DNYS-1F 型号电脑钥匙能有效防止误操作。

1.89　反措规定：针对新建或改扩建工程，要求事故油池应有观察窗，或使用便于开启的轻质盖板，且满足核载、防火等要求。观察窗宜采用透明玻璃钢材质，面积不小于 0.5m² 的正方形。

注：南方电网公司反事故措施（2023 版）2.10.6 条。

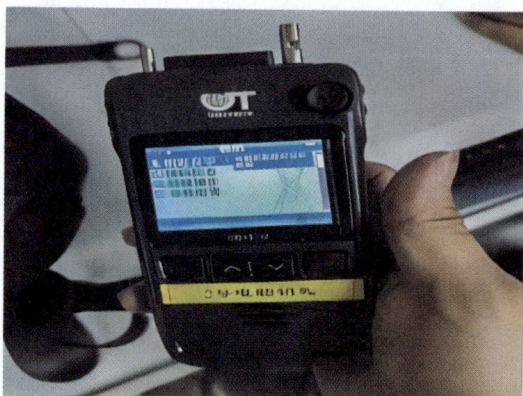

图 1-133　五防电脑钥匙

反措条款解读：

为了便于观察事故油池是否正常，新建或改扩建工程，要求事故油池应有观察窗，或使用便于开启的轻质盖板，且满足核载、防火等要求。观察窗宜采用透明玻璃钢材质，面积不小于 $0.5m^2$ 的正方形。以达到便于检查并保持事故油池功能正常的效果。

> **1.90　反措规定：** 变电站孕灾环境（水文、气象、地质、地貌条件）、承灾体（变电设施等体现受灾脆弱性指标）发生变化时，或发生特殊工况（如地震、水利设施变化、变电站周边新建建筑或设施可能对排水等产生影响）时，应立即按新的风险因素开展动态评估，并制定相应的措施。
>
> 注：南方电网公司反事故措施（2023 版）2.10.7 条。

反措条款解读：

变电站孕灾环境、承灾体发生变化或发生特殊工况时，原设计可能不满足变化后要求；甚至导致事故发生。为此，应根据变电站孕灾环境、承灾体发生变化或发生特殊工况的变化，立即按新的风险因素开展动态评估，并制订相应的措施，预防事故的发生。

第十一节　南方电网反事故措施附录摘编

一、变压器真空有载分接开关检修试验要求

变压器真空有载分接开关除应按照南方电网公司《电力设备检修试验规程》开展检修试验以外，还应按照表 1-1 开展相关检修试验。

二、三支柱绝缘子整体抗拉试验要求

1. 概述

为验证 GIL 设备安装及运行中，因设备温度变化导致热胀冷缩及安装误差等工况导致三支柱绝缘子承受沿导体轴向拉力载荷的能力，需进行三支柱绝缘子整体抗拉试验。

2. 试验方法

在中心导体端部施加与中心导体平行的轴向机械载荷，使三支柱绝缘子受到沿导体轴向的拉力载荷，如图 1-134 所示。非破坏性试验持续 30min。试验结束后，试品应无变形、裂纹，嵌件端部不得产生永久性变形。破坏值应不小于 3 倍的设计值。

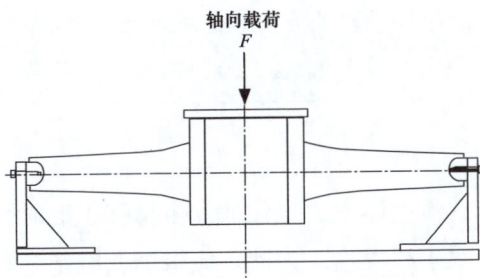

图 1-134　支柱绝缘子轴向载荷试验原理图

表 1-1

变压器真空有载分接开关检修试验要求

序号	项目	类别	周期	要求	负责专业	备注
1	真空有载分接开关储油柜油呼吸管路密封及呼吸器检查	C1	1个月	1）真空有载分接开关储油柜呼吸管路的密封应良好、无渗漏；如密封不良，应通过检修排除问题。 2）呼吸器外观检查无破损，硅胶变色不超过 2/3，如呼吸器上部硅胶先出现变色，应检查呼吸器管路密封并用内窥镜检查有无锈蚀情况；呼吸器下部油杯满足油位规定	运行	
2	真空有载分接开关轻瓦斯报警处理	C1	必要时	真空有载分接开关轻瓦斯报警后应暂停调压操作，并对气体和绝缘油进行色谱分析，根据分析结果确定恢复调压操作或进行检修	运行	
3	有载分接开关吊芯芯检修	B1	1）达到厂家规定的年限或动作次数： a. 贵州长征：6年或10万次；	1）清洗分接开关油室，检查无内漏现象。 2）清洗切换开关芯体。 3）紧固检查螺栓，各紧固件无松动。 4）检查快速机构的主弹簧、复位弹簧、爪卡无变形或断裂。 5）检查转换开关、真空灭弧室的连接导线无松动，绝缘层无破损，与固定金属构件的间隙距离足够。 6）检查开关芯体所有触头（载流触头、转换开关触头等）应无过热及电弧烧伤痕迹，所有绝缘件应无电弧爬电痕迹。 7）测量过渡电阻值，与铭牌数据相比，其偏差值不超过±10%，过渡电阻不得有过温变色现象。 8）测量触头的接触电阻，长期载流触头不大于 500μΩ一个且与上次测量值相比无明显变化；测量前分接应交换一个循环，在更换新触头、更换主接头或更换接触头后也应进行。 9）检查分接开关的全部动作顺序，应符合厂家技术要求，选择开关槽轮机构动作到位，动作良好。	检修	必要时：如怀疑切换开关部件有缺陷须检查或更换时

续表

序号	项目	类别	周期	要求	负责专业	备注
3	有载分接开关吊芯检修	B1	b.ABB：15 年或 30 万次； c.上海华明：6 年； d.MR：30 万次； 2）运行达到 15 年； 3）必要时	10）测量开关切换波形，与出厂试验中各触头复合波形比较应无明显变化（主要检查比较切换时间）；若存在多个触区，应测量各个触区的同步性，不大于 3ms；必要时，应开展触头分波形测试。 11）检查真空灭弧室外观无破损，自闭力正常。必要时（如转换开关或选择开关触头有电弧烧蚀痕迹时）进行真空泡回弹力检查，或进行真空度检测或真空泡工频耐压试验。 12）测量保护间隙的距离，同隙与初始值偏差不超过 ±4%，否则应更换。 13）如装有金属氧化物非线性电阻，必要时，进行参考电压试验。直流参考电压 0.75 倍直流参考电压下泄漏电流或工频参考电流下泄漏电流偏差超过 ±5% 或 0.75 倍直流参考电压大于 50μA 应进行更换；工频参考电压小于其标称额定电压应进行更换。 14）必要时解体操作拆开切换开关芯体，清洗、检查和更换零部件。 15）更换顶盖密封圈。 16）具体操作及试验要求按照 DL/T 1538—2016 和 DL/T 574《电力变压器分接开关运行维修导则》的要求		
4	气体（油流）继电器	B1	直流用变压器、220kV 主变压器：3 年；	1）无残留气体，无渗漏油。 2）必要时进行校验，检验不合格的应及时更换。 3）检查非电量保护装置防雨罩防雨效果，对气体继电器二次端子盒及二次接口检查密封防潮情况。 4）检查继电器触点是否良好，接线盒等防雨、防尘措施是否良好，接线端子有无松动和锈蚀现象。	检修	

续表

序号	项目	类别	周期	要求	负责专业	备注
4	气体（油流）继电器	B1	35、110kV 主变压器：6年	5）对配置轻瓦斯保护的真空分接开关，检查轻瓦斯报警信号是否接入，未接入的进行整改	检修	
5	压力释放阀/过压力继电器检查	B1	直流用变压器、220kV 主变压器：3年；35、110kV 主变压器：6年	1）无喷油、渗油现象，触点位置正确，接线端子松动和锈蚀现象。防尘措施良好，接线端子松动和锈蚀现象。2）必要时进行校验，检验不合格的应及时更换		
6	气体（油流）继电器二次回路试验	B2	直流用变压器、220kV 主变压器：3年；35、110kV 主变压器：6年	1）测量二次回路对地、继电器触点间、继电器跳闸回路与其他非电量回路间绝缘电阻，绝缘电阻值应大于1MΩ。2）进行传动试验，核对非电量保护信号传动正确	继保	1）用1000V绝缘电阻表；2）气体继电器配置轻瓦斯功能的应接入报警信号
7	压力释放阀/过压力继电器二次回路试验	B2	直流用变压器、220kV 主变压器：3年；35、110kV 主变压器：6年	1）测量二次回路对地、继电器触点间、继电器跳闸回路与其他非电量回路间绝缘电阻，绝缘电阻值应大于1MΩ。2）进行传动试验，核对非电量保护信号传动正确	继保	1）采用1000V绝缘电阻表；2）压力释放阀/过压力继电器的动作触点应接入信号回路，不得接入跳闸回路
8	绝缘油水分含量	B2	1）3年；2）投运前或吊芯检修后	投运前或检修后：≤30μL/L；运行中：≤35μL/L	试验	
9	绝缘油击穿电压	B2	1）3年；2）投运前或吊芯检修后	直流用变压器：投运前或A修后≥65kV；运行中≥55kV。220kV主变压器：投运前或A修后≥45kV；运行中≥40kV。	试验	

续表

序号	项目	类别	周期	要求	负责专业	备注
9	绝缘油击穿电压	B2	1）3年；2）投运前或吊芯检修后	35、110kV主变压器提前：投运前或A修后不小于40kV；运行中不小于35kV	试验	
10	绝缘油颗粒度测试	B2	必要时	换流变压器用真空分接开关或操作次数较多的主变压器可开展油中颗粒度测试及金属微量元素分析	试验	
11	油中溶解气体分析	B2	1）投运前或吊芯检修后；2）运行中周期 220kV主变压器6个月，35、110kV主变压器1年；3）直流用变压器1年	1）投运前油色谱各组分应小于以下数值（单位 μL/L）：直流用变压器为总烃为10；H_2：10；C_2H_2：0.1。220kV及以下为总烃为20；H_2：30；C_3H_2：0.1。2）运行中油色谱注意值应符合厂家要求：（见下表）	试验	1）超过注意值时应缩短取样周期，直流用变压器缩短为6个月1次；220kV变压器缩短为3个月1次；110kV变压器缩短为6个月1次，同时应记录分接开关动作次数。2）色谱含量超过注意值日与操作次数相比增量明显加快时，应禁止快速调压并尽快开展吊芯检修

油色谱辅助判据

生产厂家	开关型号	乙炔注意值（μL/L）	油色谱辅助判据
ABB	VUCG型和VUCL型	5	H_2与C_2H_2比例约为2~5:1，含量和操作次数成线性关系
MR	VV型	—	每操作1000次，乙炔增量为2
	VR型	—	每操作1000次，乙炔增量为4
	VM型	—	每操作1000次，乙炔增量为0
贵州长征	ZVM（D）型、ZVV型	10	—
上海华明	VCM型	100	连续两次乙炔增量不超过以下值：VCM型：50μL/L；SHZV型：20μL/L；VCV型：20μL/L
	SHZV型	40	
	VCV型	40	

续表

序号	项目	类别	周期	要求	负责专业	备注
12	气体（油流）继电器校验	B2	必要时	1）依据DL/T 540进行检验。2）流速动作值、气体容积动作值应与非电量整定值一致，气体容积动作值允许误差范围为±10%，流速动作值允许误差范围为±10%。3）触点接触良好，触点及其接线绝缘电阻良好，触点间绝缘电阻一般不低于1MΩ	检修／试验	必要时，如怀疑有异常时
13	压力释放阀校验	B2	必要时	1）依据JB/T 7065进行检验。2）检验动作值与铭牌值相差应在±10%范围内。3）触点接触良好，触点及其接线绝缘电阻良好，触点间绝缘电阻一般不低于1MΩ	检修／试验	必要时，如怀疑有异常时
14	过压力继电器校验	B2	必要时	1）允许误差应符合厂家技术要求。2）触点接触良好，触点及其接线绝缘电阻良好，触点间绝缘电阻一般不低于1MΩ	检修／试验	必要时，如怀疑有异常时
15	绕组连同分接开关的直流电阻	B2	1）吊芯检修前后；2）必要时	1）不应出现相邻两个分接位置直流电阻相差2倍级电阻。2）1600kVA以上变压器，各相绕组电阻相互间的差别不应大于三相平均值的2%，无中性点引出的绕组，线间差别不应大于三相平均值的1%。3）1600kVA及以下的变压器，相邻差别一般不大于三相平均值的4%，线间差别一般不大于三相平均值的2%。4）与以前相同部位测得值比较，其变化不应大于2%	试验	1）应在整个操作循环内进行。2）必要时，如怀疑分接开关有故障时
16	绕组连同分接开关的电压比	B2	1）分接开关引线拆装后；2）必要时	1）各分接的电压比与铭牌值相比应无明显差别，且符合规律。	试验	1）应在整个操作循环内进行。

续表

序号	项目	类别	周期	要求	负责专业	备注
16	绕组连同分接开关的电压比	B2	1）分接开关引线拆装后； 2）必要时	2）35 kV 以下，电压比小于 3 的变压器电压比允许偏差为 ±1%；其他所有变压器：额定分接电压比允许偏差为 ±0.5%，其他分接的电压比应在变压器阻抗电压值（%）的 1/10 以内，但偏差不得超过 ±1%	检修	2）必要时，如怀疑分接开关有故障时
17	有载分接开关检修	A	必要时	对有载分接开关的切换开关、选择开关、真空泡、操动机构箱等进行检查试验，完整性及清洁度等进行检查试验，更换不符合厂家要求的部件。按照 DL/T 1538—2016 和 DL/T 574 的标准执行	检修	必要时：如①怀疑变压器内部存在缺陷或隐患时；②承受出口短路后且经绕组变形测试等手段判断绕组存在严重变形或加重变形时；③存在变压器内部家族性缺陷时；④运行 20 年以上者，对设备、风险评估及经济效益进行状态评价、风险评估及经济分析判断，需要综合开展时
18	有载分接开关补油	B2	必要时	当分接开关储油柜油位到达厂家要求注意值时，应在厂家协助下进行补油。补油前应检查补油管道无锈蚀，补油时应避免水分、潮气、杂质进入绝缘油内；补油后应更换相应密封件	检修	—

132

三、三支柱绝缘子整体抗压试验要求

1. 概述

为验证 GIL 设备安装及运行中，因地基沉降、设备自重及安装误差等工况导致三支柱绝缘子承受沿导体径向压力载荷的能力，需进行三支柱绝缘子整体抗压试验。

2. 试验方法

在中心导体端部施加与中心导体垂直的径向机械载荷，使三支柱绝缘子受到沿导体径向的压力载荷，如图 1-135 所示，持续 30min。试验结束后，试品应无变形、裂纹，嵌件端部不得产生永久性变形，破坏值应不小于 3 倍的设计值。

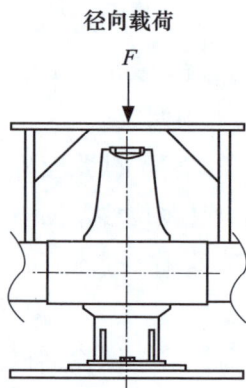

图 1-135　支柱绝缘子径向载荷试验原理图

四、伸缩节循环寿命试验

1. 概述

为验证 GIL 设备用伸缩节使用寿命，需按照伸缩节补偿功能类型开展相应循环寿命试验。试验可分为安装补偿循环寿命试验、基础沉降补偿循环寿命试验、地震位移补偿循环寿命试验和温度补偿循环寿命试验。对于同时实现两种或多种补偿功能的伸缩节应进行对应的全部试验项目。

2. 试验方法

GB/T 30092《高压组合电器用金属波纹管补偿器》适用，并作如下补充：

（1）试验项目。一般而言，安装型伸缩节只需进行安装补偿循环寿命试

验；单补沉降的伸缩节需要进行基础沉降补偿循环寿命试验和地震位移补偿循环寿命试验；温补型伸缩节需要进行安装补偿循环寿命试验、地震位移补偿循环寿命试验和温度补偿循环寿命试验。试验结束后，应进行真空气密性和六氟化硫气体气密性定性检查，结果应无泄漏现象。若伸缩节设计规定有其他工况条件下的循环寿命要求，用户和制造厂可据此对循环寿命试验进行补充完善。

（2）试验设备。循环寿命试验应在专用疲劳试验机上进行，位移控制精度为 ±0.1mm。同时，设备要保持试验轴向位移与伸缩节的波纹管轴线同轴。位移循环速度不高于 25mm/s，确保各波均匀变形。

（3）试验方法。

1）安装补偿循环寿命试验。试验应按实际工况中可能出现的由安装允许补偿量或安装瞬时允许（拆卸）补偿量引起的最大位移条件下循环，试验过程中无需充气，运动方向（轴向、横向或角向）根据工况选取，不同方向下循环次数均不应少于 15 次，且不应有泄漏。

2）基础沉降补偿循环寿命试验。试验应将伸缩节安装在疲劳试验机上，两端密封，充气压至设计压力，往复位移，位移方向应与实际工况补偿方向一致，位移值为带压工作时对应的公称最大位移（设计最大值）。循环次数应不少于 15 次。

3）地震位移补偿循环寿命试验。试验应将伸缩节安装在疲劳试验机上，两端密封，充气压至设计压力，往复位移，位移方向应与实际工况补偿方向一致，位移值为带压工作时对应的公称最大位移（设计最大值）。循环次数应不少于 200 次。

4）温度补偿循环寿命试验。试验应将伸缩节安装在疲劳试验机上，两端密封，充气压至设计压力，往复位移，位移方向应与实际工况温度补偿方向一致，位移值为带压工作时对应的公称最大轴向 / 径向 / 角向位移（设计最大值）。正常位移循环次数应符合设计要求。试验过程中压力波动应不超过设计压力的 ±10%。对于一个方向的温度补偿循环寿命试验，应将整个循环寿命试验至少分为 5 个循环，循环之间连续进行。以循环寿命 15000 次、分为 5 个循环为例，每个循环顺序进行如下项目：

a. 充气至设计压力，公称最大轴向 / 径向 / 角向位移 3000 次。

b. 将伸缩节置于图样原始位置，测量并记录 SF_6 气体泄漏率，气体泄漏率

采用包扎法，包扎时间不少于 4h，测得年泄漏率不允许超过 0.1%。

c. 进行压力试验（耐压力）和在位移条件下耐压力（稳定性）试验，记录波距相对零压力下波距的最大变化率，此时不再强制要求不大于 15%。

d. 该方向的循环结束后，进行下一个方向（如有）的循环寿命试验。

e. 待所有位移方向的循环试验结束后，对伸缩节进行检漏。

5）复合条件下的伸缩节循环寿命试验。

试验应按以下方式进行：

a. 对于同时具有温度补偿和其他补偿功能的伸缩节按照此规定进行试验。位移方向按照实际工况的位移方向分别进行，即轴向、横向和角向分别进行。

b. 对于一个方向的补偿循环寿命试验，应将整个循环寿命试验至少分为 5 个循环，循环之间连续进行。以温度补偿循环寿命 15000 次、地震位移补偿寿命 200 次、安装补偿循环寿命 15 次，分为 5 个循环为例，每个循环顺序进行如下项目：

a）不充气条件下，进行安装允许变化位移 3 次、拆卸允许变化位移 3 次；

b）充气至设计压力，最大温度补偿位移 3000 次；

c）地震位移 40 次；

d）将伸缩节置于图样原始位置，测量并记录 SF_6 气体泄漏率，气体泄漏率采用包扎法，包扎时间不少于 4h，测得年泄漏率不允许超过 0.1%；

e）进行压力试验（耐压力）和在位移条件下耐压力（稳定性）试验，记录波距相对零压力下波距的最大变化率，此时不再强制要求不大于 15%；

f）该方向的循环寿命试验结束后，进行下一个方向（如有）的循环寿命试验；

g）所有位移方向的循环试验结束后，应对伸缩节进行检漏。

第二章
输电类设备事故案例

第一节　输电类反措案例

> **2.1　反措规定：**110kV 及以上运行线路导地线的挡中接头严禁采用预绞式金具作为长期独立运行的接续方式，对不满足要求的接头应于 2023 年 12 月前改造为接续管压接方式连接。在接头未改造前，现场应加强红外测温，发现异常立即处理。2023 年 12 月底前完成。
>
> 注：南方电网公司反事故措施（2023 版）3.1.5 条。

反措条款解读：

理论上，预绞式金具具备不亚于传统楔形线夹或压缩型耐张线夹的力学性能，且安装施工较简便，无需开断导线目前常用于光纤复合架空地线（OPGW）与耐张或转角杆塔的连接。但预绞式耐张线不利于后期弧垂调整、导线受损更换等检修工作开展，还可能出现因型号不匹配、安装时未注意绞线方向等在验收环节不易发现的缺陷，造成后期运行中发生导线脱出、断线等问题，进而引发设备非计划停运。更重要的是，在预绞式耐张线夹由于加工工艺缺陷、安装操作不当、化学腐蚀等引起局部磨损时，会出现发热现象，长时间运行后容易发生融损，进而发展为断线。

因此，针对未完成改造的接头应加强红外测温，发现有异常温升的，应及时进行更换处理，以免缺陷发展为严重的断线事故；对新建线路，不应采用预绞式耐张线夹作为唯一连接方式。

【案例】某 110kV 线路于 2009 年投产运行，全线共有 80 基耐张塔采用预绞式耐张线夹连接方式。2022 年 5 月在开展线路红外测温时发现，110kV 某线

共有 141 处预绞式耐张线夹存在发热缺陷（温度 90℃及以上），如图 2-1 所示，会对线路的安全稳定运行构成较大影响。

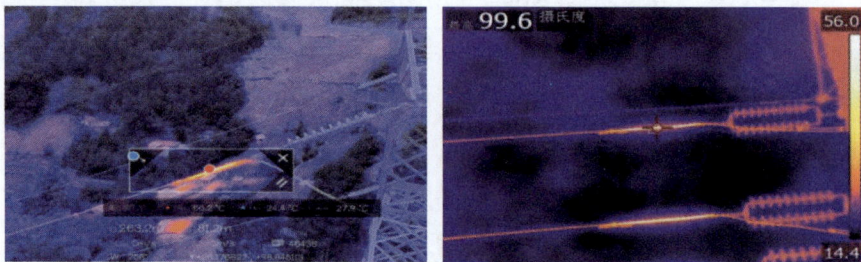

图 2-1　预绞式耐张线夹发热缺陷

处理措施： 组织完成预绞式耐张线夹更换；在完成更换前，运行方式优化调整，降低线路负荷，缓解线路长期高负荷运行引发预绞式耐张线夹发热问题。

整改效果： 完成预绞式线夹更换后，高负荷期间红外测温正常，隐患得以消除。

> **2.2　反措规定：** 输配电线路跨越铁路、一级及以上公路、临近加油站跨越点以及存在事故风险的 500kV 及以上输电线路间交叉跨越点，执行《南方电网输配电线路交叉跨越专项反事故措施》（南方电网生技〔2017〕22 号）。
>
> 注：南方电网公司反事故措施（2023 版）3.1.8 条。

反措条款解读：

架空输电线路若断线，会对下方被跨越的铁路、一级及以上公路、临近加油站点等造成安全隐患，此外部分跨越线路单回 / 单极与被跨越线路同时故障会导致一般及以上事故发生，上述交叉跨越点应按照《南方电网输配电线路交叉跨越专项反事故措施》（南方电网生技〔2017〕22 号）进行排查整改，以保障导地线本体及各类金具等连接强度，主要排查对象包括：①排查导（地）线历史是否存在用预绞丝等方式进行断股修复的情况；②排查地线短路热容量不足的情况及地线不满足运行要求的情况；③排查在 2016 年交叉跨越隐患整改中，采用接续管补强并辅以预绞式接续条加固方式进行接头处理的情况，排查现存跨越区段仍存在接头的情况；④排查位处沿海强风区，且经综合评估抗风能力不满足运行要求的情况。截至 2023 年，排查工作已完成。此外，严控新

增交叉跨越隐患，规范做好交叉跨越区段运行维护，有序推进他方负责的隐患整改实施，避免交叉跨越点断线。

【案例一】某 500kV 线路 N69～N70 杆塔间线路跨沿江高速公路，三相导线共有 12 个驳接口，存在导线掉线安全隐患，不满足安全运行要求。三相导线存在多个驳接口见图 2-2。

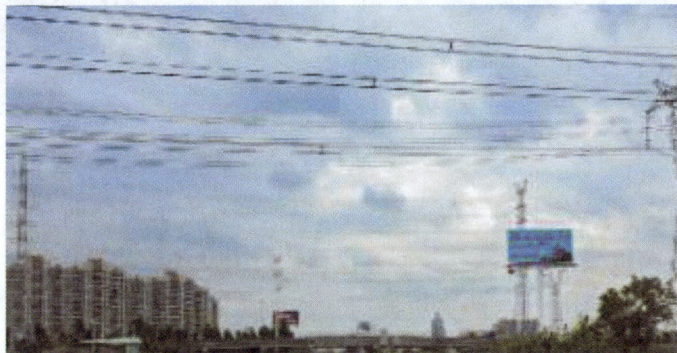

图 2-2　三相导线存在多个驳接口

处理措施：拆除 N68～N74 段塔原三相导线 4×LGJ-400/50 钢芯铝绞线，更换 N68～N74 段三相导线为 4×JL/LB1A-400/50 钢芯铝绞线。

【案例二】某 ±800kV 直流线路 N0385～N0386 正下方有建高速公路迹象，跨越挡极 1 导线、左右地线存在接头共 8 个；某 ±500kV 直流线路 N0788～N0789 正下方有建高速公路迹象，其极 1 导线存在接头共 4 个，存在断线风险。

处理措施：

（1）针对高速公路穿越某 ±800kV 直流线路 N0385～N0386 交叉跨越点，因迁改工程款拨付延误导致迁改延期，完成整改前已结合停电采用加强型预绞丝进行临时补强处理。导线穿越高速公路如图 2-3 所示。

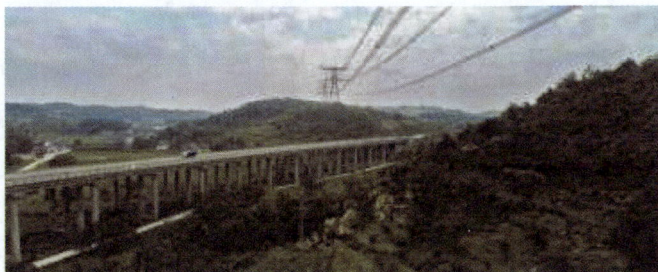

图 2-3　导线穿越高速公路

（2）高速公路穿越某 ±500kV 直流线路 N0788～N0789 交叉跨越点，已立项更换跨越挡导线，在金中直流停电检修期间已采用加强型预绞丝进行临时补强处理。

【案例三】某 ±500kV 直流线路 N1768～N1769 跨越一级公路，跨越挡位置极 2 整组导线存在接头，左右两侧地线各存在接头。

处理措施：

（1）某 ±500kV 直流线路 N1768～N1769 区段极 2 整组导线、左右两侧地线整个耐张段进行更换（换线路径长 2.169km）。

（2）对更换导、地线所涉及的耐张线夹、悬垂线夹全部更换，包含铝包带或者预绞丝护线条，其中原地线悬垂线夹为预绞式悬垂线夹，故只需原型号更换。

（3）导、地线防振锤全部更换，间隔棒以利旧为主，对重新安装过程中损坏或者锈蚀间隔棒进行更换。

整改效果： 消除跨越挡接头或采取临时加固措施后，断线风险得到有效控制。

> **2.3 反措规定：** 对 220kV 及以下采用拉线水泥杆的交流输电线路，组织对拉线运行情况开展排查，对锈蚀严重等不满足运行要求的拉线应予以更换。
>
> 注：南方电网公司反事故措施（2023 版）3.1.9 条。

反措条款解读：

水泥杆拉线在长期运行后，拉线本体尤其是拉线包封处容易发生锈蚀，锈蚀发展到一定程度后，机械强度下降，在大风等情况下拉线发生断裂，水泥杆受力不平衡将导致倒杆。运行单位应定期对杆塔拉线进行检查，发现锈蚀情况不满足运行要求时应及时开展更换。拉线更换过程中，应逐组进行更换，并注意各拉线受力情况，打好临时拉线，避免作业过程中发生倒杆。本条反措实施后，将提升拉线水泥杆安全运行水平，避免因拉线锈蚀导致的倒杆事件。

【案例一】在排查某 220kV 线路 N19 号杆塔时发现拉线包封边缘拉线处有疑似锈蚀现象，打开包封发现拉线锈蚀严重，及时组织对拉线进行更换。

处理措施： 按照原有设计图纸，对拉线进行更换，注意要点：拉线更换逐组进行，更换时必须注意各拉线受力情况，保持杆塔受力平衡，防止倒杆事故。拉线存在锈蚀情况如图 2-4 所示。

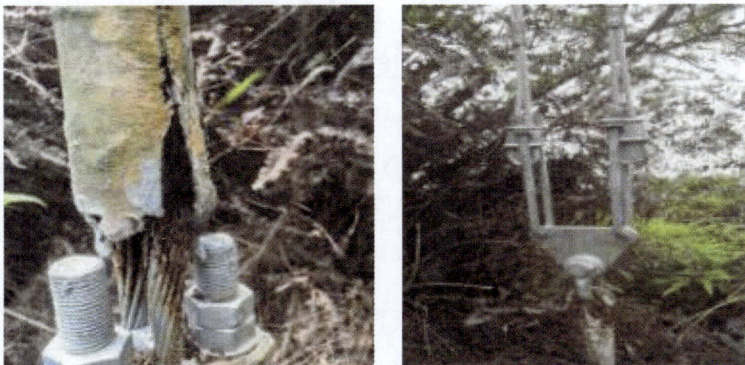

图 2-4　拉线存在锈蚀情况

【**案例二**】该反措条款发布后，某供电局组织对全区 35～110kV 输电线路开展锈蚀情况开展排查，发现 35kV 某线全线拉线锈蚀严重，并上报项目开展全线拉线更换工作。拉线锈蚀严重如图 2-5 所示。

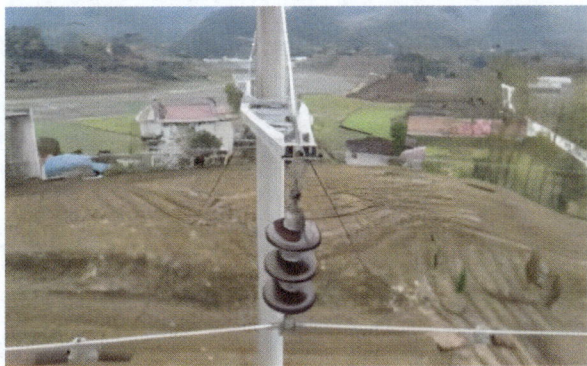

图 2-5　拉线锈蚀严重

处理措施： 立项开展全线拉线更换工作，更换锈蚀严重拉线后，有效防止因拉线断裂导致的设备停运、倒杆断线等事故事件。

【**案例三**】某 500kV 线路 N006、N010、N011、N017、N040、N092 拉门杆塔拉线锈蚀表面形成麻坑，拉线强度下降，存在断线倒杆风险。

处理措施： 停电更换 500kV 某线 N006、N010、N011、N017、N040、N092 拉门杆塔拉线，在完成更换前，在大风、强降雨后开展特巡，定期掌握拉线变化情况。拉线锈蚀如图 2-6 所示。

整改效果： 按要求排查并更换存在严重锈蚀等问题的水泥杆拉线后，可恢复拉线强度，保障水泥杆在大风等情况下保持稳定。

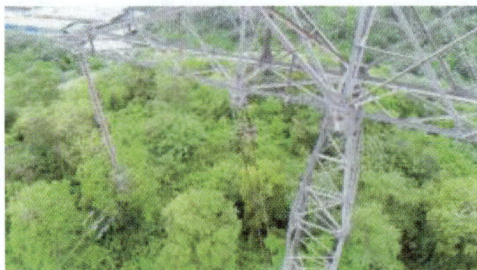

图 2-6 拉线锈蚀

2.4 反措规定: 35kV 及以上输电线路跨越铁路、一级及以上公路,跨越挡的水泥杆、拉线塔应更换为自立式铁塔,具备条件时应优先改造为独立耐张段。

注:南方电网公司反事故措施(2023 版)3.1.10 条。

反措条款解读:

水泥杆、拉线塔等非自立杆塔稳定性由拉线决定,一旦拉线受到破坏,杆塔极易失稳发生倒塔事件。跨越铁路、公路的水泥杆、拉线塔发生倒塔时,不仅会造成铁路、公路运行中断,还可能造成人员伤亡的公共安全事件。因此,需将跨越铁路、公路的水泥杆、拉线塔应更换为自立式铁塔,同时在条件允许时改造为独立耐张段,以减小事故范围,避免非跨越区段杆塔故障影响跨越区段内铁路、公路的安全运行。本条反措实施后,将提升跨越铁路、公路区段设备安全可靠性,减少输配电线路故障导致的公共安全事件。

【案例一】某 220kV 线路 N17~N20、N22 杆塔均为拉线水泥杆,其中 N16~N17 挡跨越某铁路,不满足反措要求。需对 N17~N22 中拉线水泥杆进行改造,更换跨越铁路耐张段导线,以满足跨越铁路挡需为自立式铁塔要求,见图 2-7。

处理措施: 新组立 4 基铁塔,分别为新建 N17(耐张塔)、新建 N18、新建 N20 及 N22。经过改造后,形成某 220kV 线路 N16~N17 跨越某铁路挡两侧杆塔均为自立式铁塔,解决跨越挡存在水泥杆的问题。

【案例二】某 220kV 线路 N8~N10 段线路跨越高速公路,跨越挡杆塔采用水泥拉线杆(见图 2-8),不满足反措的规定。

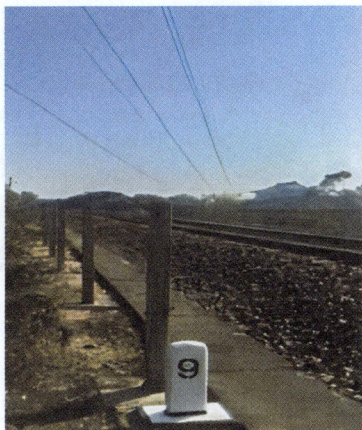

图 2-7　导线跨越铁路

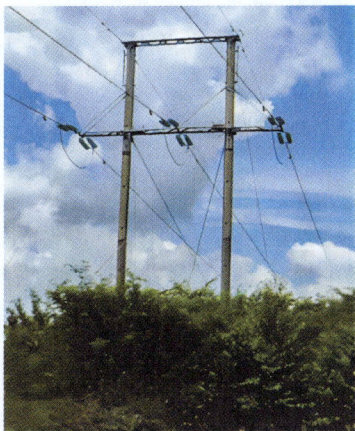

图 2-8　跨越挡杆塔采用水泥拉线杆

处理措施： 线路停电，对不满足反措规定的杆塔进行技术改造。更换为自立式杆塔，满足独立耐张段的跨越要求。

整改效果： 跨越挡的水泥杆、拉线塔应换为自立式铁塔后，或进一步改造为独立耐张段后，有效增加了杆塔自身稳定性，并避免了非跨越区段杆塔故障影响跨越区段内铁路、公路的安全运行。

> **2.5　反措规定：** 35kV 及以上输电线路跨越铁路、高速公路以及存在电网事故风险重要交叉跨越点，跨越挡的跨越侧导地线耐张线夹应开展一次 X 光无损检测，存在问题的应结合实际进行整改。
>
> 注：南方电网公司反事故措施（2023 版）3.1.11 条。

反措条款解读:

压接型耐张线夹属隐蔽工程,此前长期缺乏有效的压接质量检验手段,可能发生过电压、欠电压、漏电压、模具用错、压接压力不达标等问题,导致握着力不足,长期运行可能引发掉线,对于重要交叉跨越点,可能因断线造成事故事件进一步扩大。在运行过程中,采用 X 光无损探伤是发现隐患的有效手段;主要的修补手段有补压、割断重压、加装后备保护线夹等,过程中需注意根据缺陷隐患的位置、类型等情况制订有针对性的措施开展处置。

【案例一】 2021 年 3 月 17 日,对重要跨越点进行 X 光检测中,发现某 110kV 线 N18 中相小号侧存在凹槽未全部压实现象。

处理措施: 对该线路 N18 中相小号侧存在凹槽欠压处进行补压,补压后再次进行 X 射线透视检测,检测结果正常。线夹 X 光监测见图 2-9。

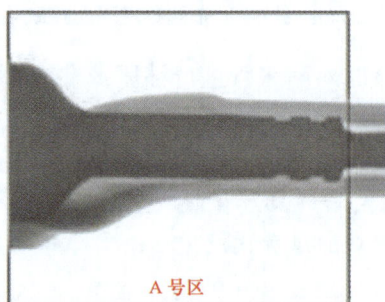

图 2-9　线夹 X 光监测

【案例二】 在对某 220kV 线路 N7～N8 跨越点进行 X 光无损检测时发现,N7 塔 C 相导线大号侧耐张线夹钢芯断裂,随后立即对该耐张线夹截断重压。线夹 X 光监测(整改前与整改后)见图 2-10。

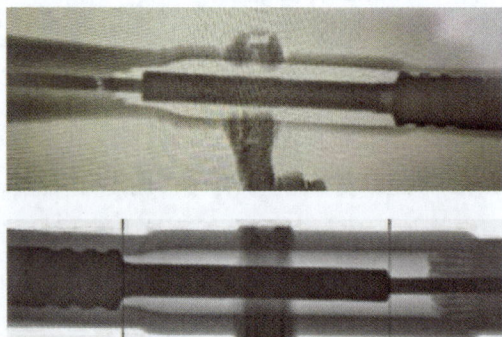

图 2-10　线夹 X 光监测(整改前与整改后)

处理措施： 在 X 光检测发现缺陷后立即进行消缺，截断原耐张线夹，重新压接，消除了重要交叉跨越安全隐患。

【案例三】 对某 220kV 线路 N25～N27 段耐张管开展 X 光检测，检测发现 N25 塔上相大号侧耐张管存在铝管形变且与凹槽存在间隙、凹槽未全部压实，未压实部分约占比 50%。随时可能发生导线脱落事故，一旦导线脱落将导致该挡跨越的惠塘高速发生安全事故。线夹 X 光监测发现压接缺陷见图 2-11。

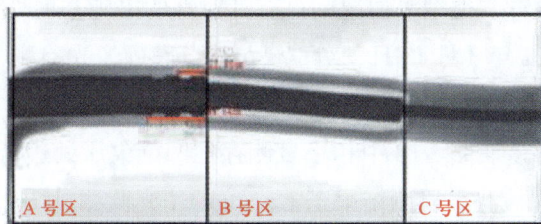

A 号区　　　　　B 号区　　　　　C 号区

图 2-11　线夹 X 光监测发现压接缺陷

处理措施： 停电后及时对耐张管进行补压，有效的排除隐患，保障了设备稳定运行，避免了发生影响高速公路安全事件。

2.6　反措规定： 沿海强风区保底电网老旧线路应进行防风能力评估，并结合评估结果开展防风加固改造。

注：南方电网公司反事故措施（2021 版）3.1.12 条。

反措条款解读：

沿海强风区保底电网老旧线路可能因使用较早的设计规程等原因导致防风能力不足，可能受台风影响发生损坏甚至倒杆，应进行防风能力评估并据此开展防风加固，使其具备对应风区的防风能力。

【案例】 2021 年沿海强风区保底电网老旧线路应进行防风能力评估，发现某 110kV 线路防风能力不足，需进行防风加固改造。整改后的杆塔见图 2-12。

处理措施： 对校核无法满足抗风能力要求的杆塔段进行加固，主要措施如下。

（1）加固主材，采用背靠背双主材模式，用专用夹板，将加固的主材与原有主材进行夹紧固定，加固主材与塔夹板连接，确保杆塔受力得以加强。

（2）其他受力薄弱的斜材、水平材等进行更换高强度角钢等措施。

整改效果： 保底电网老旧线路防风评估并加固后，具备了对应风区的防风能力。

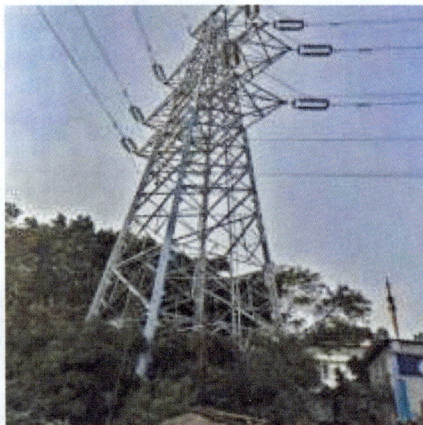

图 2-12　整改后的杆塔

2.7　反措规定： 沿海强风区重要线路典型区域应安装微气象装置，中重冰区重要线路应在海拔最高处安装覆冰在线监测装置。重要线路、存在电网事故风险重要交叉跨越与重要同走廊区段，山火风险等级三级及以上的隐患点应安装山火在线监测装置或图像/视频在线监测装置。重要线路外力破坏隐患点、存在电网事故风险重要交叉跨越应安装具有智能识别功能的图像/视频在线监测装置。

注：南方电网公司反事故措施（2022 版）3.1.13 条。

反措条款解读：

架空输电线路由于架设方式，长期受到台风、覆冰、山火和外力破坏等外部因素影响。随着数字输电技术的不断发展和成熟，微气象、覆冰、山火以及图像/视频在线监测设备在电网广泛应用，并对辅助运行维护工作发挥重要作用。在沿海强风区、中重冰区、山火风险区段和外力破坏隐患点加装相应的监测终端，可及时有效发现危及线路运行的风险和隐患，并在隐患未消除期间实现对线路运行状态的实时监控，降低故障发生概率，提升电网安全运行可靠性。

【案例一】 2021 年 5 月 12 日，某 220kV 线路保护动作跳闸，重合闸不成功。现场检查发现线路 N19～N20 杆塔走廊范围大面积燃烧，现场浓烟滚滚，消防人员正在现场灭火。大火扑灭后检查上方 B 相导线发现明显放电痕迹。初步分析，由于森林火灾在线路下方剧烈燃烧，空气温度升高，并产生大量烟尘悬浮在空气中，造成线路与大地之间的空气间隙绝缘强度降低，且该档距导线

对地距离较低，当空气间隙耐受电压小于线路额定电压时，导线与大地之间的空气间隙被高电压击穿，引起线路 B 相接地故障，导致线路保护动作开关跳闸。杆塔区域发生山火如图 2-13 所示。

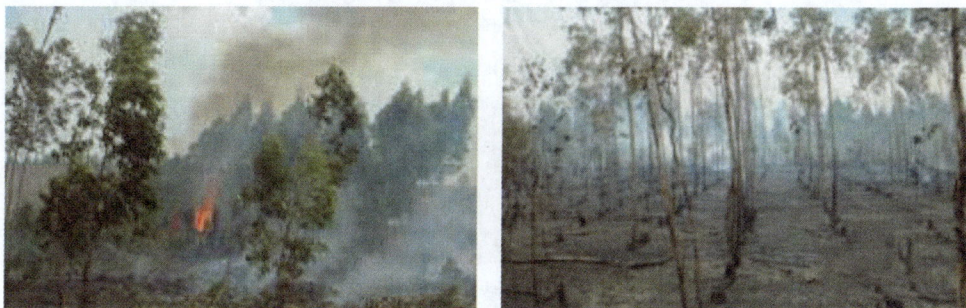

图 2-13　杆塔区域发生山火

处理措施：

（1）开展森林火灾隐患点排查。针对近期西部片区持续高温干旱的情况，对西部片区线路走廊森林火灾隐患点进行全面核查，组织清理走廊内杂树杂草，加强对周围群众开展防火宣传，提醒周边群众谨慎用火，发送防火灾宣传手册，悬挂防火宣传横幅。

（2）组织开展输电线路防森林火灾业务培训。结合事故事件案例指导班组正确识别线路走廊内的森林火灾隐患点，开展防森林火灾工作演练，熟悉森林火灾隐患点位置，正确评估火情，掌握必要自救知识，确保人身安全，同时对生产车辆配备灭火器。

（3）技术改造提升防火能力。一是对易引森林火灾区域线路对地距离进行全面排查梳理，通过技改项目手段，提升线路防森林火灾能力。二是加强森林火灾易发区域火灾检测终端配置，做到提前预防及管控。对某 220kV 线路 N19 ~ N20 杆塔档距线路，通过技改项目改造加高线路对地距离，提升线路防森林火灾能力。

（4）加强与属地政府之间的联动机制，提升防森林火灾应急处置效率。主动积极与属地护林员、村委会、消防部门、森林公安等防森林火灾机构沟通，建立信息共享的联动机制。提升防森林火灾应急处置效率。

【案例二】某 500kV 线路跳闸重合闸不成功，强送成功。巡视发现线路 N130 杆塔 B（左）相前侧 260m 导线有放电痕迹，经判断为山火放电跳闸痕

迹。杆塔区域发生山火如图 2-14 所示。

处理措施：排查山火隐患区段，按照排查情况立项申购防山火在线监测装置，并在杆塔适当位置安装。

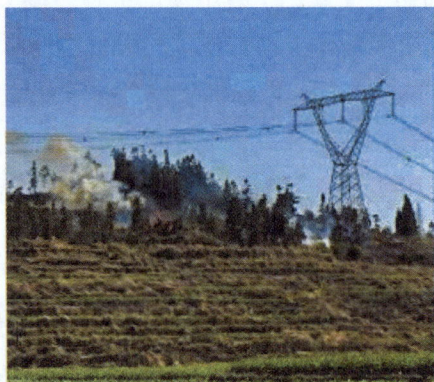

图 2-14　杆塔区域发生山火

2.8　反措规定：2017 年 1 月 1 日前投运的环氧泥密封 110kV 及以上电缆户外终端、隧道敷设中间接头，应结合红外、护套接地环流、回路电阻等带电检测结果和停电窗口对疑似受潮、锈蚀以及金属护套电气连接断开等隐患电缆附件进行开剥检查，发现问题及时采用封铅工艺密封处理。新建电缆线路终端及中间接头与电缆金属护层连接位置需采用封铅密封工艺，不得采用环氧泥密封工艺。在运电缆线路应在 2025 年 12 月 31 日前整改完成。

注：南方电网公司反事故措施（2023 版）3.1.15 条。

反措条款解读：

电缆附件密封性能对电缆附件的安全稳定运行至关重要，前期普遍使用的环氧泥密封工艺，容易因现场 A、B 胶搅拌不均匀，安装后移动、震动、潮湿环境等原因，造成密封性能下降，从而影响电缆附件稳定性。

对在运电缆线路：

（1）加强户外终端、隧道敷设中间接头的红外、护套接地环流、回路电阻等带电检测；

（2）对疑似受潮、锈蚀以及金属护套电气连接断开等隐患电缆附件进行开剥检查；

（3）若发现问题应及时采用封铅工艺密封处理。对新建电缆线路：对终端及中间接头与电缆金属护层连接位置采用封铅密封工艺，不得采用环氧泥密封工艺，封铅（也称搪铅）是电缆附件安装的关键工艺，优良工艺可延长电缆的使用寿命，封铅对金属铅护套或铝护套电缆的各种终端头、中间连接起到密封防水作用，可使电缆的金属外护层与其他电气设备连接形成良好的接地系统。

【案例一】2020 年 3 月 20 日某 110kV 线路 B 相故障。经检查，线路 39 号户外终端 B 相故障，尾管环氧泥密封处进水导致铝护层严重腐蚀（见图 2-15），最终发展为主绝缘击穿。另排查 39 号户外终端 A、C 相，发现 A 相也存在终端尾管环氧泥密封处进水问题，C 相完好。

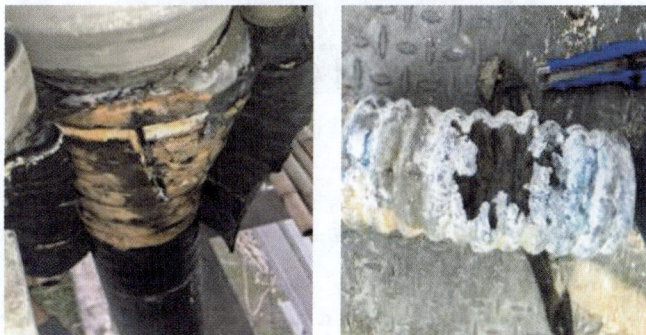

图 2-15　尾管环氧泥密封处进水导致铝护层腐蚀

处理措施：因 39 号塔 B 相终端尾管处电缆已击穿，A 相尾管处电缆铝护套锈蚀穿孔，遂更换 A、B 相电缆终端，新终端尾管密封采用封铅工艺。C 相终端尾管热缩套打开检查确认无进水后，以防水带、PVC 绝缘带绕包恢复密封。

【案例二】2021 年 1 月 27 日，某 110kV 线路 6 号塔 C 相电缆终端尾管端部防水环氧泥密封失效导致终端头绝缘击穿，同时现场对该线剩余的 4 个环氧泥密封的电缆终端进行开剥检查，发现 7 号塔 C 相终端同样存在环氧泥密封失效、铝护套严重锈蚀情况。电缆终端尾管端部铝护层腐蚀如图 2-16 所示。

处理措施：设备停电后，开剥户外电缆终端尾管的环氧泥，检查尾管口内的铜纺织带，若发现铜纺织带处有异常，则须拆除终端复套管/瓶套管进一步检查缠绕在电缆本体上的铜纺织网，其末端处的电缆外半导电层是否存在放电痕迹；最后，采用封铅工艺重新密封。

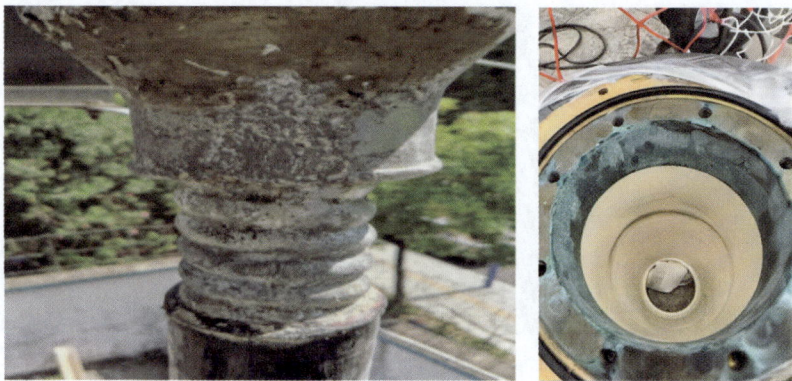

图 2-16　电缆终端尾管端部铝护层腐蚀

【案例三】某供电局输电电缆班组进行终端尾管环氧密封反措检查过程中，发现 110kV 某线 1 号终端塔 C 相、2 号 A 相铜编织带连接位置的终端尾管及电缆铝护套出现腐蚀现象，铝护套腐蚀严重处出现 2cm×4cm 孔洞。对腐蚀孔洞进行开孔检查发现腐蚀没有伤及电缆绝缘屏蔽。如未及时发现并处理，可能因腐蚀损伤电缆绝缘屏蔽层引发电缆本体击穿事故。铝护套出现腐蚀如图 2-17 所示。

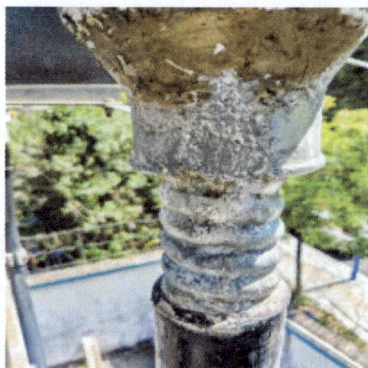

图 2-17　铝护套出现腐蚀

处理措施：采用铅皮修补金属护套腐蚀孔洞，电缆终端尾管与电缆金属护套连接位置采用封铅密封工艺整改。其中，封铅密封时需加铜编织带四周间隔摆放后搭接封铅，防止封铅拉裂造成尾管与金属护套接触不良。

【案例四】某供电局对 110kV R 线进行回路电阻测量，发现测量结果存在异常。对 110kV R 线进行环氧泥开剥检查，发现 2 号电缆终端 B、C 相发生电化学腐蚀。电缆终端 B、C 相发生电化学腐蚀如图 2-18 所示。

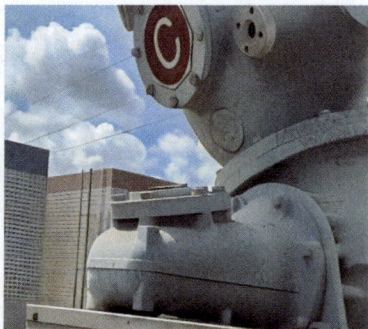

图 2-18　电缆终端 B、C 相发生电化学腐蚀

处理措施：对电缆终端 B、C 相采用封铅工艺密封处理，其中特别关注密封工艺的施工过程。

> **2.9　反措规定**：冰区保底电网线路应具备融冰手段，穿越冰区区段较短的经论证可不配置。曾发生冰灾受损且未加固、无融冰功能的输配电线路，应采取防冰加固或加装融冰手段等方式改造。
>
> 注：南方电网公司反事故措施（2021 版）3.1.18 条。

反措条款解读：

近年来，电网频繁发生因短时寒潮导致设备故障，部分区域还发生过严重受损事件。主要原因是南方地区冬季较潮湿，气温易处于 –2～4℃的易覆冰区间，同时寒潮侵袭过程通常迅猛，普遍在 3～5d 内完成气温骤降及气温快速回升的全过程，且输电线路快速大量覆冰、快速积脱冰过程往往集中在较小区域内，一是容易因安全距离不足造成放电、引发设备非计划停运或设备本体受损，二是容易因不均匀脱冰或快速脱冰，造成张力不平衡，引发设备故障。对此，冰区保底电网线路应具备融冰手段，对曾发生冰灾受损且未加固、无融冰功能的输配电线路，应采取防冰加固或加装融冰手段等方式改造，从而提升线路抗冰融冰能力。

【**案例**】2016 年以来，每年覆冰期间，某 ±800kV 直流线路 N0297～N0589 塔区段（包含中、重冰区）均会出现不同程度的覆冰，覆冰类型主要为雾凇和混合凇，其中尤以 20mm 冰区 N399～N417、N485～N503 区段覆冰最为严重，线路覆冰后多次出现地线线夹偏移、损坏、预绞丝护线条损坏、并沟线夹损坏、拉力传感器部件变形等缺陷。覆冰导致引流线并沟线夹破裂见图 2-19。

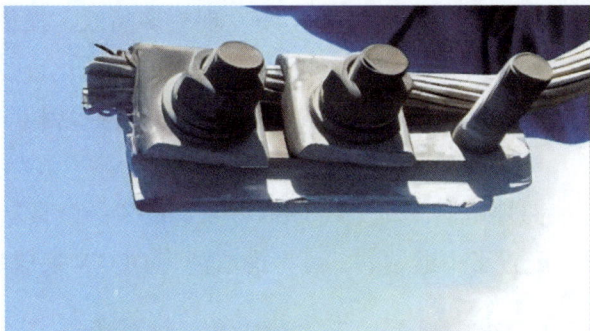

图 2-19　覆冰导致引流线并沟线夹破裂

处理措施：

（1）每年停电检修对覆冰造成的受损设备进行更换，同时对 N399～N417、N485～N503 进行弧垂调整。

（2）委托设计院开展了抗冰能力评估，评估结果需要对某 ±800kV 直流 N399～N417、N485～N503 进行防冰改造。

（3）委托设计院开展某 ±800kV 直流线路 N399～N417、N485～N503 地线融冰可行性研究并立项进行改造。

整改效果： 改造后可提升设备抗冰能力、运行状态获取能力，完成 OPGW 抗冰改造或具备融冰功能的可提升极端情况下重要变电站通信可靠性。

> **2.10　反措规定：** 运行超过 15 年（截至 2021 年 12 月）且最外层单丝直径小于 3.0mm 的 110kV 及以上 OPGW，对于关键重点线路，或 500kV 及以上重要输电线路、重要交叉跨越区段，应更换为雷击试验指标不低于 200C 且最外层单丝直径不小于 3.0mm 的 OPGW。
>
> 注：南方电网公司反事故措施（2023 版）3.1.19 条。

反措条款解读：

OPGW 在通过雷电流时，易因大电流产生单丝直径较小的铝股发生融化损伤，进而发展为断股、断线，引发通信中断、设备非计划停运，加之重要线路或重要交叉跨越的点位还会因此类故障扩大后果，故做出上述改造要求，一般采取全线、整段更换方式进行，更换后可提升安全系数，降低因雷害造成各类事故事件的可能性。

【案例一】 2021 年，某供电局对所辖最外层单丝直径不小于 3.0mm 的

OPGW 开展隐患排查，若干线路复合光缆发现较多断股、损伤情况如图 2-20 所示。经对其分析该批次线路运行均超 15 年，OPGW 单丝直径均小于 3.0mm，在运行年限长、外部环境变化大及旧设计标准要求偏低等因素综合影响下，隐患问题突出。

处理措施：线路停电后，对全线 OPGW 及其配置的金具、接续盒等更换，对线路中间原设计配置了中继站的，可考虑取消将 OPGW 换成超低损类型。

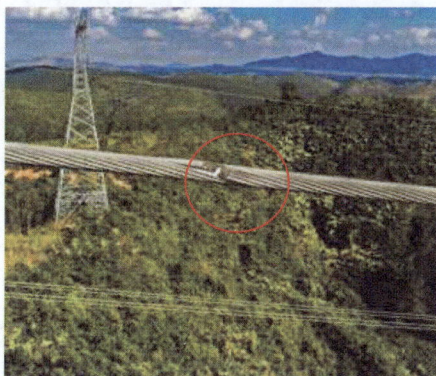

图 2-20　OPGW 损伤

【**案例二**】对某 500kV 线路架空地线光缆开展无人机专项排查，发现某线 N105～N106、N132～N133、N148～N149 共三挡架空地线光缆断股缺陷，如图 2-21 所示。N105～N106 挡光缆型号 OPGW-110（最外层单丝直径 2.45mm），N132～N133、N148～N149 挡光缆型号 OPGW-1（最外层单丝直径 2.55mm）。

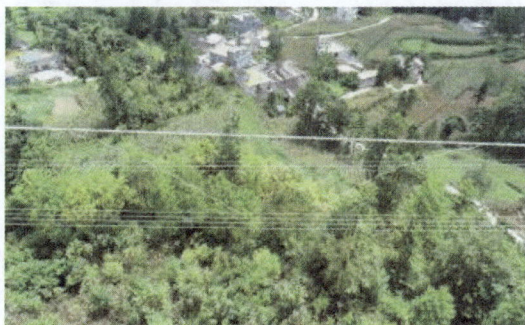

图 2-21　导线断股

处理措施：

（1）临时措施：结合停电检修已完成对光缆断股处使用带钢砂的护线条包

裹处理。

（2）长期措施：立项更换光缆，以满足反措要求单丝直径要求。

整改效果： 提升重要线路、老旧线路 OPGW 的安全系数，进一步降低因雷害造成各类非计划停运或事故事件的可能性。

> **2.11 反措规定：** 历史上因抗冰能力不足受损且未加固的 35kV 及以上线路应于 2023 年 12 月 31 日前完成防冰改造；设计冰厚 10mm 及以上的 110kV 及以上重要输电线路应于 2023 年 12 月 31 日前配置融冰手段（穿越冰区区段较短的线路经技术经济比较可通过提高设防标准，不配置融冰手段）；220kV 保底电网厂站、500kV 及以上厂站应具备至少一条可融冰 OPGW 或可靠的光纤路由，不满足要求的，涉及设计冰厚 10mm 及以上的 OPGW 应于 2024 年 12 月 31 日前完成融冰改造。
>
> 注：南方电网公司反事故措施（2023 版）3.1.20 条。

反措条款解读：

近年来，电网频繁发生因短时寒潮导致设备故障，部分区域还发生过严重受损事件。主要原因是南方地区冬季较潮湿，气温易处于 −2～4℃的易覆冰区间，同时寒潮侵袭过程通常迅猛，普遍在 3～5d 内完成气温骤降及气温快速回升的全过程，且输电线路快速大量覆冰、快速积脱冰过程往往集中在较小区域内，一是容易因安全距离不足造成放电、引发设备非计划停运或设备本体受损，二是容易因不均匀脱冰或快速脱冰，造成张力不平衡，引发设备故障。针对该问题，需要对历史上因抗冰能力不足受损且未加固的 35kV 及以上线路应于 2023 年 12 月 31 日前完成防冰改造、对处于中重冰区重要线路具备融冰能力；同时采取加装覆冰在线监测装置的方式，提升观冰能力；220kV 保底电网厂站、500kV 及以上厂站应具备至少一条可融冰 OPGW 或可靠的光纤路由，不满足要求的，涉及设计冰厚 10mm 及以上的 OPGW 应于 2024 年 12 月 31 日前完成融冰改造。

【案例】2022 年 2 月 22 日，某 500kV 双回线路 N7～N9 塔因严重覆冰、导致杆塔受损，N7～N9 塔段原设计值为 10mm，本次覆冰比值达到 2.88，严重超过原设计值，造成杆塔受损。杆塔覆冰严重见图 2−22。

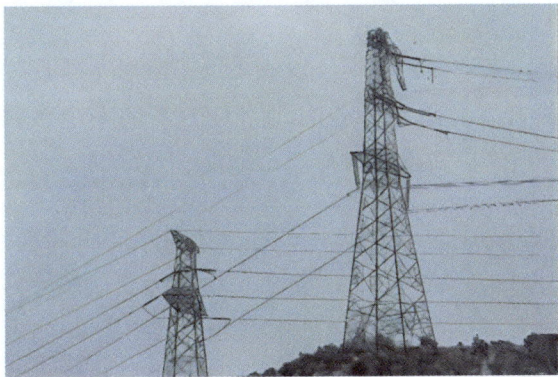

图 2-22 杆塔覆冰严重

处理措施：

（1）对受损区段进行抗冰加固，确保线路满足抗冰能力要求；

（2）增加覆冰监测装置，做好覆冰期间监测；

（3）在一侧变电站增加一套固定式融冰装置，以解决融冰能力不足的问题。

整改效果： 改造后，可提升设备抗冰能力、提升线路运行状态获取能力、提升极端情况下重要变电站通信可靠性。

> **2.12 反措规定：** 针对在运行线路，关键重点线路中重冰区段、Ⅰ类和Ⅱ类风区区段的压接类耐张线夹和接续管，应开展一次 X 光无损检测。
>
> 注：南方电网公司反事故措施（2023 版）3.1.21 条。

反措条款解读：

压接型耐张线夹属隐蔽工程，此前长期缺乏有效的压接质量检验手段，可能发生过电压、欠电压、漏电压、模具用错、压接压力不达标等问题，导致握着力不足，长期运行可能引发断线，若设备属于重要线路、位于恶劣气象条件区域或重要交叉跨越的，可能因断线造成事故事件进一步扩大。在运行过程中，采用 X 光无损探伤是发现隐患的有效手段；主要的修补手段有补压、割断重压、加装后备保护线夹等，过程中需注意根据缺陷隐患的位置、类型等情况制订有针对性的措施开展处置。

【案例一】2021 年 8 月 25 日，某 220kV 线路发生 A 相故障，自动重合闸不成

功。经现场排查，发现线路 N215 杆塔 A 相前侧左子导线脱落，导线对地安全距离不足产生永久性接地故障，导致本次跳闸，导线脱落是因导线直线接续管铝管未进行压接，存在钢芯受力发热，导致钢绞线烧断脱落。子导线断裂见图 2-23。

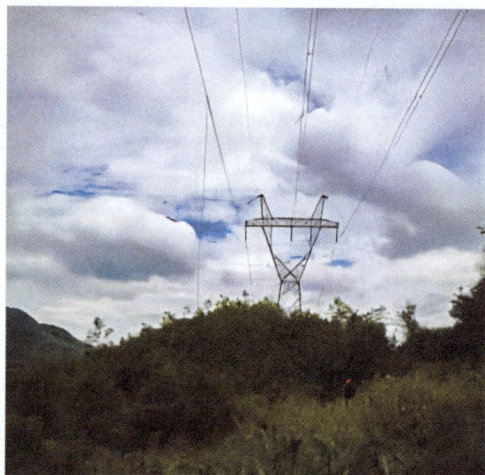

图 2-23　子导线断裂

处理措施：对新建、改迁线路接续管进行 X 光检测，从源头避免压接隐患存在。

【案例二】2022 年 4 月 13 日，某局结合停电对某 220kV 同塔双回线路耐张线夹进行 X 光检测，发现 7 处耐张管漏压，钢管与钢芯 / 铝合金芯漏压部分大于 15%、小于 30%。耐张线夹 X 光检测见图 2-24。

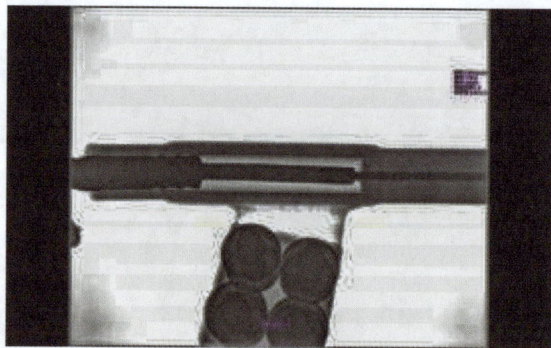

图 2-24　耐张线夹 X 光检测

处理措施：对耐张管漏压部分进行补压处理。

整改效果：消除耐张线夹和接续管压接质量隐患，提升设备可用系数。

2.13　反措规定：针对 35kV 在运线路，导线引流线采用螺栓型并沟线夹连接的应改造，推荐采用液压或 C 形线夹等方式连接。

注：南方电网公司反事故措施（2023 版）3.1.22 条。

反措条款解读：

并沟线夹若采用导线间挤压方式进行搭接，其接触面为线性，接触面积不足，且接触部位暴露在空气中长期运行可能发热、锈蚀从而进一步增加接触电阻，易引发发热缺陷，应采用液压或 C 形线夹保证足够的压紧力和接触面积，以提升导线搭接处的长期稳定导电能力。

【案例】2022 年 4 月 5 日，红外巡视发现某 35kV 线路 N84 塔 A 相引流线并沟线夹异常发热缺陷达 134℃，分析认为主要是并沟线夹采用上下压紧的方式，容易产生间隙后过电流，导致发热生锈至烧断，对线路的安全稳定运行造成较大的影响。并沟线夹温升异常见图 2-25，消缺更换为 C 形线夹连接见图 2-26。

处理措施：将并沟线夹更换为 C 形线夹连接，更换后温度恢复正常。

整改效果：导线引流线实现稳定可靠连接，避免异常温升。

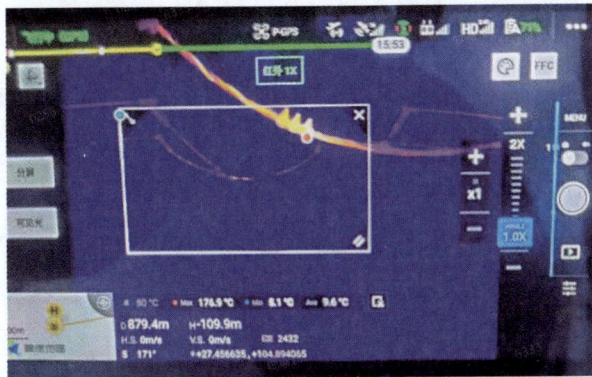

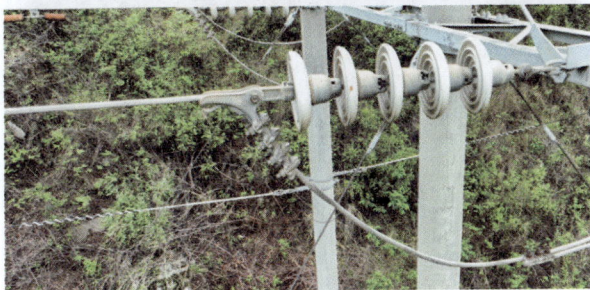

图 2-25　并沟线夹温升异常

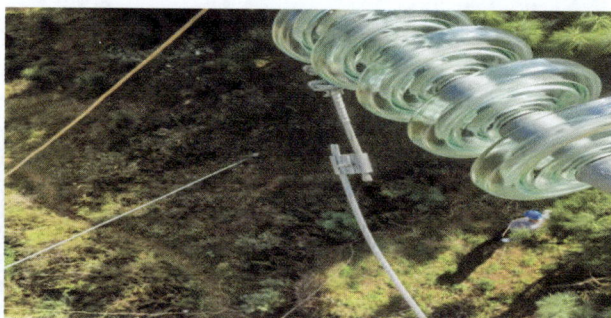

图 2-26　消缺更换为 C 形线夹连接

2.14　反措规定： 电缆防火应执行《关于印发防范重大电气火灾及故障专项反事故措施通知》（南方电网生技〔2018〕36 号）。

注：南方电网公司反事故措施（2023 版）3.1.23 条。

反措条款解读：

为防范输电电缆火灾，《关于印发防范重大电气火灾及故障专项反事故措施通知》（南方电网生技〔2018〕36 号）中相关要求包括：

（1）"2.1.1 为防止火灾事故范围扩大，应对电缆、电缆构筑物采取有效的防火封堵措施，电缆穿越建筑物孔洞处应用防火封堵材料进行封堵"。

（2）"2.1.2 电缆隧道、电缆沟、电缆竖井、变电站电缆夹层等在空气中敷设的电缆，应选用阻燃电缆。已运行的非阻燃电缆应采取包绕防火包带等措施"。

（3）"2.1.3 同一通道内不同电压等级的电缆，应按照电压等级的高低从下向上排列，分层敷设在电缆支架上。通道大小应按照电网规划回路数来确定，同时考虑光缆通信、备用电缆以及不同工作电压电缆之间的敷设要求"。

（4）"2.1.4 与电力电缆同通道敷设的低压电缆、通信光缆等应敷设在支架最上层，并应采用非金属阻燃槽盒或阻燃管等防火隔离措施进行摆放"。

（5）"2.1.5 缆线密集或对防火防爆有特殊要求的区域，电缆接头应采用埋沙、防火槽盒、隔板、防爆壳等防火防爆隔离措施"。

（6）"2.1.6 电缆密集区域的通道内宜安装火灾监控报警、测温和自动灭火装置等"。

【案例】2023 年 3 月 20 日，巡视发现某隧道内悬挂式六氟丙烷灭火器过期或气压较低。不符合反措"电缆密集区域的通道内宜安装火灾监控报警、测温

和自动灭火装置等"要求，存在发生火灾灭火器失效不启动，无法进行及时灭火造成事故面扩大的隐患。灭火器过期、气压较低见图 2-27。

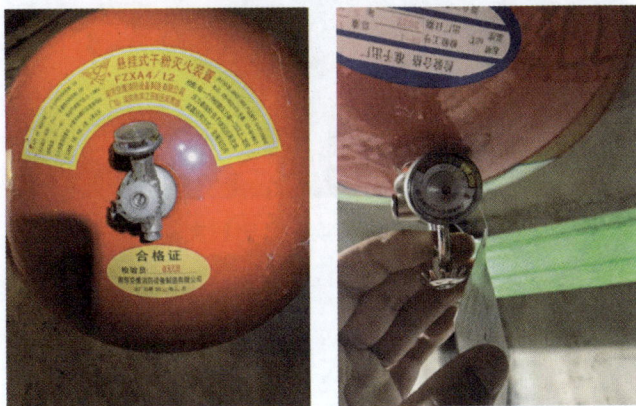

图 2-27　灭火器过期、气压较低

处理措施：更换过期及气压过低的悬挂式六氟丙烷灭火器。

整改效果：电缆隧道、电缆沟等电缆通道均落实电缆防火相关措施，完备配置火灾监控报警、测温和自动灭火装置等，以符合南方电网公司要求。

> **2.15　反措规定：**暴露在空气中的电缆塑料保护管应采用阻燃型，且电缆保护管管口均应采取封堵措施。已运行的非阻燃保护管应采取防火隔离措施。
>
> 注：南方电网公司反事故措施（2023 版）3.1.24 条。

反措条款解读：

暴露在空气中的非阻燃型电缆塑料保护管在电缆本体故障起火或外部火源烧蚀下可能快速烧损甚至自燃，且管口未封堵情况下火焰和空气可自由扩散，造成火势迅速扩大。暴露在空气中的电缆应采用阻燃型电缆保护管、封堵管口，以有效避免起火或限制火势蔓延。

【案例】2023 年 6 月 26 日，巡视发现某 35kV 线路 1 号塔电缆上塔保护管管口的防火封堵材料缺失不符合 GB 50217—2018《电力工程电缆设计标准》"7.0.2 防火分隔方式选择应符合下列规定：电缆构筑物中电缆引至电气柜、盘或控制屏、台的开孔部位，电缆贯穿隔墙、楼板的孔洞处，工作井中电缆管孔

等均应实施防火封堵"和反措规定，存在管口以下（如隧道内或地面处）电缆着火向上延燃、电缆终端故障着火向下延燃造成事故面扩大的隐患。电缆保护管管口防火封堵材料缺失见图2-28。

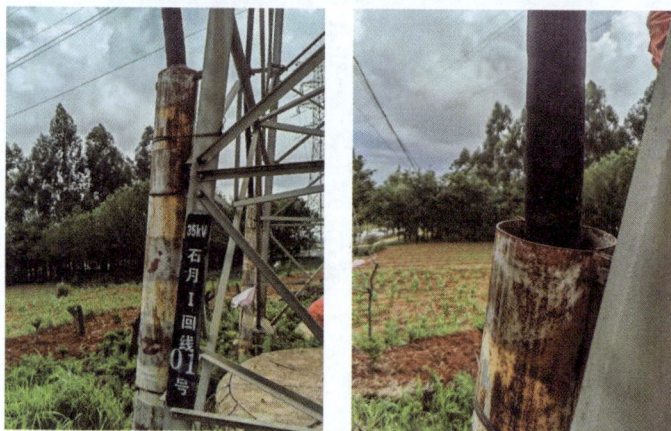

图 2-28　电缆保护管管口防火封堵材料缺失

处理措施： 在保护管口增加防火泥封堵。

整改效果： 电缆上塔保护管本体为镀锌铁管，具备阻燃性能，且在管口增加防火封堵，有效避免火灾发生及蔓延。

第三章
直流类设备事故案例

第一节　阀塔及阀控系统类反措案例

> **3.1　反措规定：** 新建直流工程阀厅应配置换流阀红外在线监测系统，可采取移动式和固定式相结合监测装置实现覆盖全部阀组件，并具备过热自动检测、异常判断和告警等功能，确保阀厅发热类缺陷及时发现。
>
> 注：南方电网公司反事故措施（2023 版）4.1.1 条。

反措条款解读：

阀厅内的换流阀阀片、端子排等零部件在长期运行过程中可能出现发热缺陷，若未及时发现并消除，缺陷情况将有可能恶化，对直流的安全造成威胁。阀厅内应配置红外在线监测系统，并具备异常自动检测和告警等功能，确保阀厅发热类缺陷及时发现并消除。

【案例】 2019 年 2 月 1 日，某换流站极 1 高端阀厅 SS 阀塔漏水，系统发出一段漏水告警，短时间后发出二段漏水告警。现场检查发现极 1 高端阀厅 S1S 层阀塔左侧阳极电抗器漏水，阳极电抗器烧焦、冒烟。由此事可见，该站因缺乏红外在线监测系统，无法及时发现阳极电抗器发热情况，待阳极电抗器烧毁漏水后由漏水检测系统报警时，设备已处于较为严重的故障状态。电抗器烧蚀见图 3-1。

处理措施： 在阀厅内增加可移动的、具备告警功能的红外在线监测系统。

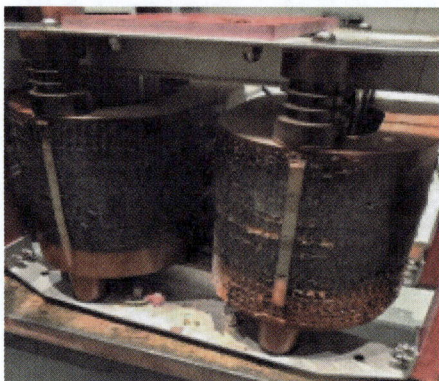

图 3-1　电抗器烧蚀

3.2　反措规定： 新建直流工程阀塔积水型漏水检测装置若需投跳闸功能，则跳闸回路应按"三取二"原则配置，防止单一回路故障造成误动或拒动。

注：南方电网公司反事故措施（2023 版）4.1.2 条。

反措条款解读：

阀塔积水型漏水检测装置跳闸功能存在较大的误动作风险，若单一跳闸回路直接出口可能引起直流误闭锁。因此，若新建直流工程阀塔积水型漏水检测装置需投跳闸功能，则跳闸回路应按"三取二"原则配置，防止单一回路故障造成误动或拒动。

【案例】 2008 年 7 月 27 日，某换流站极 2 阀冷漏水保护Ⅱ段动作，极 2 转为闭锁状态。事后分析判断，该站阀冷系统处理器板块故障造成系统误发跳闸信号，导致极 2 闭锁。

处理措施： 阀塔积水型漏水检测装置退出漏水检测跳闸功能。结合直流工程改造，按"三取二"原则配置漏水检测跳闸回路。

3.3　反措规定： 新建直流工程阀厅内每个阀塔均应预敷设各类型光纤的备用光纤。

注：南方电网公司反事故措施（2023 版）4.1.3 条。

反措条款解读：

阀厅内阀塔铺设的各类光纤出现故障的概率较高，若阀塔无预设的备用光纤，当运行光纤出现故障时，难以快速更换故障光纤，不利于快速复电。阀塔应预敷设各类型光纤的备用光纤，当运行光纤出现故障时，可快速将运行光纤切换为备用光纤，缩短直流停电时间。

> **3.4　反措规定：** 新建常规直流工程每个阀塔应配置冗余的进出水压差传感器，具备实时监测进出水压差功能。压差传感器应安装于阀塔设备外侧，靠近阀厅巡视走廊处，并应经独立阀门与管路连接，方便检修维护。
>
> 注：南方电网公司反事故措施（2023 版）4.1.4 条。

反措条款解读：

部分直流工程进出水压差传感器为单套配置，单个传感器故障即影响进出水压差实时监测，为提高进出水压差监测功能可靠性，新建直流工程进出水压差传感器需冗余配置。

部分站点阀塔进出水压差表安装位置不合理，运维人员进行数值读取极不方便，接头渗水处理时须在直流停电情况下开展检修工作。新建站点在设计时需考虑加入进出水压差实时监测功能，且压差表应设计安装于方便检修的位置。

【案例】 某 ±500kV 换流站于早期投运，阀塔进出水压差表安装在主水管道上，离巡视走廊较远，日常进行数值读取以及出现渗水时采取处理措施都极为不便。

某 ±800kV 换流站设计时则考虑将压差传感器安装于阀塔设备外侧，靠近阀厅巡视走廊处，当阀塔进出水压差传感器接头处出现渗水时，直流不停电即可对压差传感器接头处渗水情况进行处理。阀塔进出水压差表安装在主水管道见图 3-2。

处理措施： 结合直流工程改造，将阀塔的进出水传感器安装于阀塔设备外侧。

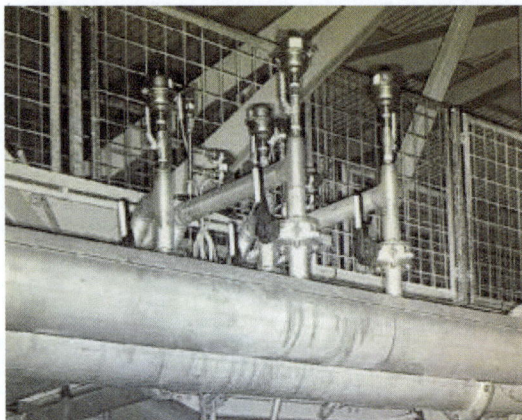

图 3-2　阀塔进出水压差表安装在主水管道

3.5　反措规定： 新建直流工程阀控系统应实现完全冗余配置，应优化板卡布局，除光接收板卡外，其他板卡均应能够在换流阀不停运的情况下进行更换等故障处理，避免更换过程中影响其他板卡正常运行。

注：南方电网公司反事故措施（2023 版）4.1.5 条。

反措条款解读：

部分直流工程阀控板卡，如光发射板，由于发热量较大或质量缺陷，故障率较高，若阀控系统未实现冗余化配置，在进行故障板卡更换时，需将直流系统停运后进行更换，影响直流工程能量可用率。阀控系统应采用完全冗余化配置，除光接收板外的其他板卡均应实现不停电更换，避免故障板卡更换对其他板卡正常运行的影响，有利于提升直流工程的能量可用率。

【案例】 2018 年，某换流站柔直单元一侧阀控系统脉冲分配屏 VGCB 板卡故障，由于该板卡未实现冗余配置，故障后无法对下级 LB 板卡对应的功率模块进行实时监视和控制，为避免模块过压，阀控系统发跳闸信号。2019 年，该站柔直单元另一侧阀控系统的 4 号脉冲分配屏内的 EX 切换板通信故障，EX 切换板为非冗余设计，EX 切换板故障导致 A、B 套阀控系统均故障，阀控系统双套不可用，随即柔直单元闭锁。该站柔直单元阀控系统除脉冲分配屏外均采用了冗余化配置，但脉冲分配屏内的板卡未实现冗余配置，板卡故障将引起直流闭锁。

处理措施： 该站柔直单元阀控系统进行冗余化改造。

3.6 反措规定： 新建直流工程须明确阀控系统（VBE/VCE）的换流阀保护功能与动作逻辑，直流控制、保护功能设计应与换流阀保护功能设计进行配合，FPT/DPT 试验中须做好阀控系统保护功能与直流控制、保护功能配合的联调试验，防止不同厂家设备的功能设置与设备接口存在配合不当。

注：南方电网公司反事故措施（2023 版）4.1.7 条。

反措条款解读：

阀控系统与直流控制保护系统在控制触发、保护等方面存在紧密配合关系，若二者配合不当，可能造成直流闭锁。新建直流工程应在工程设计阶段，明确阀控系统、直流控制保护系统的配合原则，在 FPT/DPT 试验中对阀控系统和直流控制保护系统的配合做详细验证。

【案例】 2021 年，某三端直流由站 1 送站 2、站 3 试运行测试期间进行极 2 金属回线解锁闭锁性能试验（1 送 2）时，3 站解锁过程中高坡站阀控无回检越限跳闸。经分析，站 2 阀控无回检跳闸的原因为站 2 在站 1、站 3 脉冲使能后延时 1s 解锁，站 2 解锁前直流线路已存在较大直流电压，使站 2 换流阀承受较大的正向直流电压偏置，导致站 2 换流阀晶闸管级的负向电压在 TVM 板负向电压检测门槛值附近，出现同阀段内部分晶闸管级有负向电压回报，部分晶闸管级无负向电压回报的情况，引起阀控无回检跳闸，暴露出控制保护逻辑与阀控逻辑的配合不当。

处理措施： 优化该直流解锁逻辑，主控站下发解锁命令后，站 2、站 3 各自解锁，站 1 在收到站 2 及站 3 脉冲使能后立即解锁。

整改效果： 解锁逻辑优化后未再出现同类问题。

3.7 反措规定： 新建直流工程阀厅设计应根据当地历史气候记录，适当提高阀厅屋顶、侧墙的设计标准，防止大风掀翻以及暴雨雨水渗入。

注：南方电网公司反事故措施（2023 版）4.1.8 条。

反措条款解读：

部分直流工程的阀厅设计未充分考虑设计裕度，在异常气候情况下建筑物可能无法抵御自然灾害。新建工程在设计时应充分考虑当地极端气候情况，适当提高阀厅屋顶、侧墙设计标准。

【**案例**】2018 年 9 月 16 日，某换流站所在地属于台风 10 级风圈范围（对应风速 24.5～28.4m/s），阵风 13 级时，该换流站运行人员发现阀厅顶部彩钢板被吹落至直流场区域（见图 3–3），彩钢板随时可能被大风吹起搭接至直流场区域带电设备上，存在直流短路故障的风险，故申请停运直流。

处理措施：将该换流站阀厅顶部彩钢板采用打胶等方式进行加固，每 2 年对加固措施进行维护。

整改效果：阀厅顶部彩钢板加固后未再出现同类问题。

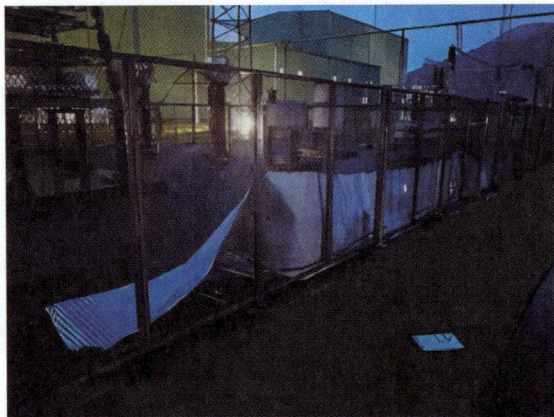

图 3-3　阀厅顶部彩钢板被大风吹落至直流场区域

> **3.8　反措规定：**新建直流工程阀厅屋顶应设计可靠的安全措施，保障运维人员检查屋顶时，无意外跌落风险。
>
> 注：南方电网公司反事故措施（2023 版）4.1.9 条。

反措条款解读：

部分换流站的阀厅屋顶安全保障措施较差，屋顶上没有固定安全带或安全绳的位置，当运维人员检查屋顶时，有意外跌落风险。新建工程阀厅屋顶应设计可靠的安全措施，保障运维人员在登上屋顶时有牢固绑系安全带或安全绳的位置。

> **3.9　反措规定：**新建直流输电工程应配两套冗余的谐波监测主站，主站应具备：
>
> （1）对全站 220kV 及以上各线路、滤波器、换流器的电流电压量 2～50 次谐波监测能力；

（2）具备对 50 次以内谐波进行分析的功能；

（3）对各次谐波具备两段告警（可设置），具备谐波录波功能，并能外接触发站内故障录波功能。

注：南方电网公司反事故措施（2023 版）4.1.15 条。

反措条款解读：

换流站未配置谐波监测功能时，运维人员无法对系统内谐波进行实时监测，无法提前采取应对措施保障设备安全，给谐波来源分析工作带来极大困难。新建工程应配置谐波实时监测录波功能，能够实时分析谐波情况并发出预警。

【案例】 某站建站之初的谐波主站不具备 50 次以内谐波进行分析的功能、对各次谐波两段告警功能设置、谐波录波功能，以及外接触发站内故障录波等功能，给站内谐波监测及分析工作带来了极大困难。现场只能通过人工定期查看故障录波的方式进行谐波监测和统计分析工作，带来了运维监视不当导致谐波过高、设备损坏的管理风险。

处理措施： 现场实施了谐波工作站改造项目，改造后的谐波监测主站具备了谐波监测、分析及告警功能。

整改效果： 谐波监测主站改造为站内谐波监测分析工作带来较大便利，有效提高了谐波监测的时效性，降低设备损坏风险。

3.10 反措规定： 新建直流工程阀控系统应具备阀设备触发信号、回检信号、阀控板卡状态等在线监测功能；具备故障录波功能，录波量包括触发信号、回报信号、与极控（组控）的交换信号、内部保护信号等，在直流闭锁、阀控系统切换或异常时触发并存储录波。

注：南方电网公司反事故措施（2023 版）4.1.17 条。

反措条款解读：

阀控系统的触发信号、回报信号、与极控（组控）的交换信号、内部保护信号等内部信号对直流系统的异常分析具有重要作用，直流工程阀控系统监测和录波功能的不完善会给直流系统的异常分析带来较大困难。新建直流工程阀控系统应具备完善的监测和录波功能，可为直流系统的异常分析提供较大便利。

反措条款解读：

若直流工程换流阀二次板卡未采用三防漆处理工艺，长期裸露运行于阀塔上容易导致板卡表面附着污秽，若空气湿度较大，易发生短路失效，造成直流闭锁。新建工程的换流阀二次板卡应采用三防漆处理，并装设抗电磁干扰且防水的屏蔽罩，以降低失效风险。

【案例】 2018 年，某换流站极 2 由闭锁操作至解锁过程中，Y4 阀出现 25 个阀片无回检信号，极 2 退至备用状态。检查发现换流阀 TVM 板由于未涂抹三防漆，板卡电子元件周围存在污秽，同时因台风天气，阀厅内湿度较高，故发生短路失效。

处理措施： 对 TVM 板实施改造，改造前定期对 TVM 板进行污秽清洁，改造后使用涂刷三防漆和装设屏蔽罩的 TVM 板，如图 3-4 所示。

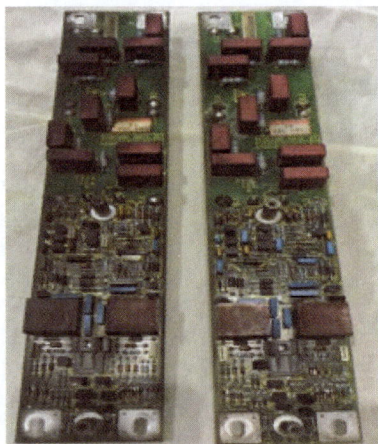

图 3-4　清理污秽后的板卡

整改效果： 使用刷涂三防漆和装设屏蔽罩的 TVM 板后未再出现同类问题。

3.12 反措规定： 成套设计阶段应开展直流输电系统防范谐波谐振及背景谐波影响的专题研究，做好背景谐波普测，提出有效防范措施并

随工程配套实施，明确直流及系统安全运行边界条件。成套设计单位应考虑谐振谐波、背景谐波对换流变、换流阀等一、二次设备的影响，在设备规范中明确设备选型要求和试验要求，提出谐波管控措施。

注：南方电网公司反事故措施（2023 版）4.1.19 条。

反措条款解读：

早期直流工程未开展谐波谐振及背景谐波影响的专题研究，使得换流变压器、换流阀等设备在设计、生产、试验时均未考虑和验证设备耐受谐波谐振的能力，在极端情况下可能导致设备损坏。成套设计单位在新建工程中应充分考虑谐波谐振影响，在生产和试验时充分验证设备耐受能力，并提出设备安全运行的系统边界条件及谐波管控措施。

【案例】 某站在规划设计之初，未充分考虑谐振谐波对换流变压器及站内设备的影响，柔直单元投运后发生了 4 次谐波超标导致的柔直停运事件，造成停运时长一百余天，严重影响直流安全稳定运行。

处理措施： 将 SC 型滤波器改造为 5 次谐波滤波器，避免 5 次谐波超标引起柔直单元停运。

整改效果： 滤波器改造后，流入柔直单元的 5 次谐波电流有效减小，再未出现因 5 次谐波超标而停运的问题。

第二节 直流控制保护系统事故案例

3.13 反措规定： 新建特高压直流控制保护系统中应满足在 OLT、解锁工况下同一极高低端阀组换流变分接头控制方式一致，且挡位差不超过一挡。

注：南方电网公司反事故措施（2023 版）4.2.1 条。

反措条款解读：

直流工程换流变压器接头挡位不一致可能产生功率限制、线路故障降压重启异常、避雷器损坏等影响。为避免上述负面影响，提升系统的可靠性，需

在软件逻辑层面及操作层面保证同一极高低阀组换流变压器分接头控制模式一致，且挡位差不超过一挡。

【案例】2012年，某直流孤岛调试第四阶段补充试验过程中，整流站极1高低阀组因换流变压器分接头控制模式不一致导致双阀组出现较大挡位差，某一阀组端口电压过高，极1组2避雷器F5损坏。

处理措施：

（1）优化HMI程序，若同极阀组的换流变压器分接头控制模式一致，只允许同时切换至另一种控制模式；若同极阀组的换流变压器分接头控制模式不一致，则要求切换其中一个阀组的控制模式。

（2）优化阀组控制程序，解锁运行后同极阀组换流变分接头调整的挡位差限制设为不大于1挡。

（3）当换流变出现分接头挡位三相不一致时，须手动调节至挡位一致。

整改效果： 程序逻辑优化后，未再出现因换流变压器分接头挡位不一致而引起的相关问题。

> **3.14　反措规定：** 新建直流工程在设计阶段须明确控制保护设备室的洁净度要求；在设备室达到要求前，不应开展控制保护设备的安装、接线和调试；在设备室内开展可能影响洁净度的工作时，须采用完好塑料罩等做好设备的密封防护措施。当施工造成设备内部受到污秽、粉尘污染时，应返厂清洗并经测试正常后方可使用；如污染导致设备运行异常，应整体更换设备。
>
> 注：南方电网公司反事故措施（2023版）4.2.3条。

反措条款解读：

控制保护设备在洁净度未达标的设备室安装、接线和调试时，粉尘、污秽掉落于二次板卡等内部设备上，可能造成板卡等设备带电运行异常故障，影响直流运行。新建工程控制保护设备应在洁净度达标的设备室内进行安装调试。若在设备室内开展可能影响清洁度的工作时，则应当采取措施保证二次板卡不受污染；若屏柜、机箱、板卡已被污染，则需视情况返厂清洗测试或整体更换，降低控制保护设备异常的风险。

【案例一】2014年，某换流站投产后在运行期间出现了多起控制保护系统TDC机箱、板卡故障缺陷。经分析，在TDC设备安装期间，控制保护设备室

的洁净度未达到要求，且未做好塑料罩等密封防护措施，导致 TDC 机箱内受到污秽、粉尘污染，运行过程中频繁故障。

处理措施： 在年度检修期间，对该站控制保护设备 TDC 机箱及板卡进行清洁，如图 3-5 所示。

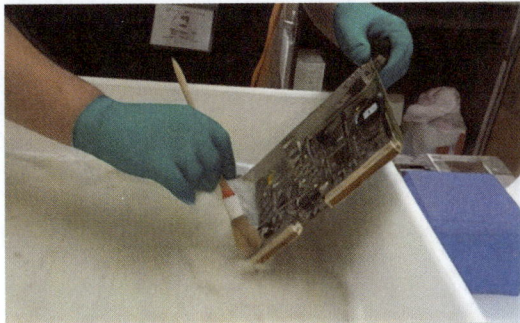

图 3-5　清洁板卡

【**案例二**】某换流站建站时，在洁净度未达到要求的情况下开展控制保护设备安装调试，后续在开展高压直流测量系统检查维护时发现直流测量系统部分光纤端面受到严重污染，影响直流测量系统正常运行。

处理措施： 对受污染的光纤端面进行清洁，后续运维中定期对站内光纤回路进行检查。

3.15　反措规定： 新建直流工程控制保护屏柜顶部应设置防冷凝水和雨水的挡水隔板。继保室、阀冷室、阀控室通风管道不应设计在屏柜上方，防止冷凝水跌落或沿顶部线缆流入屏柜。

注：南方电网公司反事故措施（2023 版）4.2.6 条。

反措条款解读：

控制保护室可能出现墙面顶部冷凝水掉落于屏柜内的情况，造成电源、二次板卡等设备故障。新建工程控制保护屏柜顶部应设计安装挡水板，继保室、阀冷室、阀控室通风管道不应设计在屏柜上方，避免冷凝水、外部漏水流入屏柜，造成设备损坏。

【**案例**】某站建站之初全站共 590 面屏柜未加装挡水隔板，顶部空调排冷气时，造成出风口出现冷凝水，存在冷凝水落入控保屏柜内，导致设备故障

甚至直流停运的风险。

处理措施： 对该站一期工程中的 590 面屏柜加装了挡水隔板（见图 3-6），未再出现空调冷凝水跌落或沿顶部线缆流入屏柜的问题。

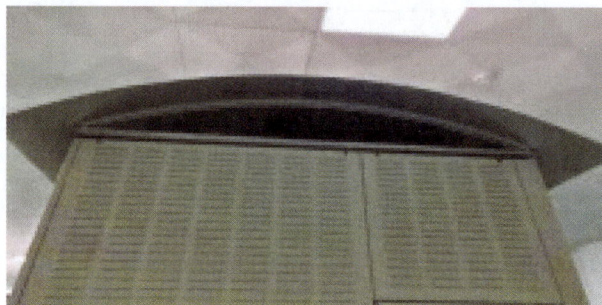

图 3-6　屏柜加装挡水隔板

3.16　反措规定： 新建直流工程直流场测量光纤应进行严格的质量控制：

（1）光纤（含两端接头）出厂衰耗不应超过运行许可衰耗值的 60%；同时与厂家同种光纤衰耗固有统计分布的均值相比，增量不应超过 1.65 倍标准差（95% 置信度）。

（2）现场安装后光纤衰耗较出厂值的增量不应超过 10%。

（3）光纤户外接线盒防护等级应达到 IP65 防尘防水等级。

（4）设计阶段需精确计算光纤长度，偏差不应超过 15%，防止余纤盘绕增大衰耗。

（5）光纤施工过程须做好防振、防尘、防水、防折、防压、防拗等措施，避免光纤损伤或污染。

注：南方电网公司反事故措施（2023 版）4.2.7 条。

反措条款解读：

直流控制保护系统设备之间以光纤通信为主，光纤故障将造成控保设备之间的数据传输异常，对直流控制保护系统正常工作造成影响。光纤设备在设计、安装施工阶段应有一套完整规范的流程，保障光纤质量，确保设备正常运行。

【案例】 2013 年 12 月，某换流站直流场测量系统多次出现测量通道告警，

严重时已导致直流测量系统单套故障，使直流测量系统失去冗余，存在直流系统停运的风险。2014 年 1 月，经厂家现场检测，发现光纤施工安装不规范，部分光纤存在外表损坏、转弯半径不足等问题。

处理措施：对衰耗超过 5db 的 32 根光纤进行更换，并定期对光纤开展衰耗检查。

> **3.17 反措规定：**新建直流工程电压、电流回路及模块数量须充分满足控制、保护、录波等设备对于回路冗余配置的要求。对于直流保护系统，不论采用"三取二""完全双重化"或可靠性更高的配置，装置间或装置内冗余的保护元件均不得共用测量回路。
>
> 注：南方电网公司反事故措施（2023 版）4.2.8 条。

反措条款解读：

直流控制保护系统采集的电压、电流信号量若来自同一个测量设备或同一个回路，即使采用了"三取二""完全双重化"或可靠性更高的配置，也可能由于该单一元件或单一回路故障导致直流系统异常。因此，不同控制保护系统的信号量应来自不同的测量回路，保证测量回路的完全冗余，提升系统的可靠性。

【案例】2008 年某换流站极 1 直流保护系统 1、系统 2 频发测量故障信号。分析故障原因是直流保护系统 1 和系统 2 共用了部分测量回路，因测量回路故障导致直流保护系统 1 和系统 2 同时故障。

处理措施：结合直流工程改造，按照测量回路完全冗余的原则对直流测量系统实施整改。

> **3.18 反措规定：**新建直流工程直流控制系统内的保护功能不应与直流保护系统内的保护功能相重复，原则上基于电压、电流等电气量的保护功能应且仅应设置在保护系统内。直流控制系统的保护功能仅限于与控制功能、控制参数密切关联的特殊保护。
>
> 注：南方电网公司反事故措施（2023 版）4.2.10 条。

反措条款解读：

直流保护系统为三取二或双重化配置，动作出口有较高的可靠性，而直流控制系统的部分保护功能单套动作即出口，误动作风险较高。为降低直流控制

系统保护功能误动作风险，原则上基于电压、电流等电气量的保护功能应且仅应设置在保护系统内，直流控制系统的保护功能仅限于与控制功能、控制参数密切关联的特殊保护。

【案例】2022 年 6 月 5 日，某直流整流站发极 1 直流线路三套直流保护行波保护动作，逆变站发极 1 直流线路三套直流保护行波保护动作、极 1 极控系统低电压监视动作，极 1 直流线路重启不成功，极 1 转热备用状态。经分析，极 1 闭锁原因为逆变站极 1 极控主系统低电压监视功能的 DISA 模块的延时定值溢出，实际延时定值为 0，导致在直流线路故障重启时低电压监视功能误出口。该事件暴露出控制系统的保护功能存在较大的误出口风险。

处理措施： 结合直流工程改造，研究极控系统取消低电压监视保护的可行性和实施方案。

> **3.19 反措规定：** 运行单位应定期（最长不超过每五年）与直流控制保护设备厂家核查装置板卡固件（底层程序）的最新版本及升级信息。对于厂家评估存在故障隐患的，运行单位应组织厂家制定整治措施并进行必要测试，及时消除隐患。
>
> 注：南方电网公司反事故措施（2023 版）4.2.12 条。

反措条款解读：

直流控制保护设备的早期板卡固件可能存在缺陷，对直流的安全稳定造成影响。应定期（最长不超过每五年）核查板卡固件的最新版本及升级信息，及时发现和消除隐患。

> **3.20 反措规定：** 新建直流工程直流控制、保护装置（含阀控制保护）应按照"N-1"原则进行装置可靠性设计，除直接跳闸元件外，任何单一测量通道、装置、电源、板卡、模块、通信通道故障或退出不应导致保护误动跳闸、直流功率异常或直流闭锁。设备供货商应按该原则进行厂内可靠性测试，并提交测试报告。工程 FPT 阶段应按该原则开展装置模拟试验，系统调试阶段应开展装置冗余掉电试验。工程验收需核查试验报告，并抽查复核试验有效性。
>
> 注：南方电网公司反事故措施（2023 版）4.2.14 条。

反措条款解读：

早期直流工程多次出现直流控制保护系统单一元件故障导致直流闭锁，影响直流系统运行可靠性。新建工程控制保护应按照"N–1"原则进行配置，设备可靠性应在厂内测试、工程 FPT/DPT 和现场调试中充分验证。

【案例】 2019 年 8 月，某直流双极功率在 3000MW 运行的情况下，极 1 功率由 1500MW 突降至 750MW，同时极 2 功率由 1500MW 以 7MW/min 速率缓慢下降。经分析，事件原因为整流站极 2 极控系统 K77 光耦继电器工作异常（该继电器将极 2 的"解锁状态"信号送给极 1，未实现冗余配置）。当极 1 接收不到对极解锁状态信号时，计算得到的双极功率容量仅为极 1 功率容量（1500MW），小于当前双极功率设定值 3000MW，故极 1 作为主导极立即将双极功率以 1500MW 为目标值进行调整，所以极 1 功率值立即降低到了 750MW；而极 2 作为非主导极，其功率参考值跟随主导极，并按照程序设定的速率（7MW/min）缓慢降低。

处理措施： 结合直流工程改造，优化极间"解锁状态"等重要信号回路传输方式，由单一电气回路改为冗余光纤通信。

整改效果： 改造后再未出现同类问题。

> **3.21　反措规定：** 新建直流工程各类直流保护系统中，对于因特定测量通道或测量量异常需自动退出相应保护功能的，仅应退出受测量异常影响的保护功能，采用分相保护的仅退出异常相，不得无理由退出或影响其他保护功能，确保其他保护功能仍可以正常动作。
>
> 注：南方电网公司反事故措施（2023 版）4.2.15 条。

反措条款解读：

特定测量通道或测量量异常须退出相应功能，应仅退出受影响的保护功能，不应无理由退出或影响其他保护功能，确保其他保护功能仍可以正常动作。

> **3.22　反措规定：** 新建直流工程光纤传输的直流分流器、分压器二次回路应配置充足的备用光纤，应采用快速拔插的接头。传感光纤至少配置 1 路备用，保偏光纤至少 3 路备用，确保出现故障时，能够在不停运直流的情况下快速更换，消除故障。全光纤式电流互感器每台还应至少配置一套冗余的电流采集系统，实现包括传感环、保偏光纤、采集板卡的冗余配置。
>
> 注：南方电网公司反事故措施（2023 版）4.2.16 条。

反措条款解读：

早期直流工程测量装置由于部分元件冗余数量不足及结构设计等原因，在设备故障后无法在线快速更换，须停电后才能开展消缺工作。新建工程应充分考虑测量装置的元件冗余度及在线快速检修更换的功能，提高系统运行的可靠性。

【案例】 2020年，某换流站极2 IdLH测点驱动电流高报警出现。为处理该缺陷，需关闭该测量通道激光器板，但该激光器板关闭将导致相关合并单元装置、控制保护装置报警，造成控制保护系统失去冗余，为处理此故障，需申请直流停电。二次回路图纸见图3-7。

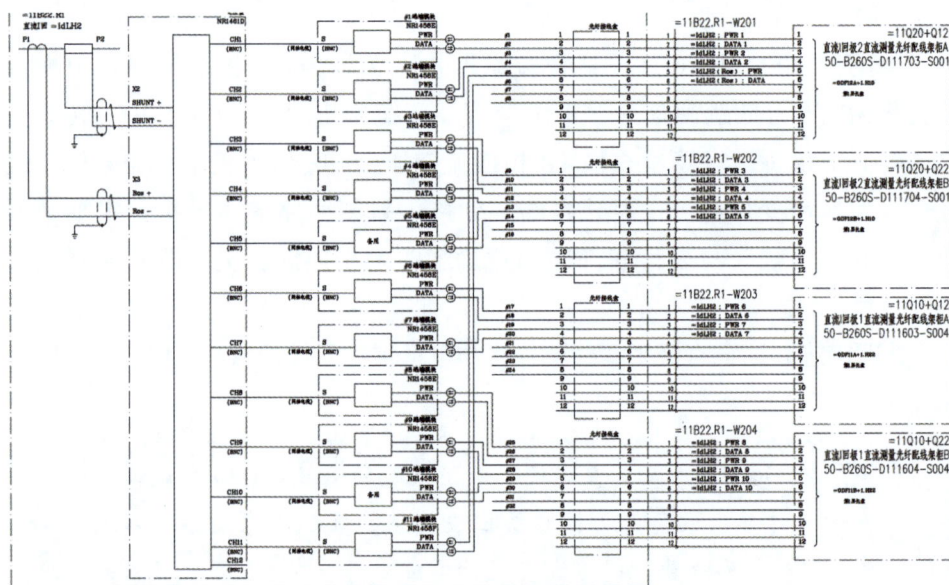

图 3-7　二次回路图纸

处理措施： 按照"确保出现故障时，能够在不停运直流的情况下快速更换，消除故障"的原则，在现有设备的基础之上，对直流双回四极直流测量系统IDLH每个测点远端模块箱增加一个备用通道，当该测点的在运通道故障时，可在直流不停电的情况下在线快速处理故障通道。

> **3.23　反措规定：** 采用SF$_6$气体绝缘的换流变压器及油浸式平波电抗器套管、穿墙套管、直流分压器等应配置六氟化硫压力或密度继电器，并分级设置报警和跳闸。作用于跳闸的非电量保护继电器应设置三副

独立的跳闸接点，以便在非电量元件采用"三取二"原则出口，三个开入回路要独立，不允许多副跳闸接点并联上送，三取二出口判断逻辑装置及其电源应冗余配置。

注：南方电网公司反事故措施（2023 版）4.2.17 条。

反措条款解读：

非电量保护元件多次出现误出口导致直流闭锁的情况。为提高非电量保护出口的可靠性，应采用"三取二"原则出口，且三个开入回路需独立，不允许多副跳闸触点并联上送，三取二出口判断逻辑装置及其电源应冗余配置。

【案例】2022 年 10 月，某换流站两次瞬发 +500kV 极 1 星型 B 相换流变压器 SF_6 压力低跳闸信号，极 1 极控外部跳闸出口，+500kV 极 1 转为交流侧热备用状态，现场检查极 1B 相换流变压器 SF_6 压力正常。经分析，跳闸原因为换流变压器 SF_6 表计内部一副接入跳闸回路的动触头固定轴销断裂，脱落的动触头与表计底部同回路静触头端子接触，引起跳闸回路接通跳闸。

处理措施： 结合直流工程改造，将非电量保护元件按照"三取二"原则配置出口。

3.24　反措规定： 直流控制保护系统的参数应由成套设计单位通过系统仿真计算、设备能力校核给出设计值，经过二次设备联调试验验证。当电网结构发生变化时，成套设计单位应对控制保护系统参数的适应性进行校核。

注：南方电网公司反事故措施（2023 版）4.2.18 条。

反措条款解读：

直流控制保护系统参数对直流系统的动态响应有较大影响，若参数设计不当，可能造成直流系统响应异常，对设备造成危害。直流控制保护系统参数设计除与直流系统自身一、二次设备相关外，还与交流电网条件相关。直流控制保护系统参数应经二次设备联调试验验证，且在电网结构变化时开展校核，以确保直流系统在任何时候响应正常。

【案例】某直流线路雷击造成直流侧产生125Hz谐振，导致双极闭锁。经分析，该工程直流侧125Hz谐振的原因为：在当日运行方式下，整流站交直流阻抗形成匹配，在雷击故障诱发下，出现交直流互补谐振。该换流站直流阻抗与直流控制系统参数密切相关，该事件暴露出直流控制系统设计存在缺陷，存在部分工况下交直流阻抗形成匹配，引起直流谐振的风险。

处理措施：结合直流工程改造，研究直流控制系统设计优化方案，降低直流谐振风险。

第三节 其他直流设备类事故案例

3.25 反措规定：新建及改造直流工程换流阀宜选用壳式阳极电抗器，冷却水管须具备有效防护设计，防止相互间或与其他元件异常接触造成磨损漏水。防护设计应包括但不限于：①水管使用软质护套全包裹，避免裸露造成异常直接触碰；②水管固定部位宜使用双重冗余紧固件，避免单一紧固件失效造成水管磨损漏水；③水管布置、固定方式合理可靠，并需考虑运行振动空间裕度，防止水管之间、水管与其他元件发生非紧固性触碰。

注：南方电网公司反事故措施（2023版）4.3.1条。

反措条款解读：

早期直流工程换流阀采用的是芯式阳极电抗器，该种型式的阳极电抗器结构复杂，且运行过程中出现多种异常情况：①铁芯暴露于空气中，长期运行出现铁芯散匝硅钢片振动折断掉落；②有多路分支水管，水路结构复杂。分支水管由于与附近元件间距不足，在运行过程中由于长期振动磨损导致漏水；③分支水管内径较小，易出现结构堵塞导致阳极电抗器异常发热。壳式阳极电抗器铁芯水路管径大、结构简单，无振动磨损漏水和堵塞发热风险，新建工程推荐使用壳式阳极电抗器。已投运的心式阳极电抗器应采取措施防止分支水管磨损漏水。

【案例】某换流站早期使用的阳极电抗器是心式阳极电抗器。2018年7月，

该换流站阳极电抗器出现金属片脱落（见图 3-8），脱落的金属片搭接在水冷二次电阻与金属边框之间，存在放电痕迹，并造成漏水。

处理措施： 该换流站换流阀改造过程中将阳极电抗器采用壳式阳极电抗器，冷却水管须具备有效防护设计。

整改效果： 该换流站更换采用壳式电抗器后，未再出现同类问题。

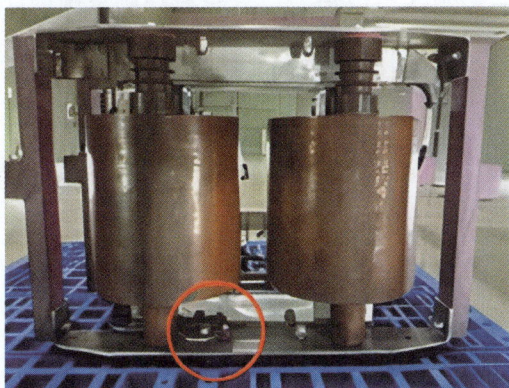

图 3-8　电抗器表面金属片脱落

3.26　反措规定： 新建特高压直流工程旁路开关位置传感器应采取冗余化配置等有效措施，避免因单个传感器异常造成冗余阀组控制系统故障和直流无法运行。

注：南方电网公司反事故措施（2023 版）4.3.3 条。

反措条款解读：

直流工程旁路开关位置传感器未实现冗余化配置，旁路开关传感器故障直接导致两套阀组控制系统故障。对于影响直流正常运行的传感器及其测量回路应采取完全冗余化配置，避免单一元件或回路故障造成直流系统异常。

【案例】 某直流极 2 低端阀组解锁过程中，逆变站 82BPS-1 保护动作，经分析，原因为逆变站极 2 低端阀组旁路开关 0420 本体位置传感器送阀组控制系统的传输位置信号滞后，导致触发脉冲在 0420 旁路开关分闸过程中未正确使能，引起 82BPS-1 保护动作。

处理措施： 结合直流工程改造，将旁路开关位置传感器按冗余化配置。

3.27　反措规定： 换流站的站用电源设计应配置三路独立、可靠电源，其中至少有一回应从站内交流系统引接。站外电源应采用专线供电，不得采用 T 接、迂回供电和同杆架设方式。若三路电源中有两路取自站外，其电源或上级电源宜源自不同的 220kV 变电站。

注：南方电网公司反事故措施（2023 版）4.3.4 条。

反措条款解读：

站用电源的可靠性对应换流站安全运行具有重要意义。站外电源相较站内电源更易受线路原因出现故障，导致站内交流电源系统出现波动，将直接影响换流变压器冷却系统、阀冷系统、低压直流系统的运行，进而影响直流系统运行。

3.28　反措规定： 新建换流站换流阀外冷采用水冷却方式时，宜有两路可靠水源，一路站外水源中断不应影响直流系统正常运行。当仅有一路水源时，在设计基建阶段应研究落实综合技术措施，确保一路水源临时中断后直流系统可正常运行不低于 7d。存量换流站换流阀外冷采用水冷却方式且仅有一路站外水源的，站外水管应安装水流等监测装置，实现数据远传，确保实时监测站外水源及其管道运行情况。

注：南方电网公司反事故措施（2023 版）4.3.5 条。

反措条款解读：

换流阀外冷若中断，直流系统需在一定时间内停运。为提高换流阀外冷水源的可靠性，宜有两路可靠水源，当仅有一路水源时，应确保一路水源临时中断后直流系统可正常运行不低于 7d。

3.29　反措规定： 新建直流工程换流站应按阀组（无阀组则按极）、站公用设备、交流场设备等分别设置完全独立的直流电源系统，防范直流电源故障造成直流双阀组、双极同时闭锁。

注：南方电网公司反事故措施（2023 版）4.3.6 条。

反措条款解读：

若各区域设备共用直流电源系统，则直流电源系统故障存在造成多区域设备同时跳闸的风险。为减少直流电源系统故障的影响范围，各主要区域设备应配置独立的直流电源系统，提升各系统设备运行的可靠性。

【案例】某换流站双极四阀组最后断路器跳闸继电器共用直流电源系统。2020 年 8 月某日，该换流站双极三阀组运行，因换流站备用换流变压器分接开关 GX001 控制柜交流进线电源 B 相串入最后断路器跳闸继电器的直流电源系统，该站双极三阀组的最后断路器跳闸继电器由于直流电源系统扰动均动作，三阀组闭锁。该事件暴露出阀组直流电源系统未独立配置，直流电源系统故障时故障范围扩大。

处理措施：结合直流工程改造，按阀组、站公用设备、交流场设备等分别设置完全独立的直流电源系统。

3.30　反措规定：对于内部存在表带触指连接的直流穿墙套管，应每年测试回路电阻，新采购和大修的套管内部电接触部位应镀银。

注：南方电网公司反事故措施（2023 版）4.3.8 条。

反措条款解读：

直流穿墙套管在早期设计中采用两支环氧浇筑电容型套管芯子对接结构，在中间穿墙法兰内部通过带表带触指的连接导杆对接。直流穿墙套管在安装、运输、或运行过程中，户外部分压紧环与导电杆螺纹之间松动电气连接不良，从而产生局部悬浮放电，铝导电杆的螺纹在 SF_6 气体中产生局部放电，伴随产生白色粉末等物质，日积月累，白色粉末随气体流动慢慢附着在套管电容屏短尾端绝缘表面和套管钢筒内壁，粉末在直流电场的累计效应下会产生爬电并逐步发展成贯穿性放电，最终导致套管故障。故套管应结合每年停电预试，通过测量回路电阻及气体组分来监测套管中间对接处是否良好，可有效提早发现回阻增大的缺陷隐患。

【案例】2013 年，某站极 2 两套直流保护均发极差动保护 87DCM 二段、后备差动保护 87DCB 一段、直流线路低电压保护 27du/dt 动作信号，极 2 双阀组退至备用状态。检查发现直流穿墙套管出现故障，套管户外部分短尾端有大量粉尘及少量树枝状爬电痕迹；套管户内部分短尾端汇流环烧蚀断裂，汇流环

接地线烧断，有明显烧蚀痕迹；中部套管对接部分的表带连接两端均有大量较深划痕，表触指表面有多处较明显过热痕迹如图 3-9 所示。试验发现极 2 高端阀厅 800kV 直流穿墙套管内 SF_6 气体组分超标，套管阀厅内部分末屏对地绝缘电阻偏低仅为 223kΩ，阀厅外部分主绝缘电容测试值（825.8pF）与额定值（922pF）偏差达到 -10.1%。

处理措施： 对于内部存在表带触指连接的直流穿墙套管，内部电接触部位应镀银，并每年测试回路电阻。

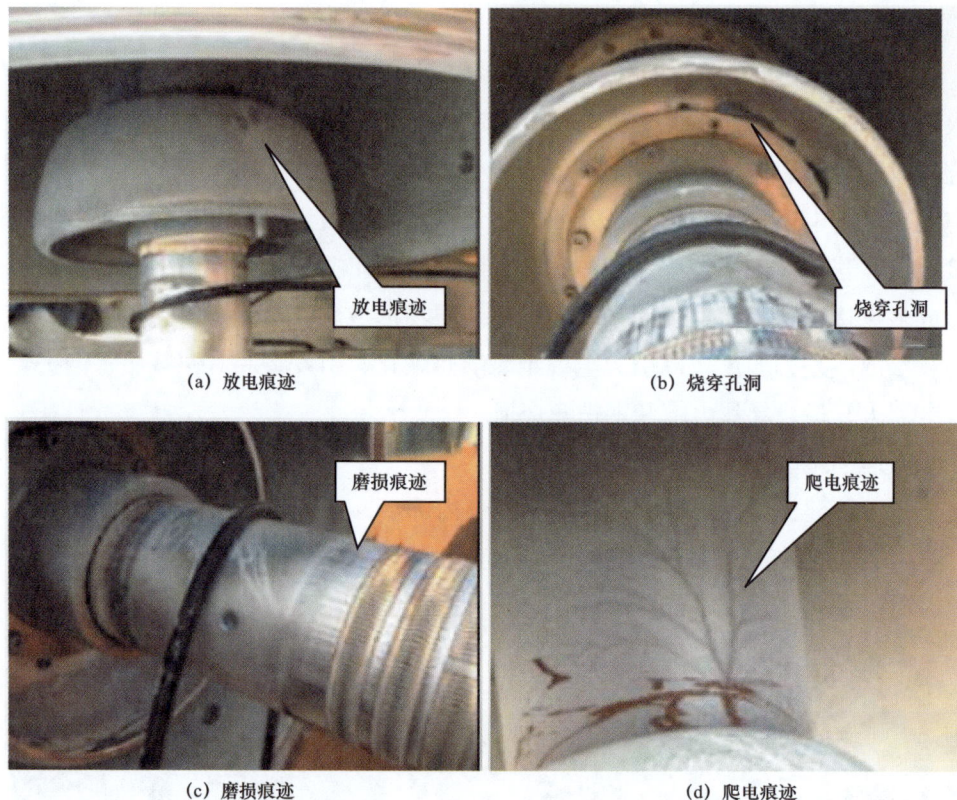

(a) 放电痕迹

(b) 烧穿孔洞

(c) 磨损痕迹

(d) 爬电痕迹

图 3-9　套管发生烧蚀现象

3.31　反措规定： 新建极址中心导流区宜位于极环内部，中心导流区导流电缆应采取措施防止铠装层产生环流。

注：南方电网公司反事故措施（2023 版）4.3.9 条。

反措条款解读：

直流系统深井接地极极址导流中心塔未设置在极环内测，导致引流电缆铠装两端电位差大幅增大，同时引流电缆铠装层在极址导流中心设置有单独的接地点，若电极侧电缆终端电缆外皮破损，易形成多点接地引流电缆通过其铠装层形成环流，而密封在钢护套中的铠装层散热差，易引发缆芯对铠装层、钢护套放电起火，最终导致电缆和钢护套烧损。极址中心导流区宜位于极环内部，并且直接取消中心导流区铠装接地或采用铠装为绝缘材质的电缆，同时做好电极侧电缆防水密封工艺管控，确保引流电缆铠装两端电位差减小，接地引流电缆铠装不会产生环流。

【案例】某直流在开展深井接地极试验期间，逆变站侧接地极引流电缆起火烧损（见图 3-10），通过开展电缆故障仿真及原因分析，发现造成本次电缆烧损故障的因素有 2 方面：①极址导流中心塔未设置在极环内测，导致引流电缆铠装两端电位差大幅增大；②引流电缆铠装层在极址导流中心设置有单独的接地点，若电极侧电缆终端制作工艺、防水密封工艺不佳或电缆外皮破损，易形成多点接地。由于上述因素，电缆铠装层易形成环流，而密封在钢护套中的铠装层散热差，温度过高引起电缆绝缘层热融化，引发缆芯对铠装层、钢护套放电起火，最终导致电缆和钢护套烧损。

处理措施：

（1）新建极址中心导流区宜位于极环内部。

（2）中心导流区导流电缆应采取措施防止铠装层产生环流，针对铠装已接地引流电缆，尽快对铜编织线进行绝缘处置；针对新建接地极可以直接取消中心导流区铠装接地或采用铠装为绝缘材质的电缆，同时做好电极侧电缆防水密封工艺管控。

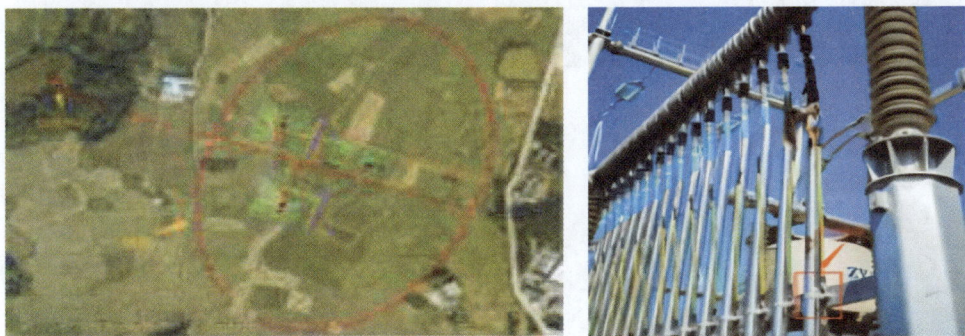

图 3-10　引流电缆铠装层因环流发热导致起火

3.32　反措规定： 新建直流输电工程换流阀内冷水系统均压电极探针应为纯铂材质，电极与内冷水存在接触的其他部位应采用高耐腐蚀、耐氧化的材料，如采用金属材料，则须为纯铂材质；水管通过电极探针开孔的尺寸应充分考虑探针结垢方便取出的需求，半径应大于探针半径至少1mm；电极与水管的安装设计应充分考虑电极多次拆装的需求，避免造成水管或电极损伤。

注：南方电网公司反事故措施（2022版）4.3.10条。

反措条款解读：

换流阀内冷水系统均压电极内冷水接触部位易发生电化学腐蚀，须采用纯铂等惰性金属或其他高耐腐蚀、耐氧化的材料，防止电极腐蚀断裂掉落至内冷水管中，造成内冷水路堵塞。均压电极探针表面易结垢，在取出检查时若安装孔洞不足，可能导致结垢脱落堵塞水管，因此在设计制造时应保证安装孔径裕度充足且有足够的强度，满足多次拆装的需求。

【案例一】 在某站柔直运行一年后的首次年度检修期间，发现了阀塔均压电极多数出现腐蚀现象（见图3-11），而且腐蚀较为严重，给阀塔设备安全稳定运行带来了极大风险。

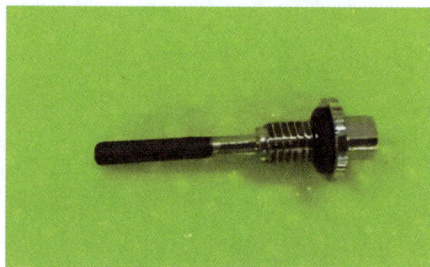

图3-11　均压电极探针出现腐蚀

处理措施： 将该阀塔均压电极全部更换为纯铂材质的电极探针，已不存在腐蚀情况。

【案例二】 某换流站在2017年直流年度检修时发现4处均压电极安装孔螺纹损坏（见图3-12），分别更换4根汇流管。因汇流管更换工作量较大，一个螺纹损坏更换整根水管需拆装33个接头，每个接头密封圈均需要更换。因此电极与水管的安装设计应充分考虑电极多次拆装的需求。

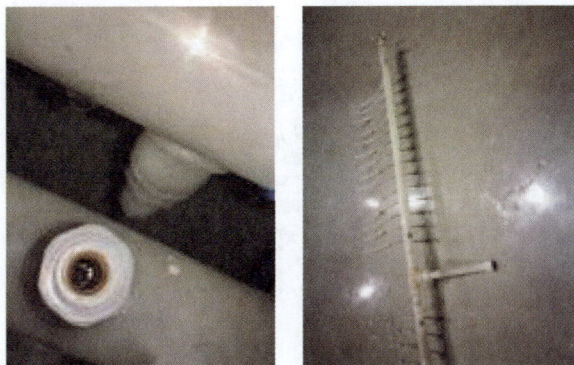

图 3-12　均压电极安装孔螺纹损坏

处理措施：优化汇流管均压电极安装孔螺纹结构及材质，或采用安装孔螺纹修复方法，避免单个螺纹损坏更换整根汇流管。

3.33　反措规定：新建直流工程换流阀复合材料水管在出厂前应进行无损探伤，确保水管管体无内部裂纹。

注：南方电网公司反事故措施（2023 版）4.3.11 条。

反措条款解读：

换流阀复合材料水管若存在潜在质量隐患，在安装运行一段时间后可能出现开裂漏水等情况，严重时将导致其他换流阀设备损坏。因此，换流阀复合材料水管出厂前应开展无损探伤，确保水管内部无潜在隐患缺陷。

【案例】2017 年 2 月，某站发"±160kV 换流单元二（常直）换流阀 C 相右塔漏水一级告警"信号，现场检查发现阀塔底部有明显漏水，漏水呈线状，检查发现阀塔底部盲管均压电极安装附加接头管壁存在裂缝。将裂缝盲管返厂检测，发现盲管裂缝原因为 PVDF 管加工焊头与水管接头在焊接中有杂质颗粒混入或在焊接过程中焊接处存在微小气泡，导致焊接强度不够，在水压作用下，焊接根部逐步破裂，导致盲管漏水。

3.34　反措规定：新建及改造直流工程在前期成套设计及仿真试验阶段，应注意以下几点：

（1）应充分考虑变压器铁芯饱和特性影响，避免运行边界及控制策略设计不当造成变压器饱和，防范谐振及励磁涌流风险。

（2）应综合考虑带合闸电阻断路器的合闸特性、合闸机械及电气离散度等，开展专题研究，提升合闸电阻对励磁涌流的校核边界，评估合闸电阻投入时间，防范励磁涌流风险。

（3）应考虑直流差动保护、连接母线差动保护等短延时保护与避雷器动作特性的配合关系，防范避雷器正常动作导致保护动作闭锁直流风险。

注：南方电网公司反事故措施（2023版）4.3.12条。

反措条款解读：

换流变压器饱和在特定交流系统条件下，可能诱发交流系统谐波放大，并引起直流系统振荡。为防范谐波振荡风险，换流变压器停电检修后应做好消磁，并采取恰当的合闸涌流抑制措施，合理安排系统运行方式。

对于采用选相装置的断路器，若断路器本身合闸机械和电气离散性较大，仍存在励磁涌流过大引起设备跳闸的风险。对于配置合闸电阻的断路器，若合闸电阻预投入时间不足，将不能有效抑制涌流。断路器配置选相装置时，应充分考虑断路器本身的机械和电气离散性，考虑环境因素如温度、静置时间、动作电压等对动作时间的影响，必要时开展相关试验进行验证。配置合闸电阻时，应充分考虑直流系统的设计边界，计算校核合闸电阻的预投入时间，确保合闸电阻的先行投入能有效抑制涌流。

直流遭受雷击等扰动时，避雷器在暂态过程中可能产生动作电流，造成部分电流测点之间产生差流，造成直流差动保护、连接母线差动保护等短延时保护误动作。为降低保护误动作风险，上述保护在设计时应考虑避雷器动作特性的影响，避免由于避雷器正常动作导致保护出口。

【案例一】 2020年12月19日某直流在线路融冰工作结束后，双极解锁运行。该直流双回四极50Hz保护报警段动作，极250Hz保护功率回降段动作，极250Hz保护功能闭锁段动作，极2直流闭锁。经分析，事发时，整流站换流变压器存在一定程度饱和，该站交流系统较弱，某几条交流线路停运后，该站交流系统短路电流小于主回路参数技术规范书规定的最小短路电流，在该系统条件下，该站交直流阻抗形成匹配，引起该站交流系统100Hz谐波放大，交流100Hz谐波传递至直流侧形成直流50Hz谐波，导致直流50Hz保护动作。

处理措施： 换流变压器停电检修后做好消磁工作，合理安排交流系统运行

方式，避免交流系统短路电流超出运行边界。

整改效果： 按上述措施整改后，未出现交流系统100Hz谐波放大导致直流50Hz保护闭锁段动作的问题。

【案例二】 2021年12月由于某站换流变压器进线断路器的储能机构（采用液压氮气）受温度、油压等因素变化影响，冬季合闸时间发生较大偏差，与选相分合闸装置预设值存在差异，充电时产生了最大约6.9kA（峰值）的励磁涌流，三次谐波电流超过了B型滤波器的设计能力（直流功率较低时仅投运1组B型滤波器），导致交流滤波器跳闸。

处理措施： 结合停电开展换流变压器进线开关动作特性测试，分析开关动作离散性。当开关动作特性发生明显变化时，调整选相合闸装置定值，确保开关与选相合闸装置的适配性。结合大修技改选择符合选相精度要求的断路器作为选相断路器，延长断路器的合闸电阻投入时间。

【案例三】 2021年7月，某直流因雷击故障导致直流极线出现过电压，该直流其中一个站极1低端阀组柔直变阀侧A1型避雷器动作产生泄漏电流，由于未充分考虑避雷器动作特性与保护配合，导致直流差动保护（87DCM）动作出口，该站极1跳闸。

处理措施： 基于避雷器动作特性优化相关保护判据和定值。

> **3.35 反措规定：** 对于变压器套管插入直流阀厅的新建换流站，消防系统应增设流量不低于48L/s可远程控制的高架泡沫炮，连续供给时间不低于60min。具备改造条件的在运换流站，按轻重缓急开展实施，于2027年前完成改造。
>
> 注：南方电网公司反事故措施（2023版）4.3.13条。

反措条款解读：

对于变压器套管插入直流阀厅布置的换流站，变压器着火后若不能及时控制火灾，可能波及阀厅。同时相似条件下泡沫喷雾系统比水喷雾系统灭火效率高，增设泡沫炮有利于控制火灾的蔓延。对于采用泡沫灭火系统的换流站，要求增设流量不小于48L/s的泡沫炮，此时系统的设计流量要求增加一台泡沫炮的流量，高架泡沫炮主要是指泡沫炮的安装高度要使泡沫射流能够覆盖所保护的变压器顶部、集油坑等部位。

> **3.36 反措规定：** 每年应对已喷涂防污闪涂料的直流场设备绝缘子进行憎水性检查，及时对破损或失效的涂层进行重新喷涂。若绝缘子的憎水性下降到 3 级，应考虑重新喷涂。
>
> 注：南方电网公司反事故措施（2023 版）4.3.14 条。

反措条款解读：

直流场设备绝缘子憎水性随时间推移性能逐渐下降，当憎水性下降到 3 级，可能存在设备闪络隐患。为及时发现绝缘子憎水性异常，应每年开展绝缘子憎水性检查。

第四章
配网设备事故案例

第一节　线路涉电公共安全隐患类反措案例

> **4.1　反措规定：**对于跨越铁路、公路、通航河道等的新建和改造的 10kV 架空线路，应采用独立耐张段或跨越段改电缆，跨越挡内采用带钢芯的导线。
>
> 注：南方电网公司反事故措施（2023 版）5.1.2 条。

反措条款解读：

铁路、公路、通航河道等交通运输线，人员、车辆、船只活动密集，跨越的 10kV 架空线路如直接使用直线杆，倒杆和断线时存在扩大事故范围的风险。为限制倒杆和断线的事故范围，新建和改造的 10kV 架空线路，需把跨越段的直线部分建设为独立耐张段，且跨越挡内采用带钢芯的导线；或者把跨越段建设为电缆。整改完成后，可减少倒杆和断线扩大事故范围的隐患，进而降低发生交通堵塞、人员事故的风险。

【案例一】某 10kV 线路 75～76 号杆跨越高速，跨越段为直线杆，导线为裸导线，不满足反措要求。

处理措施：通过 2019 年 10kV 某线防风加固项目，对 75～76 号杆段进行导线绝缘化和直线杆段改独立耐张段改造，见图 4-1。

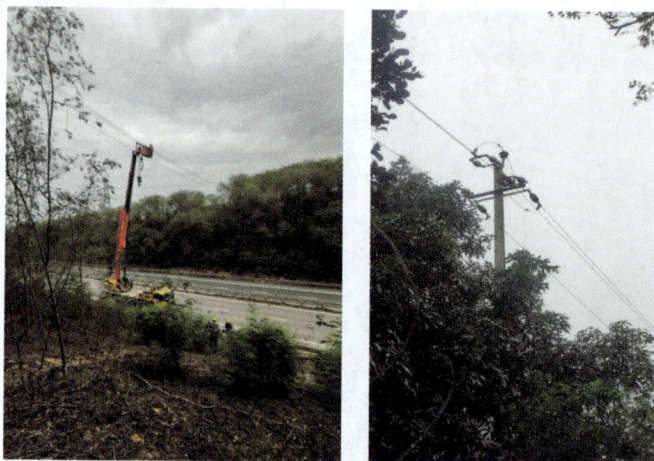

图 4-1　进行导线绝缘化和独立耐张段改造

【案例二】某 10kV 线路 30 号杆因修建二级公路需迁移，迁移后为确保线路安全运行，需对跨越公路的线路采用双联板独立耐张段。

处理措施： 通过技改项目，结合停电安排，对线路 30 号杆跨越二级公路段进行迁移，并对跨越公路的线段采用双联板独立耐张段，满足反措要求。

采用双联板独立耐张跳线前后对比如图 4-2 所示。

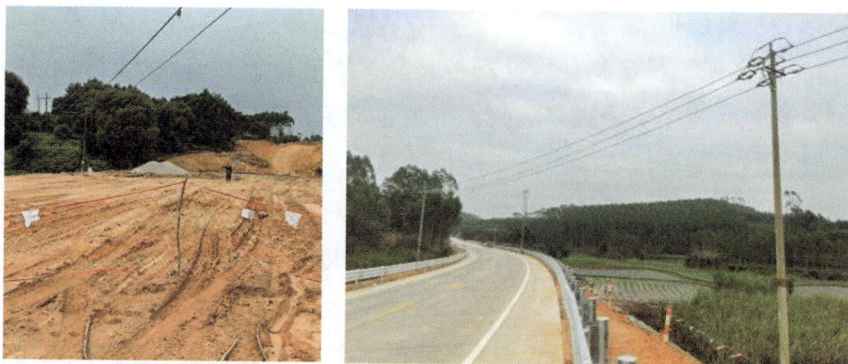

（a）采用双联板独立耐张跳线前　　　　　（b）采用双联板独立耐张跳线后

图 4-2　采用双联板独立耐张跳线前后对比

【案例三】某 10kV 线路 48～49 号杆为裸导线直线杆段穿越某铁路（见图 4-3），不满足反措要求。

处理措施： 通过技改项目，结合停电安排，对 10kV 某线 48～49 号杆穿越铁路线路段改成电缆穿越，满足反措要求。

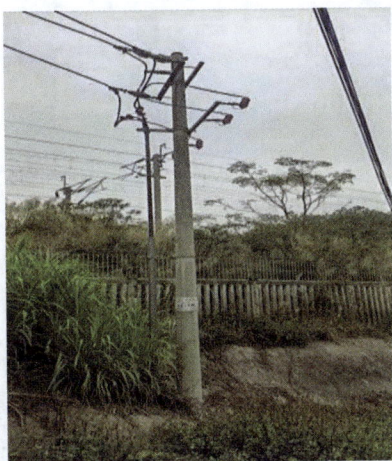

图 4-3　通过电缆的方式穿越铁路

4.2　反措规定：跨越树障区、建筑区、鱼塘、湖泊、河流、公路的 10kV 架空裸导线，结合裸导线改造工作，可采取局部更换为绝缘导线、涂覆绝缘材料、加装绝缘套管等改造措施。

注：南方电网公司反事故措施（2023 版）5.1.7 条。

反措条款解读：

10kV 架空裸导线穿越林区，易被超高树木触碰导线或砍伐时树木倒落方向控制不当触碰线路造成线路跳闸；跨越建筑区、鱼塘、湖泊、河流、公路等人员密集区域，与导线安全距离不足、钓鱼、导线掉落等情况均可导致人员触电。需将跨越树障区、建筑区、鱼塘、湖泊、河流、公路的 10kV 架空裸导线，采取局部更换为绝缘导线、涂覆绝缘材料、加装绝缘套管或改电缆等措施将线路绝缘化，减少涉电公共安全隐患。

【案例一】 某 10kV 线路 11 ~ 15 号杆线路穿过新建小区，位于小区围墙里，且位于道路旁后期将发展为人员密集的区域，此处 10kV 线路为裸导线，存在一定人身安全隐患。

处理措施： 通过带电作业，利用采购的绝缘护套对裸导线进行绝缘化改造（见图 4-4），达到降低风险的作用。

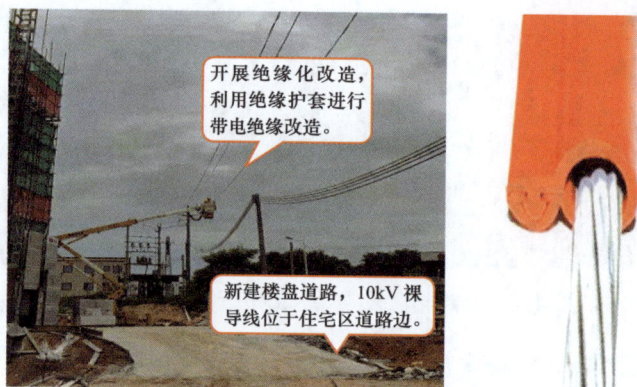

开展绝缘化改造，利用绝缘护套进行带电绝缘改造。

新建楼盘道路，10kV裸导线位于住宅区道路边。

图 4-4　导线表面加装绝缘套管

【**案例二**】某 10kV 线路 3～5 号杆段线路，为裸导线越居民房，线路与房子最近的距离为 1.3m，存在人身触电安全隐患。居民房屋顶采用石棉瓦敷设，一旦发生雷击断线故障容易引起火灾事故，同样存在安全隐患。

处理措施： 通过生产项目，结合停电安排，将跨越居民房段架空导线改为电缆（见图 4-5），消除涉电公共安全隐患。

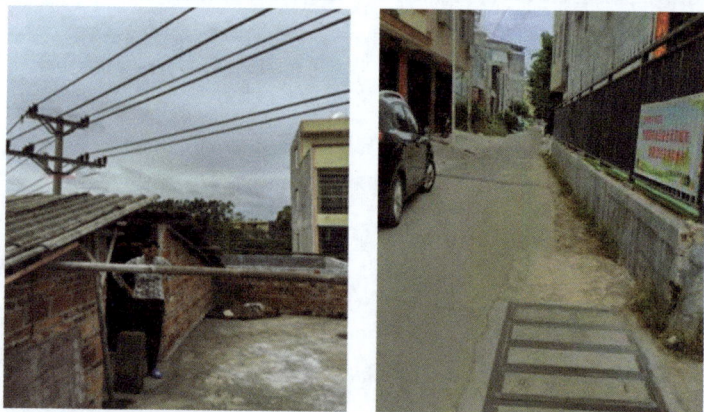

(a) 改造前

(b) 改造后

图 4-5　跨越居民房段架空导线改为电缆

【**案例三**】某 10kV 线路 112～114 号杆线，因有村民种植高秆作物，导致导线距离树木安全距离不足，存在极大的安全隐患。

处理措施： 砍伐与线路安全距离不足的树木，同时采用绝缘涂覆技术，在导线表面覆盖一层厚度均匀的黑色绝缘层（见图 4-6），降低线路跳闸风险、减少涉电公共安全隐患。

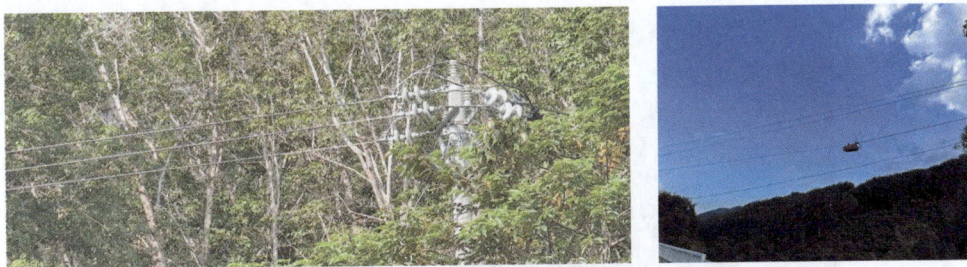

图 4-6　穿越林区段导线表面进行绝缘涂覆

【案例四】某 10kV 线路为裸导线，13～14 号杆跨越鱼塘（见图 4-7），如有人钓鱼，存在较大涉电公共安全隐患。

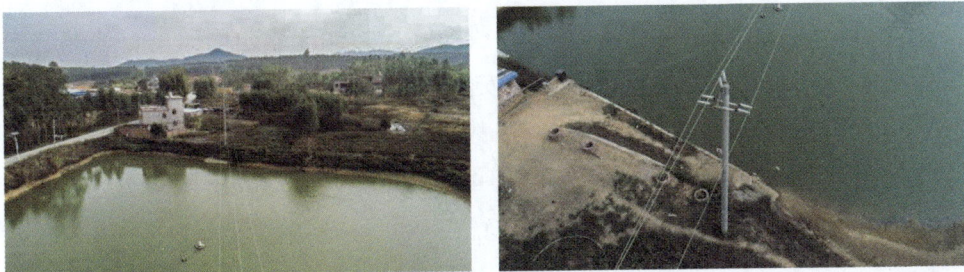

图 4-7　穿越鱼塘裸导线需更换为绝缘导线

处理措施：13～14 号杆跨越鱼塘及河流段裸导线更换为绝缘导线，并竖立上方线路带电、禁止钓鱼等警示牌（见图 4-8），降低线路跳闸风险、减少涉电公共安全隐患。

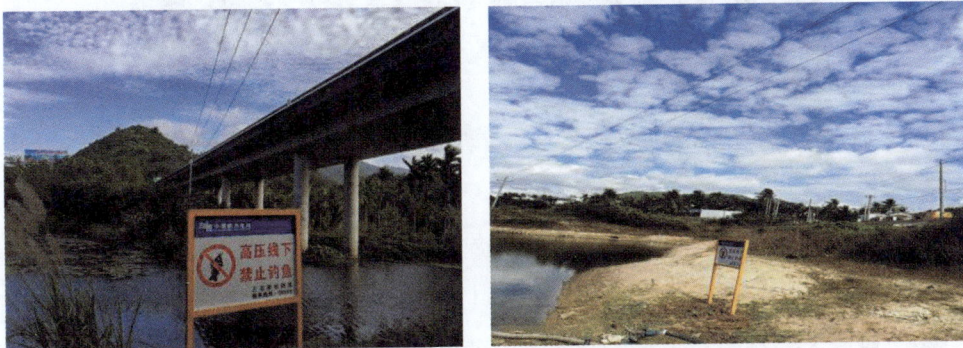

图 4-8　竖立上方线路带电、禁止钓鱼等警示牌

【案例五】某 10kV 线路为裸导线，跨越槟榔林地（见图 4-9），农户使用金属工具采摘槟榔，存在较大涉电公共安全隐患。近几年连续发生多起采摘槟

榔发生触电事故。原因在近年来，随着槟榔价格持续攀升，该地区种植槟榔农户增多，不少农户不顾电力法规定，在高压线路廊道内种植槟榔。为了方便采摘槟榔果，很多农户喜欢购买可伸缩式金属长杆来采摘槟榔果，这种金属长杆轻便，但是这种金属长杆大多没有绝缘层保护，农户使用在高原线附近采摘作业，一旦触碰到高压线，极易发生触电风险。

处理措施：将裸导线更换为绝缘导线，并竖立及悬挂上方线路带电，禁止采摘槟榔等警示横幅标示牌（见图 4-10），走村串户对农户发放电力安全告知书，宣传高压导线下采摘槟榔危险性，减少涉电公共安全隐患。

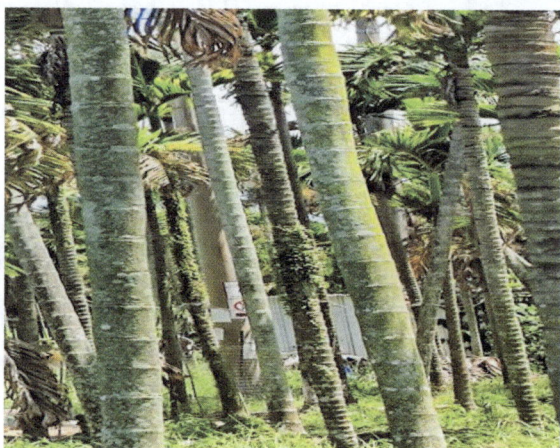

图 4-9　裸导线跨越槟榔林地

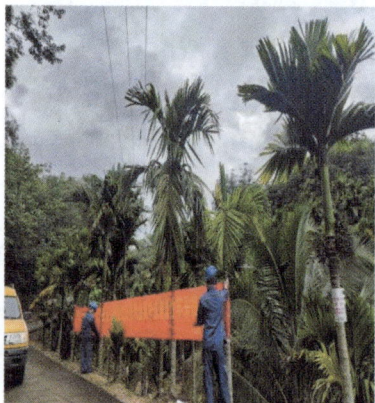

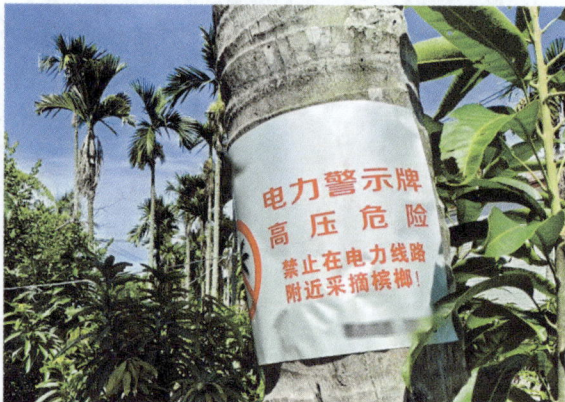

图 4-10　竖立及悬挂上方线路带电，禁止采摘槟榔等警示横幅标牌

> **4.3 反措规定：** 新建低压架空线路导线型式须采用架空绝缘导线。按轻重缓急开展存量低压裸导线绝缘化改造工作，优先改造跨越铁路公路村道、穿越商业游乐中心等人员密集场所、临近加油站等影响公共安全的存在安全隐患线路。
>
> 注：南方电网公司反事故措施（2023 版）5.1.8 条。

反措条款解读：

低压架空线路与人的活动区域结合密切，低压裸导线容易造成人误碰导线或物体触碰导线带电，造成人员触电等事故。新建低压架空线路导线型式须采用架空绝缘导线，同时按轻重缓急将现有存量的低压裸导线更换成绝缘导线，优先改造跨越铁路公路村道、穿越商业游乐中心等人员密集场所、临近加油站等存在涉电公共安全隐患的区域，进而逐步减少人身触电和外来物造成线路接地或短路的事故，提高供电可靠性。

【案例一】 2021 年 05 月 13 日，某某供电所巡线发现某台区低压线为裸导线，且线路从居民房屋楼面跨越，存在较大涉电公共安全隐患。

处理措施： 把台区低压裸导线，全部更换为低压绝缘线（见图 4-11），降低涉电公共安全隐患。

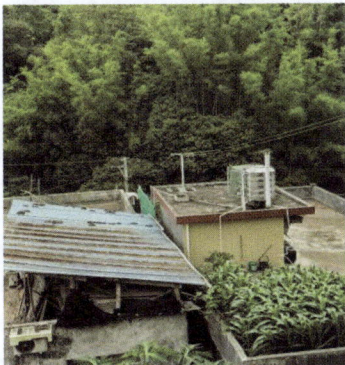 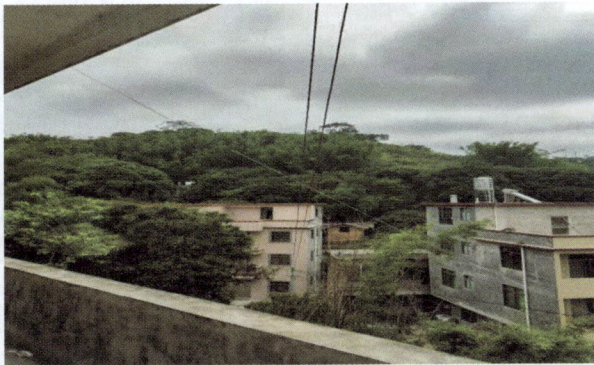

(a) 改造前　　　　　　　　　　　　　(b) 改造后

图 4-11　跨越房屋低压裸导线更换为绝缘导线

【案例二】 某 10kV 公共变压器存在 1km 低压裸导线，同时线路通道旁树木竹子多，容易造成触碰导线，引起线路故障或人员触电的情况，影响公共安全。

处理措施： 将低压裸导线进行绝缘化改造（见图 4-12），满足反措要求。

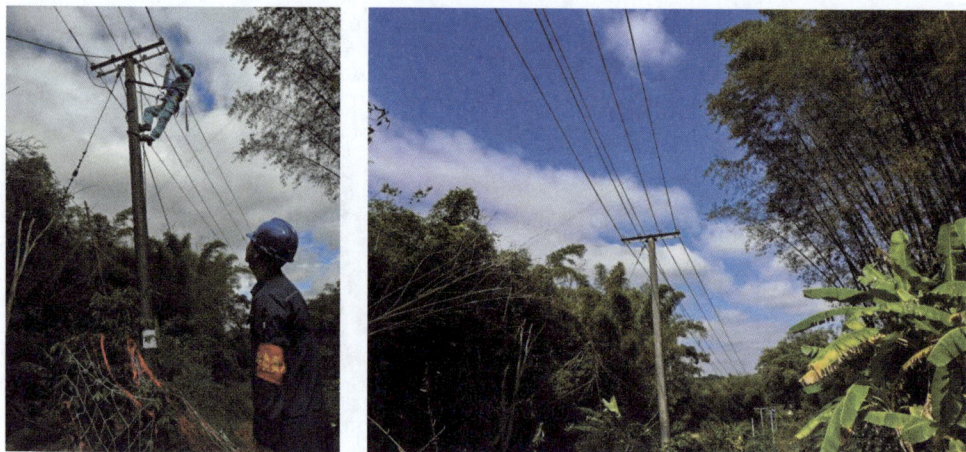

图 4-12　进行低压裸导线更换

第二节　配网设备隐患类反措案例

4.4　反措规定：改造的环网柜必须具备完善的防误闭锁功能，包括防止带电误合接地开关功能。

注：南方电网公司反事故措施（2023 版）5.1.3 条。

反措条款解读：

现场工作人员在面对没有防误闭锁功能的环网柜时，存在误操作的情况，对电网供电可靠性造成较大风险。完善防误闭锁功能，包括防止带电误合接地开关功能可从技术上完全避免此类事故的发生，并且操作更直观、实用、可靠，降低运行人员学习和使用难度。在无防误闭锁功能的环网柜改造时，应联系厂家增加防误闭锁功能，可有效地保障电网安全运行。

【案例一】某 10kV 环网柜各间隔均无防误闭锁装置，操作人操作时，存在误分、误合间隔开关和带电误合接地开关的风险，造成人员触电、设备损坏的风险。

处理措施：结合停电计划，在 10kV 环网柜加上防误闭锁装置，完善环网柜安全性能。防止 10kV 环网柜误分、误合间隔开关或开关在进线电缆有电的

情况下误合接地开关，从而防止人为操作造成的故障，提高供电可靠性，降低电网运行的故障率，满足反措要求。改造前及改造后 10kV 环网柜无防误闭锁装置如图 4-13 和图 4-14 所示。

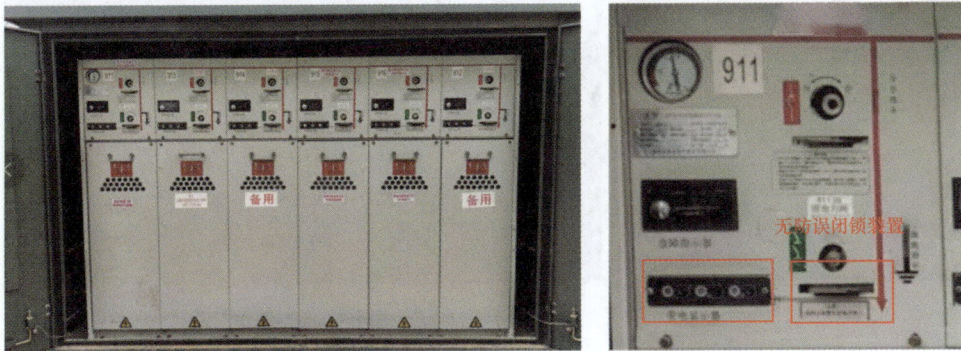

图 4-13　改造前 10kV 环网柜无防误闭锁装置

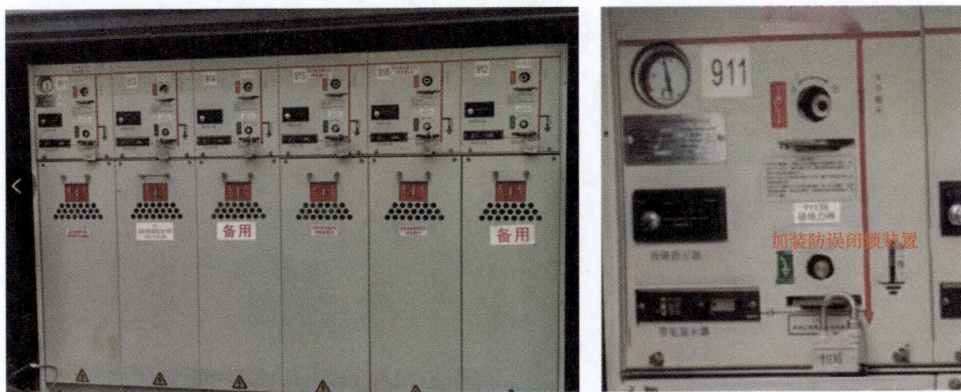

图 4-14　改造后 10kV 环网柜加装防误闭锁装置

【案例二】某供电局接收客户资产 10kV 环网柜，无防误闭锁装置，操作人操作时，存在误分、误合间隔开关和带电误合接地开关的风险，造成人员触电、设备损坏的事故，不符合反措要求。

处理措施：结合停电计划，在接收客户资产 10kV 环网柜加上防误闭锁装置，完善环网柜安全性能。防止 10kV 环网柜误分、误合间隔开关或开关在进线电缆有电的情况下误合接地开关，从而防止人为操作造成的故障，提高供电可靠性，降低电网运行的故障率，满足反措要求。改造前后见图 4-15。

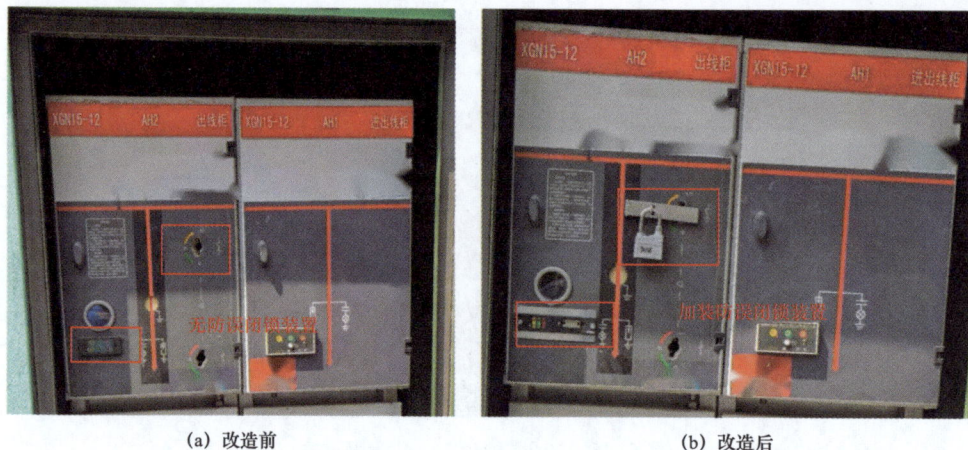

(a) 改造前　　　　　　　　　　　　　　(b) 改造后

图 4-15　接收客户资产 10kV 环网柜加装防误闭锁装置改造前后

4.5　反措规定: 在无隔离开关的 10kV 柱式断路器及负荷开关前（后）加装隔离开关。

注: 南方电网公司反事故措施（2023 版）5.1.12 条。

反措条款解读:

10kV 柱式断路器或负荷开关的断口无可见的明显断开点，分合状态都是通过分合指示器（就地显示和远方显示）来区分，但部分柱上开关可能存在假分合的缺陷，分合指示器无法完全确保指示正确，需加装隔离开关，在断开后有可见的明显断开点，以便线路或设备转检修状态。

【案例】 某 10kV 线路 159 号杆 03 开关无隔离开关，柱上开关分闸后无可见的明显断开点，不符合反措要求。

处理措施: 结合停电工作，在某 10kV 某某线路 159 号杆 03 开关电源侧加装一组隔离开关，见图 4-16。

4.6　反措规定: 新建和改造的环网柜必须有线路侧接地开关。

注: 南方电网公司反事故措施（2023 版）5.1.13 条。

反措条款解读:

当环网柜出线线路需要检修时，需断开开关且线路验无电压，合上接地开关，方可开展检修工作。如环网柜无线路侧接地开关，需要停上级电源转检修

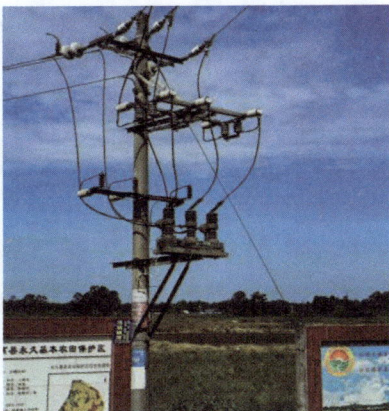

图 4-16　电源侧加装一组隔离开关

后，拆开环网柜间隔面板和电缆头再装设接地线，增加较多工作时间，影响供电可靠性。

【案例】某供电局 10kV 环网柜线路侧无接地开关（见图 4-17），在线路存在故障及配合站内转检修，需停上级电源转检修后，施工人员再拆卸环网柜间隔肘型头后，才可验电装设接电线，不满足反措要求。

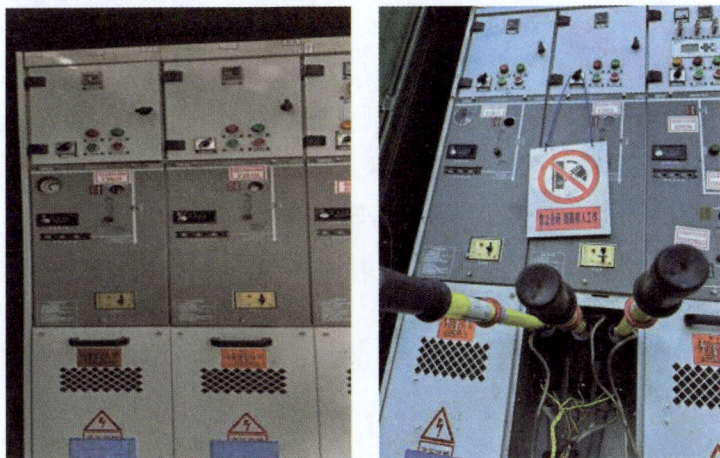

图 4-17　环网柜进线线路侧无接地开关

处理措施：更换 10kV 环网柜，改造的 10kV 环网柜线路侧带接地开关。

4.7　反措规定：新建和改造的 10kV 柱上开关不允许安装无闭锁保护且隔离开关采用独立操作把手的隔离开关一体化柱上开关。

注：南方电网公司反事故措施（2023 版）5.1.14 条。

反措条款解读：

10kV隔离开关柱上一体化开关，开关操作把手和隔离开关操作把手位置较近，同时安装位置较高、构架遮挡等原因，不熟悉该类型开关结构的操作人员，不能清晰分辨出开关操作把手和隔离开关操作把手，存在误带负荷拉合隔离开关风险。且在后期如遇到开关或隔离开关故障，需整体更换增加运维成本。对此类开关上报问题库，宜列入改造计划，同时开展对该类型开关进行排查，逐一更换消除隐患，未整改完成前，对存量的开关操作把手安装隐蔽、无闭锁保护的针对性制作现场操作警示标志，对该类开关操作进行学习和开展防止电气误操作学习。

【案例】2022年11月25日，某供电局运维人员将10kVA线01开关1隔离开关线路侧由运行转冷备用操作中，因该类型开关操作把手构架遮挡、位置较为隐蔽等原因，加上新员工操作，不熟悉开关结构，差点误将隔离开关把手当成开关把手拉开，造成带负荷拉隔离开关，幸好老员工及时制止才避免误操作，该类型开关见图4-18。

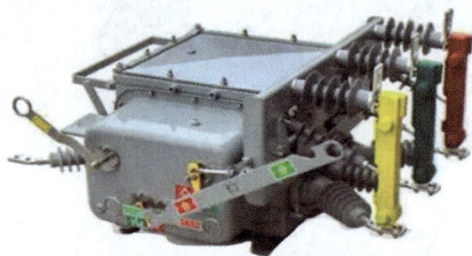

图 4-18　无闭锁保护且隔离开关采用独立操作把手的隔离开关一体化柱上开关

处理措施： 将01开关更换为不带隔离开关负荷开关，并在开关电源侧加装一组隔离开关。

4.8　反措规定：运行中200kVA及以上配电变压器，低压出线无断路器保护的台区应加装配电箱。

注：南方电网公司反事故措施（2023版）5.1.15条。

反措条款解读：

早期变压器在安装过程中，由于资金、负荷等原因，采用变压器低压桩头直连或采用低压隔离开关的方式连接至线路，导致线路侧出现短路、接地或过负荷时，无法切除，造成变压器烧损。同时变压器低压侧不带负荷开关，在进

行停复电操作时，无法切除负荷，若直接拉合跌落式熔断器会造成拉弧现象，对设备、人员产生伤害。需在运行中 200kVA 及以上配电变压器，低压出线无断路器保护的台区加装综合配电箱。

【案例】某供电局某公用台式变压器，容量为 315kVA，无配电箱，随着用户负荷逐年增长，低压出线无断路器保护的弊端逐渐显现出来，见图 4-19，在迎峰度夏负荷集中攀升期间，因无断路器、长时间承受大电流导致低压隔离开关发热烧红、低压线路烧伤等情况常见。

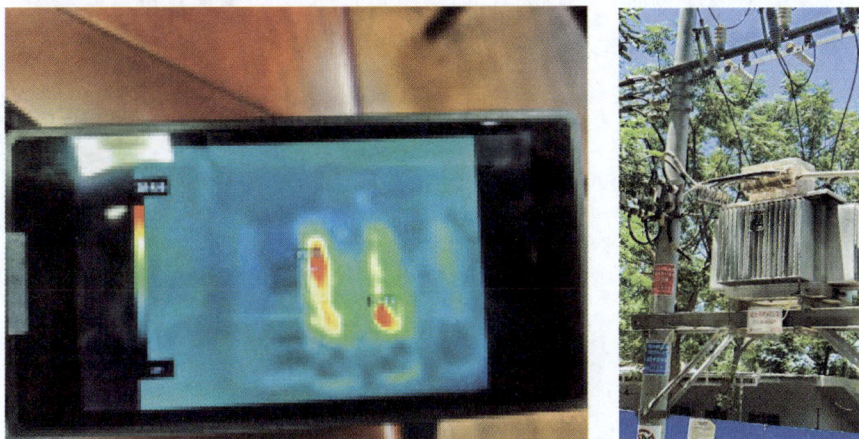

图 4-19　某公用台式变压器

处理措施：按照标准化台区的设计标准开展该台区改造，加装配电箱（见图 4-20），将原低压隔离开关供电的低压线路，按负荷情况分拆接入配电箱，

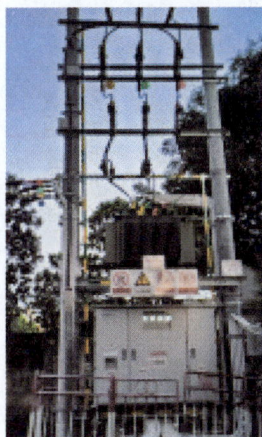

图 4-20　配电变压器加装综合配电箱

且根据变压器容量、负荷侧电流等合理设置跳闸阈值，有效减少因长时间大电流导致的低压隔离开关乃至低压线路烧伤烧毁等故障事件。

第三节　配网线材缺陷隐患类反措案例

4.9　反措规定：新建和改造的低压台区绝缘导线，必须预装接地挂环。

注：南方电网公司反事故措施（2023 版）5.1.5 条。

反措条款解读：

以往大部分低压台区绝缘导线在架设时没有安装接地挂环，造成检修人员在低压线路检修挂设接地线时，需要采用带电作业方式，临时对绝缘导线剥皮再挂设接地线，从而增加了作业时间；或因绝缘导线没有接地挂环，检修人员存在不挂地线、少挂地线就开展工作的情况，给检修人员的人身安全带来了较大的安全风险。低压台区绝缘导线新建或改造时，设计单位应在低压台区沿线合理设计装设接地挂环，施工单位应根据施工图纸安装接地挂环，运行人员在验收时，要把此项列入其中，关注接地挂环功能是否正常、位置是否合理，为低压台区绝缘导线检修时提供接地线装设位置，确保人员安全和提升作业效率。

【案例一】某台区的原低压绝缘线路无接地挂环，日常检修工作需接地时，只能对低压线路采取带电作业方式，进行剥皮后装设接地线，后续此处会存在带电部位外露或出现误触碰触电风险的安全隐患，需加装接地挂环。

处理措施：采取低压带电作业方式，对该台区低压绝缘导线加装接地挂环，接地挂环安装位置选取低压出线处，以及无树障并人员较易到达的地方进行合理安装，有效提高检修效率，减低人身安全风险。

【案例二】某 10kV 公共变压器 0.4kV 低压线路 6 号杆处造成 A 相断线，该台区低压线路为绝缘导线，但未装有接地挂环，无法进行接地线安装形成封闭接地，需临时加装。

处理措施：采取低压带电作业方式，在 0.4kV 低压线路出线处、09 号杆及 3 个分支线处安装穿刺接地挂环，并安装接地线，形成封闭接地，顺利完成抢修，见图 4-21 和图 4-22。

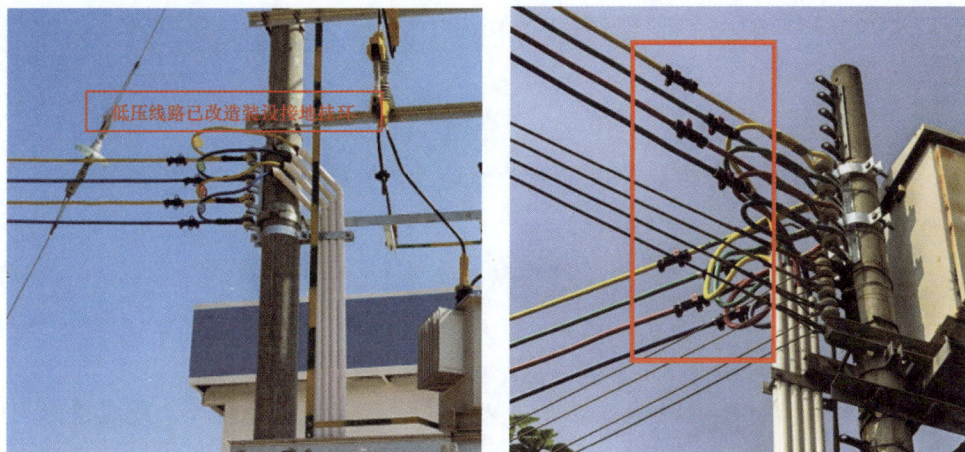

图 4-21　装设低压接地装置

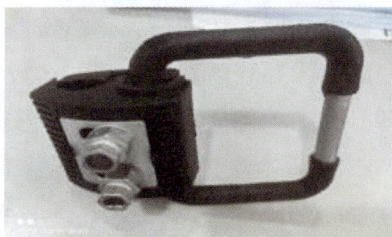

图 4-22　接地挂环

【案例三】某 10kV 公共变压器改造新建低压绝缘导线，为满足日常检修工作接地需求，需预装低压接地挂环（见图 4-23），接地挂环安装位置宜选取低

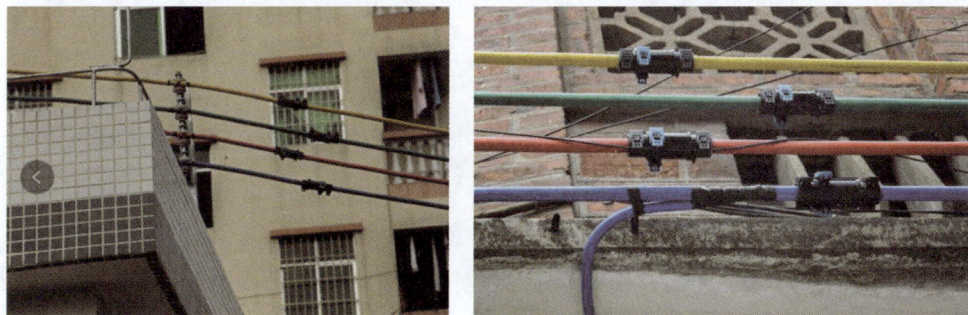

图 4-23　预装低压接地挂环

压出线处，以及无树障并人员较易到达的地方进行合理安装，有效提高检修效率，降低人身安全风险。

处理措施： 新建低压绝缘导线，应根据施工图纸安装接地挂环，运行人员在验收时，关注接地挂环功能是否正常、位置是否合理。

4.10　反措规定： 电缆通道新敷设电缆时，应根据运行环境进行计算、校核载流量，确定导体截面选型，不允许在超容电力电缆沟中敷设新电缆，不允许敷设低压电缆及非公司产权通信线缆。与其他管线同沟敷设或多回电缆同沟敷设的中压电缆，应对电缆中间头采取防火防爆措施。一级及以上重要电力用户的双回路供电电缆不允许共用同一电缆通道。存量共用同一电缆通道问题应做好隔离措施，不应放置在通道的同一侧或同一支架上。

注：南方电网公司反事故措施（2023版）5.1.9条。

反措条款解读：

在同一个电缆沟内存在不同电压等级电缆运行，高压电缆故障爆炸、着火会波及其他电缆，影响其安全运行。对于非阻燃电缆与其他管线同沟敷设且有中间接头的中压电缆，应采取防火防爆措施。

【案例一】某 10kV 线路 Ⅰ、Ⅱ 回电缆与其他管线同沟敷设，且有中间接头，未采取防火隔离或防火处理措施，存在火灾隐患。

处理措施： 对该电缆通道开展排查，针对多回电缆管线同沟敷设且有中间接头的中压电缆，对电缆中间头采取防火防爆隔离措施，安装柔性防火毯或填充式防爆盒，见图 4-24。

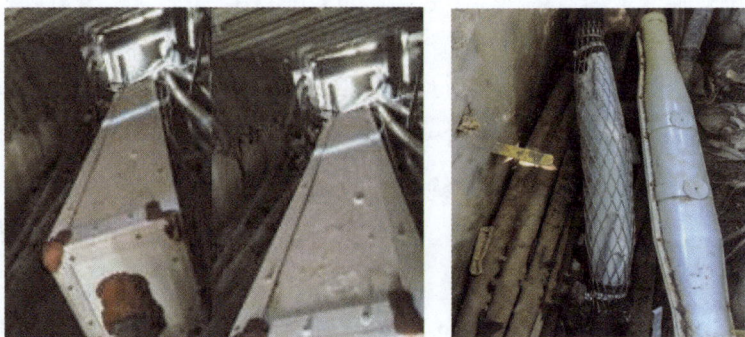

图 4-24　中间头采用包裹防火带毯或阻燃型防爆盒

【案例二】2022 年某供电局开展反事故措施排查中发现电缆与低压电缆及通信线缆同沟敷设（见图 4-25），未采取物理隔离，未采取防火隔离或防火处理措施，存在电缆火灾隐患。

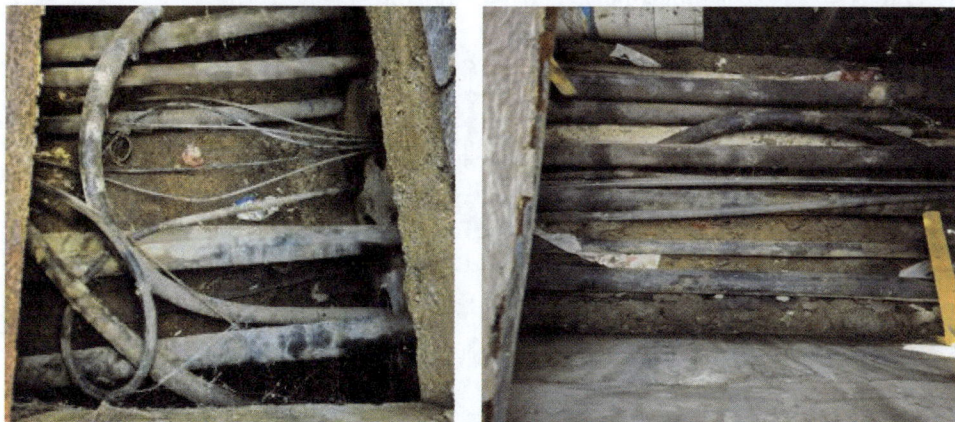

图 4-25　电缆与其他管线同沟敷设

处理措施：对该电缆通道敷设电缆进行排查，针对多回电缆管线同沟敷设且有低压电缆及通信线缆同沟敷设，中压电缆梳理上架，低压电缆及通信线缆采取防火防爆隔离措施，并采取套阻燃套管，电缆沟内分段建防火隔离或防火处理措施。

> **4.11　反措规定：**新建和改造的 10kV 及以下架空线路的拉线必须安装与线路电压等级相同的绝缘子，拉线绝缘子应装在最低导线下方，应保证在拉线绝缘子以下断拉线情况下，拉线绝缘子距地面不应小于 2.5m。按轻重缓急开展存量拉线绝缘子安装工作，优先改造水田等人员易触碰区域线路。
>
> 注：南方电网公司反事故措施（2023 版）5.1.10 条。

反措条款解读：

在 10kV 及以下架空线路，电杆拉线与导线的距离过近或发生导线断线事故时，导线有可能触碰拉线导致拉线带电，人或动物误碰拉线会造成触电事故。在拉线安装线路电压等级相同的绝缘子的目的就是在拉线上形成一个绝缘点，即使发生上述问题，也能有效地隔绝电压通过拉线传到地面，防止人员触电。

【案例】2021 年某供电所日常巡视发现某 10kV 线路 24 号杆拉线上没有安装同等电压等级绝缘子（见图 4-26），且杆塔位置在水田边，属于人员和动物

活动区域，存在安全风险。

处理措施：结合停电计划，更换电压等级一致拉线绝缘子，见图 4-27。

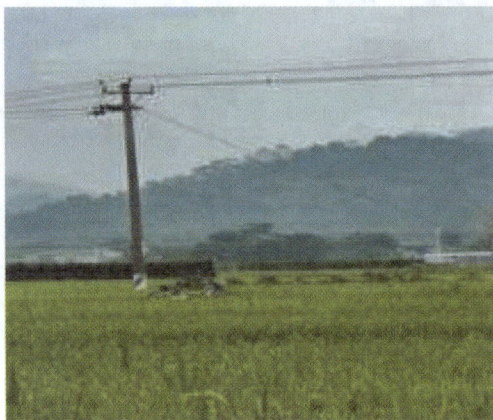

图 4-26　拉线上没有安装同等电压等级绝缘子　　图 4-27　拉线安装同等电压等级绝缘子

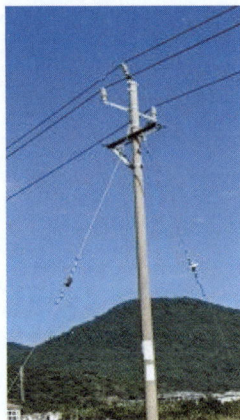

4.12　反措规定：新建及改造线路，禁止使用对接式铜铝过渡设备线夹、线耳。

注：南方电网公司反事故措施（2023 版）5.1.11 条。

反措条款解读：

禁止使用对接式铜铝过渡设备线夹、线耳，因为铜和铝的电化性质不相同，将它们直接连接时，一旦遇到空气潮湿产生水分形成电解液时，就将产生电池效应。同时铜和铝的热膨胀系数不同，铜和铝的化学及物理性质差距大，铜和铝直接连接，流过电流时会发生电化腐蚀，长期使用会导致铜铝连接处电阻增大发热，甚至松动、断裂。

【案例一】某供电局运维人员巡视发现，10kV 线路支线 01 开关 1 号隔离开关上端对接式铜铝过渡线夹断裂（见图 4-28），工作人员及时处理。

处理措施：结合停电，更换该 10kV 线路支线 01 开关 1 号隔离开关存在的 6 处对接式铜铝线夹。

【案例二】2021 年 3 月 22 日某供电局巡视发现 10kV 线路 4 号杆 A01 断路器的线夹为对接式铜铝过渡设备线夹（见图 4-29）。

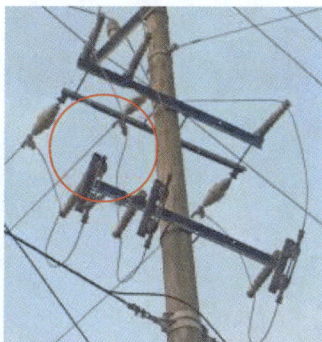

图 4-28　线夹断裂

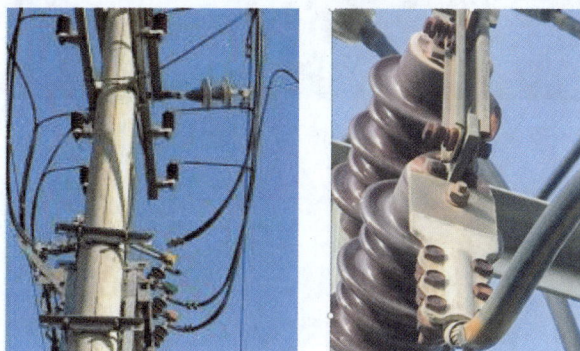

图 4-29　对接式铜铝过渡设备线夹

处理措施： 停电更换 10kV 线路 4 号杆 A01 断路器的 6 处铜铝过渡设备线夹。

第五章
二次系统事故案例

第一节　继电保护反措案例

5.1　反措规定： 为防止回路改变造成的保护误动和拒动，南方电网标准设计以外的设备在接入保护回路及跳合闸回路前，应按设备调管范围经相应的保护主管部门批准。

注：南方电网公司反事故措施（2023版）6.1.2条。

反措条款解读：

对于南方电网标准设计以外的继电保护设备，由于其保护配置、功能逻辑及二次回路接线与标准设计存在差异，在开展现场作业和整定计算过程中增加了"误碰、误接线、误整定"风险，为防止回路改变造成的保护误动和拒动，需要对设备的配置、软件版本和二次回路接线进行统一管控。并入南方电网的继电保护设备应符合南方电网标准设计要求，由于一次设备、主接线方式等原因有特殊功能需求的，应按设备调管范围经相应的保护主管部门同意并及时修订相关图纸资料。

【案例】某变电站现场正在开展配合500kV BW线扩建（新增5012开关）工程二次回路接入调试及验收工作，试验人员用测试仪模拟5013开关充电保护动作启动5013开关失灵功能时，500kV 2M母线失灵保护动作，导致5023、5033、5043开关跳闸。经检查5013开关保护失灵跳500kV 2M的压板设置在母差保护屏内，不符合南方电网公司标准设计，运行人员在执行"退出5013开关保护"时未退出母差保护中5013失灵启动压板，见图5-1。

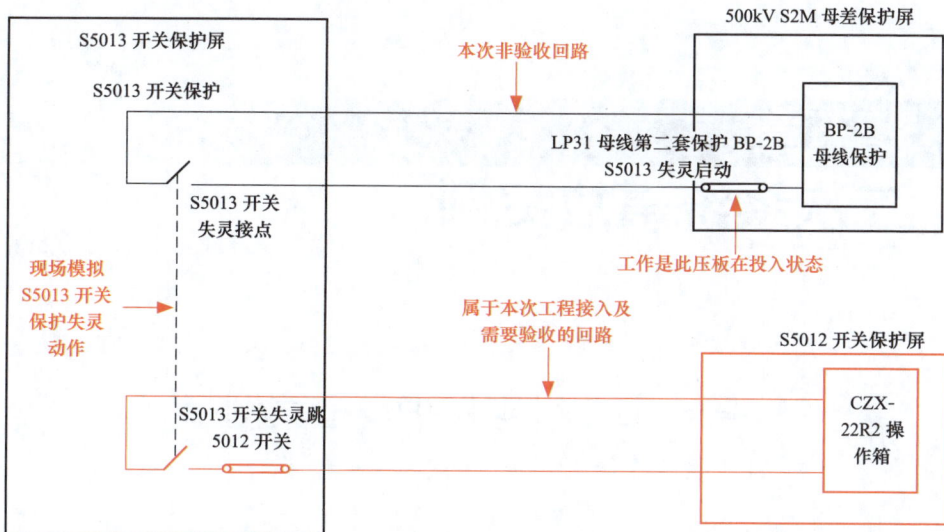

图 5-1　5013 开关失灵保护回路示意图

处理措施： 结合技改对 5013 开关保护等相关装置及回路进行改造，使压板设置符合南方电网公司标准设计要求。

> **5.2　反措规定：** 厂站新投运设备的二次回路（含一次设备机构内部回路）中，交、直流回路不应合用同一根电缆，强电和弱电回路不应合用同一根电缆。
>
> 注：南方电网公司反事故措施（2023 版）6.1.3 条。

反措条款解读：

交、直流回路从功能上分别属于独立的系统，若交、直流回路共用电缆，交、直流回路间容易发生互相干扰，降低直流回路的绝缘电阻；同时直流回路是绝缘系统，交流回路则是接地系统，两者之间容易造成短路，影响设备的正常运行。若强电和弱电回路共用电缆，则当强电负载不对称时，将产生不对称零序磁通，可能在弱电回路感应出电动势，影响弱电回路设备的正常工作，甚至造成损坏。为增强二次回路的运行可靠性，交、直流回路强电和弱电回路均应使用独立电缆，且动力电缆和控制电缆应按种类分层敷设，严禁用同一电缆的不同导线分别传送动力电源和信号。

【案例】 某 110kV 变电站断路器跳闸，经检查，断路器机构箱至端子

箱之间的控制回路与电气闭锁回路交直流回路共用电缆，因控制回路芯线与交流回路芯线之间绝缘下降，导致交流电压窜入直流回路引起开关跳闸。控制回路交直流共用电缆且出现锈蚀情况见图5-2。

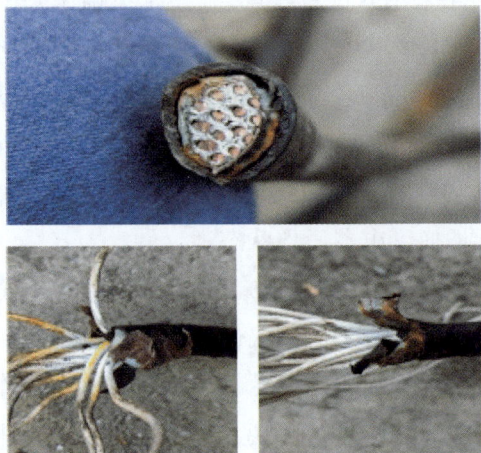

图5-2 控制回路交直流共用电缆且出现锈蚀情况

处理措施：将断路器机构箱至端子箱之间的交直流回路分开，避免因出现交直流回路串电影响设备正常运行。

> **5.3 反措规定**：新投运设备电压切换装置的电压切换回路及其切换继电器同时动作信号采用保持（双位置）继电器触点，切换继电器回路断线或直流消失信号，应采用隔离开关常开触点启动的不保持（单位置）继电器触点。电压切换回路采用双位置继电器触点，而切换继电器同时动作信号采用单位置继电器触点的运行电压切换装置，存在双位置继电器备用触点的，要求结合定检完成信号回路的改造；无双位置继电器备用触点的，结合技改更换电压切换装置。
>
> 注：南方电网公司反事故措施（2023版）6.1.7条。

反措条款解读：

电压切换回路主要解决双母线接线形式下，保护装置根据母线一次运行方式选择本间隔对应二次电压的问题。

若使用单位置继电器，则仅反映母线隔离开关的常开辅助触点的状态，没有自保持功能，在正常运行或母线倒闸操作过程中，隔离开关的常开辅助触点

接触不良，会导致保护装置失去母线二次电压，影响阻抗保护及方向判别保护功能。南方电网保护装置二次电压切换回路采用双位置触点解决常开辅助触点接触不良导致失去母线二次电压的问题。

二次电压切换回路采用双位置触点，当母线倒闸操作过程中隔离开关的常闭辅助触点接触不良时，会出现 1M、2M 双位置继电器同时动作，二次电压异常并列；此时若断开母联断路器将会导致二次电压异常反充电，导致 TV 空气断路器跳闸，甚至操作箱会 TV 二次绕组烧毁。因此当保护屏的电压切换回路采用双位置继电器触点时，切换继电器同时动作信号应采用双位置继电器触点，以便监视双位置切换继电器工作状态。

【案例】 某 220kV 变电站在 220kV Ⅱ 段母线停电操作过程中，因 TV 二次反充电，造成 220kV Ⅰ 段母线 TV 二次保护空气断路器跳闸，最终导致全站失压。事件分析发现，220kV D 线的电压切换继电器同时动作信号回路采用不保持（单位置）继电器触点，在 Ⅱ 母隔离开关常闭辅助触点未正常闭合时，无法发出异常告警信号（见图 5-3），不满足技术规范要求。

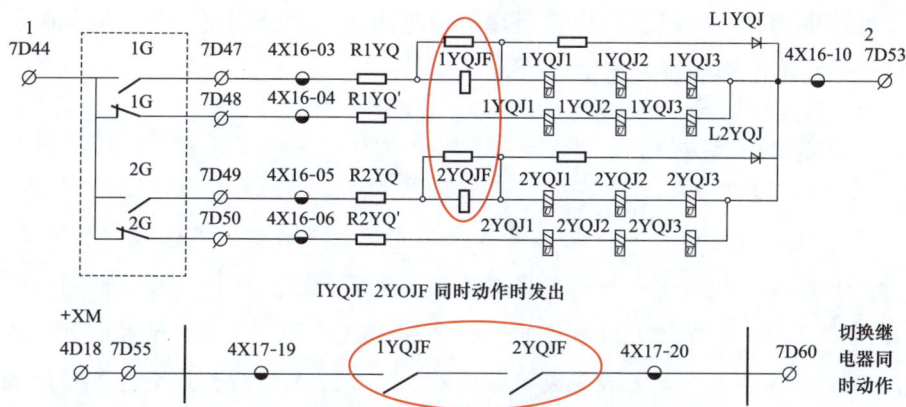

图 5-3　切换继电器同时动作信号回路（单位置）

处理措施： 将 220kV 某线路的电压切换继电器同时动作信号回路改为双位置继电器触点，使其有效监视隔离开关位置异常状态，提前发现并防范 TV 二次侧反充电。

5.4　反措规定：

（1）采用油压、气压作为操动机构的断路器，压力低闭锁重合闸触点

应接入操作箱。

（2）对断路器机构本体配置了操作、绝缘压力低闭锁跳、合闸回路的新投运保护设备，应取消相应的串接在操作箱跳合闸控制回路中的压力触点。断路器弹簧机构未储能触点不得闭锁跳闸回路。

（3）已投运行操作箱接入断路器压力低闭锁触点后，压力正常情况下应能保证可靠切除永久故障（对于线路保护应满足"分－合－分"动作要求）；当压力闭锁回路改动后，应试验整组传动分、合正常。

注：南方电网公司反事故措施（2023版）6.1.9条。

反措条款解读：

对于液压机构，其操动机构压力低通过液压油的油压降低来体现，压力触点值从高到低分别为：压力低告警、压力低闭锁重合闸、压力低闭锁合闸、压力低闭锁分闸整定。如果压力低闭锁重合闸触点未接入操作箱（或保护装置开入），当线路故障时则会出现非全相运行和慢分慢合、损坏设备的危险。例如：断路器运行中，出现单相机构压力低至闭锁重合闸或合闸的压力值，由于压力低闭锁重合闸触点未接入操作箱，若此时线路出现单相瞬时性故障，则该断路器单相跳闸，由于此时压力低闭锁了合闸，而断路器依然可以收到重合闸命令，却无法重合，线路则会长时间处于非全相运行状态，影响电网稳定运行；此时线路出现单相永久性故障，在该相断路器重合闸及第二次跳闸时，由于压力已经降低至闭锁合闸或分闸值，存在断路器慢分慢合，灭弧时间加长的风险。如果将压力低闭锁重合闸触点接入操作箱，此时无论出现何种故障，断路器收到跳闸命令后均直接瞬时三跳，不会出现非全相运行和慢分慢合情况。

现场验收时，应试验压力低告警、压力低闭锁重合闸、压力低闭锁合闸、压力低闭锁分闸压力接点值的满足对应的合分闸次数的要求。

【案例一】某500kV变电站500kV F线A相线路故障，5171、5172开关A相跳闸，重合成功。18s后，500kV F线A相再次故障，5171、5172开关A相跳闸，重合闸装置动作。根据设备技术说明，该断路器额定操作顺序为"分—0.3s—合—分—180s—合—分"。第二次故障跳闸后5171、5172开关A相正处在建压过程中，低油压闭锁继电器闭锁开关分合闸回路，同时应向5171、5172开关保护发送闭锁重合闸开入。从5171、5172开关保护动作报告看，断路器

保护未收到闭锁重合闸开入信号。现场检查发现 5171、5172 开关机构压力低闭锁重合闸回路接线错误。

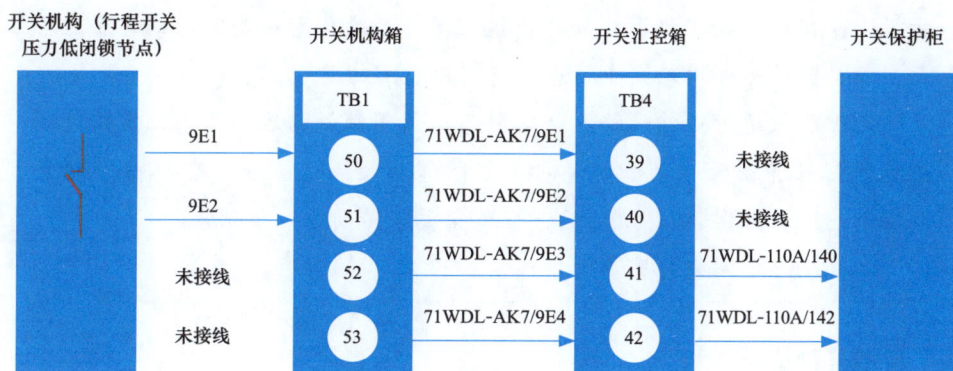

图 5-4　压力低闭锁回路

处理措施： 对 5171、5172 开关压力低闭锁重合闸回路错误的接线进行整改，并开展现场试验验证。

【**案例二**】某 220kV 变电站 110kV B 线发生永久性故障，由于"弹簧未储能触点"误接入操作箱压力闭锁跳闸回路，导致保护重合于故障后断路器拒动，见图 5-5。事件造成 1、2、3 号主变压器中压侧后备保护跳闸，110kV 双母线失压。

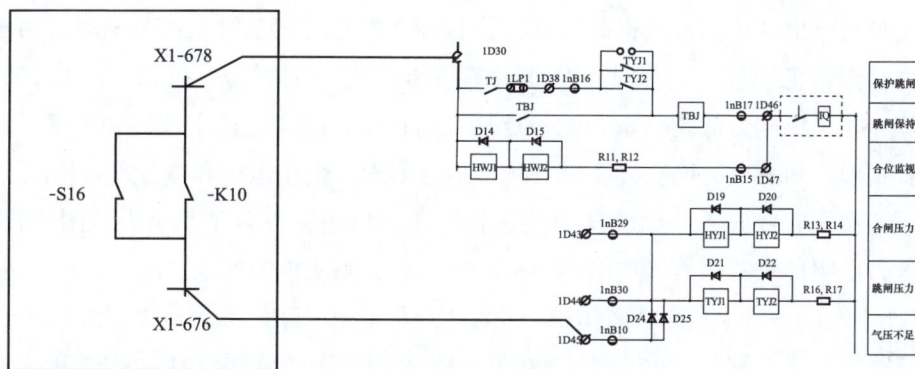

图 5-5　某 220kV 变电站Ⅱ回压力回路接线

处理措施： 取消串接在该 220kV 变电站 110kV B 线操作箱跳闸回路中的"弹簧未储能触点"，并开展 110kV 及以上断路器气压低闭锁分合闸回路专项排查。

5.5　反措规定：新投运电压互感器的二次绕组二次电压回路采用分相空气断路器，并实现有效监视。对于已投入运行的母线 TV 二次三相联动空气断路器，结合 TV 检修、技改等逐步进行更换；配置备用电源自动投入装置且线路可能轻载的厂站应优先更换；已投运变电站内备用电源自动投入装置动作逻辑，若具备并投入检测线路无压和线路开关跳闸位置防误功能的，该站可不更换三相联动空气断路器。

注：南方电网公司反事故措施（2023 版）6.1.11 条。

反措条款解读：

继电保护、备用电源自动投入装置等装置能否正确动作，主要依赖于外部的电气量输入和装置自身逻辑，其中一个重要的电气量输入就是电压。如果采用三相联动空气断路器，当某一相电压二次回路异常时，会导致三相电压同时消失，容易引起保护装置距离元件等功能误动、备用电源自动投入装置误跳运行设备等风险。为有效降低母线 TV 二次空气断路器跳闸误动风险，厂站电压互感器的二次绕组二次电压回路应采用分相空气断路器并实现有效监视。

【案例】 2017 年 2 月 15 日，计划开展某 220kV Ⅰ回线路 2522 母线侧隔离开关检修。运行人员将Ⅱ段母线负荷转移到Ⅰ段母线后，断开 220kV 母联 212 断路器，220kV 备用电源自投装置跳开Ⅰ回线路 254 断路器、Ⅱ回线路 253 断路器，出口合Ⅱ回线路 251 断路器，后因Ⅱ回线路主一、主二保护距离手合加速保护动作断开 251 断路器，发生全站失压事件。

处理措施：将母线二次电压三相联动空气断路器更换为分相空气断路器，见图 5-6。

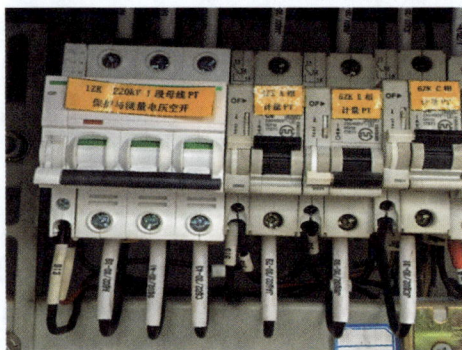

图 5-6　母线 TV 采用三相联动空气断路器

5.6 反措规定：根据"110kV~500kV系统高阻故障继电保护风险防控技术方案（总调继〔2021〕25号）"要求，提高差动保护在110~220kV线路覆盖率。推动在运220kV线路全面配置差动保护；新建、改扩建110kV线路应配置差动保护，加快推进110kV三端T接线路差动保护配置。

注：南方电网公司反事故措施（2023版）6.1.16条。

反措条款解读：

线路高阻故障期间呈现故障轻微缓慢发展特征，导致故障期间零序电流缓慢增加，部分故障甚至间歇性周期波动，引起保护装置出现零序功率方向元件开放死区、TA断线闭锁零序起动元件、零序电压过低不开放、失灵保护复压闭锁等原理性风险。随着新型电力系统的持续发展，110kV电网由于新能源接入、环网运行、弱绝缘变压器等原因，主变压器中性点接地点增多，导致零序阻抗降低且随方式变化大，一方面增加了高阻故障期间零序功率方向元件电压死区风险，另一方面增大了110kV系统零序电流保护失配风险。光纤差动保护具有高阻接地时灵敏度高，多重、复杂故障时选择性好的特点，通过强化差动保护配置，可进一步提升高阻故障隔离速动性、可靠性。

【案例】某110kV线路由于树障引起线路C相高阻接地，线路某侧220kV变电站线路保护因满足零序电流条件长期起动，但因零序电压不足，装置判别为TA断线，闭锁相应零序过流保护动作出口，因未配置差动保护导致线路保护未切除故障，220kV 1、2号主变压器中压侧零序后备保护动作，导致上级主变压器跳闸，隔离故障。本次事件表明在未配置差动保护时，在高阻故障期间因零序电压可能导致零序过流保护闭锁，110kV线路保护和220kV主变压器保护的选择性不足，将扩大跳闸范围，220kV某变压器示意图见图5-7。

处理措施：完善该110kV线路保护配置，使其具备光纤差动保护功能。

5.7 反措规定：

（1）新投运的220kV母线保护要求：

1）220kV母线保护装置失灵功能出口跳闸时，出现主变压器、母联（分段）间隔开关失灵时，装置应能继续启动失灵保护，实现故障隔离的要求；

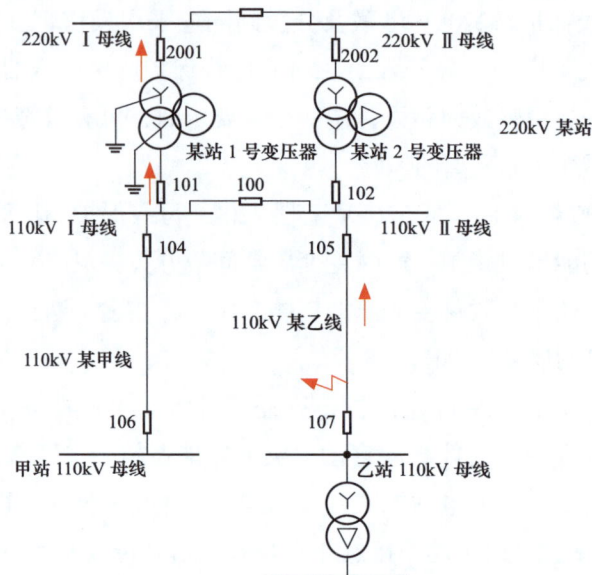

图 5-7 220kV 某变压器示意图

2）220kV 主变压器间隔应采用电气量保护动作触点和操作箱三跳（TJR）动作触点作为三相跳闸启动失灵开入给 220kV 母线及失灵保护；3.220kV 母联及分段间隔应采用操作箱三跳（TJR）动作触点作为三相跳闸启动失灵开入给相应的 220kV 母线及失灵保护。

（2）已投运的 220kV 母线保护应满足上述失灵功能逻辑或失灵回路的其中一个，均不满足的应开展整改。

注：南方电网公司反事故措施（2023 版）6.1.17 条。

反措条款解读：

失灵保护是在开关拒动情况下，为防止事故扩大，而将拒动开关所在母线的所有支路切断供电的保护。为防控多个断路器失灵情况下故障不能快速隔离的风险，按照失灵逻辑设计原则，220kV 母线保护失灵动作跳闸出现 220kV 主变压器间隔断路器失灵时，装置内部逻辑应能判断失灵间隔，再次启动失灵并实现联跳相应主变压器三侧断路器；出现 220kV 母联间隔断路器失灵时，装置内部逻辑应能判断失灵间隔，再次启动失灵并实现联跳母联所连接的另一段母线上的断路器。按照失灵相关二次回路设计原则，220kV 主变压器间隔应采用电气量保护动作触点和操作箱三跳（TJR）动作接点作为三相跳闸启动失灵开

入给 220kV 母线保护；220kV 母联及分段间隔应采用操作箱三跳（TJR）动作触点作为三相跳闸启动失灵开入给 220kV 母线保护。主变压器、母联（分段）间隔满足上述失灵逻辑或回路设计中一个的要求时，可有效管控多个断路器失灵情况下故障不能快速隔离的风险。

【案例】2017 年 4 月，某 220kV 工程 220kV 母线保护调试验收中，发现当线路间隔失灵功能出口跳闸，同时主变压器间隔开关失灵时，无法继续启动失灵保护，无法实现失灵联跳主变压器三侧开关，存在多个断路器失灵情况下故障不能快速隔离的风险，见图 5-8。

处理措施：对 220kV 母线保护进行程序升级，使其具备失灵保护动作主变压器间隔断路器失灵时能再次启动失灵的功能逻辑。按照 Q/CSG 1201017—2017《南方电网 220kV 变电站二次接线标准》将主变压器保护电气量保护动作接点与操作箱三跳（TJR）动作接点并联开入 220kV 母线及失灵保护装置。

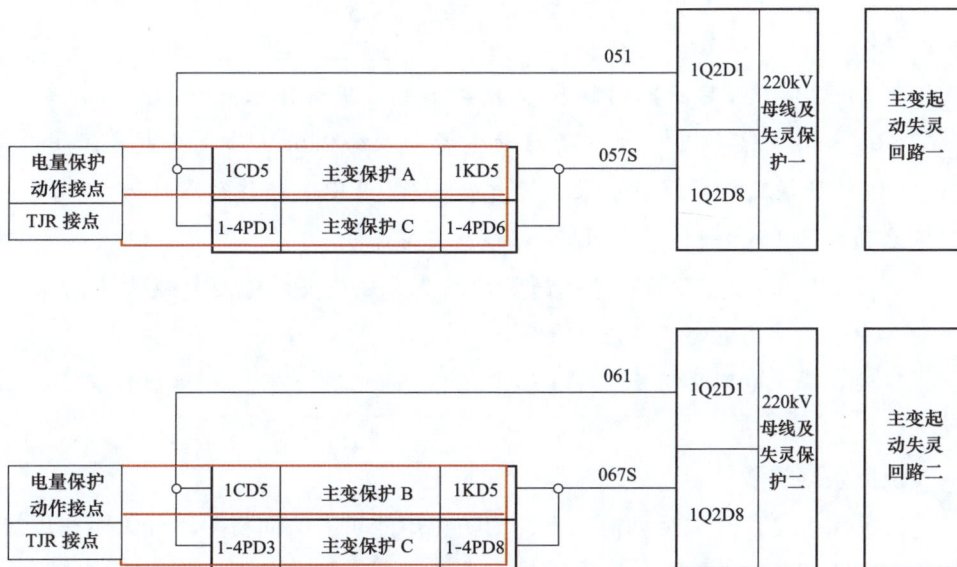

图 5-8　主变压器间隔启动失灵回路示意图

5.8　反措规定：

（1）新投运保护装置软错误自检应满足以下要求：

1）装置上电后对内存中不变的数据具备监视的功能。

2）采用保护＋保护双 CPU 架构宜具备并使用内存校验功能，采用保护＋启动双 CPU 架构应具备并使用内存校验功能。

3）当装置监视到内存数据异常时，记录异常并采取恢复措施。

（2）存在软错误风险的 220kV 及以上存量保护版本，各省区应根据最新发布的保护软件版本开展相关排查工作及设备运行风险评估，并结合停电、定检按轻重缓急开展设备软件版本升级工作。

注：南方电网公司反事故措施（2023 版）6.1.18 条。

反措条款解读：

在一些电磁、辐射环境比较恶劣的情况下，半导体集成电路（IC）会受到干扰，使器件逻辑状态翻转，使得原来存储的"0"变为"1"，或者"1"变为"0"，从而导致系统功能紊乱，甚至发生灾难性事故。这种问题一般称为单粒子翻转（SEU），SEU 造成的逻辑错误不是永久性的，因此又被称作"软错误"。应对软错误措施在存储器层级主要有奇偶校验、纠错码校验（ECC）等校验方法，在装置层级主要通过双 CPU 冗余架构和内存自检校验等措施解决，对存在软错误风险的 220kV 及以上保护设备，通过开展软件版本开发、验证和程序升级，可进一步完善芯片软错误校验机制，避免继电保护不正确动作事件发生。

【案例一】某 220kV 变电站 110kV D 线 B 相故障，保护动作，1162 开关跳开。线路保护动作同时，2 号主变压器 A 套保护装置高压侧过流保护 I 段动作，B 套保护装置未动作。故障期间 2 号主变压器保护 A 屏装置均没有告警和异常信号，调取现场异常装置的内存数据，发现存储动作计数器的内存异常，导致高压侧过流保护 I 段误动作。220kV 2 号主变压器保护 A 屏动作报文见图 5-9。

处理措施：对存在软错误风险的保护版本，开展设备软件版本升级工作。

【案例二】2020 年 2 月 11 日，某 500kV 变电站 J 线 5051、5052 开关三相跳闸。该 500kV 变电站当日无任何检修、操作作业，无外来作业人员，运行人员对站内一、二次设备进行了日常巡视，500kV J 线线路保护启动前，保护装置正常运行，没有发现相关的异常信号。开关跳闸时站内无一次故障，500kV J 线对侧站主一、主二保护突变量启动，无动作出口；500kV J 线该站主一、主二保护突变量启动，无动作出口报文，但主一保护面板 C 相跳闸、重合灯点

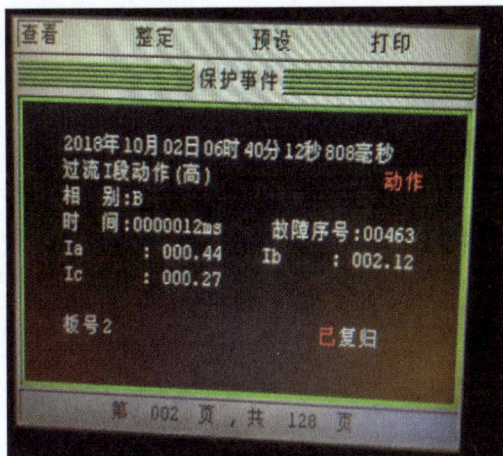

图 5-9　220kV2 号主变压器保护 A 屏动作报文

亮，5051、5052 开关操作箱第一组三相跳闸灯亮。（跳闸期间区外有故障扰动，500kV K 线 C 相故障）。经现场检查分析，确认 500kV J 线该站侧主一保护装置存在异常，在区外扰动、装置启动情况下，开出了跳 C、闭锁重合闸等继电器出口，导致 5051、5052 开关三相跳闸。

处理措施： 对存在软错误风险的保护版本，开展设备软件版本升级工作。

> **5.9　反措规定：** 开关设备的端子箱、汇控柜内应有完善的驱潮防潮装置，防止凝露造成二次设备损坏。对台风影响区域的户外端子箱、汇控柜可采用顶部加装遮雨罩、底部加装升高座、加强端子箱电缆进线封堵等措施，防止雨水、潮气入侵。
>
> 注：南方电网公司反事故措施（2023 版）6.1.20 条。

反措条款解读：

变电站端子箱、汇控柜是室外电气设备与室内测控、保护、通信等设备连接的中间环节，在空气潮湿时，尤其是在雨季，室外端子箱内潮湿凝露积水，易导致直流二次回路对地绝缘电阻下降，造成直流系统接地；同时受潮容易使端子排螺栓和连接片生锈，使二次端子接触不良，造成测控、保护装置运行异常、误发信号，甚至引起保护拒动或误动，严重威胁电网安全稳定运行。通过完善温湿度控制器、冷凝器等防潮装置，加强端子箱、汇控柜电缆进线封堵等措施，可有效防止雨水、潮气入侵，使得箱体内温湿度控制在合理的湿度范围

内，为户外端子箱、汇控柜正常运行提供了安全保障。

【案例一】某换流站自投运以来，每到雨季（7、8月份）或秋冬换季时，早晚温差大时，端子箱、汇控柜柜内与柜外温差大时经常发生室外端子箱、汇控柜受潮严重、柜顶有凝露现象，汇控柜、端子箱顶部全部是凝结的水珠，波及换流站整个500kV设备区、35kV设备区端子箱、汇控柜，造成个别设备间隔频繁误报"开关机构油泵打压""打压电机运转、复归"等信号。而实际上开关液压机构压力并不低，油泵并未打压。有时甚至不停地误报隔离开关位置分闸、合闸信号，给设备的正常运行带来一定的安全隐患，极有可能造成断路器误跳闸事故。同时频繁的误报信号也给监控人员运行监盘带来很大的麻烦，不利于正常监盘。端子箱受潮存在积水见图5-10。

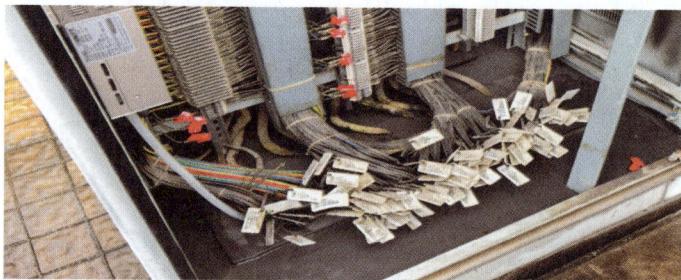

图5-10 端子箱受潮存在积水

处理措施： 在户外端子箱、汇控柜顶部加装遮雨罩，定期检查驱潮装置确保运行良好，采用新型高分子材料对户外的端子箱、汇控柜进行密封。

【案例二】2017年02月26日，某换流站SER报极2高、低端阀组外部保护动作，极2双阀组退至备用状态。现场检查转换母线分压器SF_6表计端子箱内，发现外部跳闸回路2中端子P:31、P:32绝缘偏低，发现两端子受潮严重，端子已有铜锈，导致转换母线分压器（=22B12-R5）SF_6压力低跳闸2回路导通，K200继电器励磁，导致极2双阀组跳闸。直流分压器端子箱位置图见图5-11。

处理措施： 措对直流分压器SF_6表计接线盒内所有受潮端子进行更换，并复测绝缘合格后重新进行密封防潮处理。接对全站直流分压器SF_6端子箱采取了内部增加防潮剂、盒盖接缝处增加涂抹玻璃胶的防水措施。子箱对各换流站点直流分压器、换流变压器阀侧套管、直流穿墙套管等设备的SF_6表计端子箱进行了全面防潮密封检查。计端对直流场直流分压器SF_6表计端子箱采取增设防雨罩、改良为全封闭端子箱等手段避免端子箱受潮。计端对直接导致跳闸的

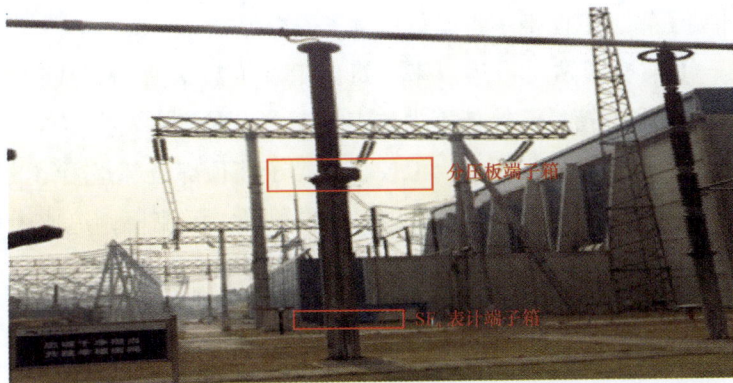

图 5-11　直流分压器端子箱位置图

设备非电气量回路进行检查，确保满足跳闸引出端子应与正电源适当隔开，至少间隔一个端子。对不满足要求的回路采取增加端子片以及绝缘隔板的措施进行处理。接对户外端子箱已失效的干燥剂应立即更换，对故障加热器及时更换，每次打开直流分压器 SF$_6$ 表计端子箱后应更换密封垫圈，并将举措修编到运维策略及作业指导书。

5.10　反措规定：

（1）对于运行年限超 12 年的 110kV 及以上保护装置，经地市供电局、超高压局及双调电厂分管生产领导组织评估，存在保护拒动、误动或无法及时消缺等运行风险，应提前立项，按期改造。

（2）对于装置拒动、误动可能导致一级及以上事件（含事故）的保护装置，应提前立项，按运行年限不超过 12 年进行改造。

（3）对于有快速切除故障要求且运行年限超 12 年的 220kV 及以上保护装置，应提前立项，按运行年限不超过 12 年进行改造。

注：南方电网公司反事故措施（2023 版）6.1.22 条。

反措条款解读：

继电保护是电网安全稳定运行的关键保障，主保护拒动已成为影响电网运行的主要风险。按照现行行业标准，微机保护装置服役年限超过 12 年，CPU板、管理插件等核心插件达到设计年限，核心元器件停产，供应商技术支撑能力不足，质量将难以保证，运行可靠性存在快速下降趋势，进而成为威胁电网

安全稳定运行的突出隐患。为防范保护设备超期服役造成的运行风险，应加快推进 110kV 及以上超期服役保护设备改造，提高设备的运行可靠性。

【案例一】2015 年 6 月 19 日，某电厂由于启备变保护拒动（超期服役 27 年），造成启备变变压器本体起火，电厂升压站全站失压，造成 220kV 系统环网解环。现场保护装置及启备变本体烧损情况见图 5-12。

处理措施： 结合此次异常事件问题整改，对电厂内已超期服役的继电保护设备进行改造更换。

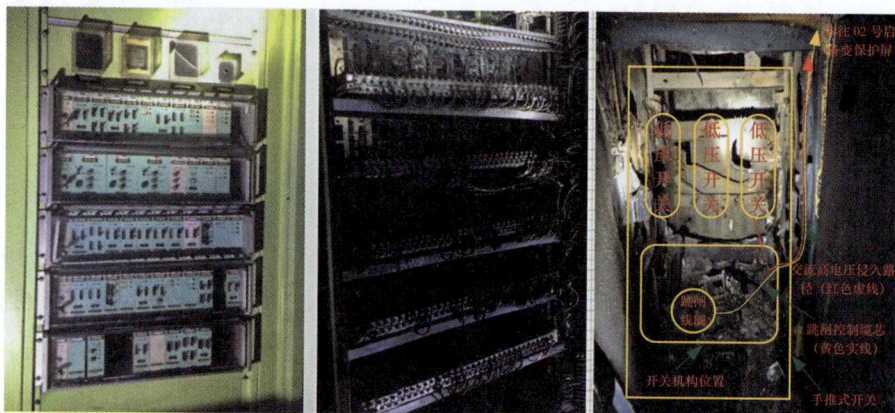

图 5-12　现场保护装置及启备变本体烧损情况

【案例二】2017 年，某 110kV 线路发生 C 相故障，因线路保护装置 CPU 插件故障（超期服役 15 年），同时"保护装置异常"光字牌因光字牌端子接线松动未能点亮。导致线路保护拒动，由 2 号联络变中压侧零序保护切除故障，造成事故扩大。现场保护装置及端子排照片见图 5-13。

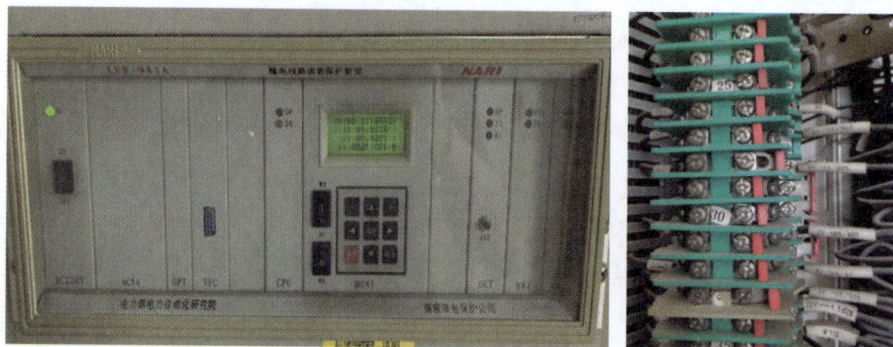

图 5-13　现场保护装置及端子排照片

处理措施：对线路保护装置 CPU 插件进行更换，申报紧急项目完成线路保护装置改造更换。

5.11　反措规定：为防范 CSC 系列线路保护同时跳合闸延时投入的风险（总调继〔2020〕10 号），应落实以下整改要求：

（1）未完成升级的 220kV 线路保护应结合定检开展升级工作，并结合年方式定期重新校核，核算出有失稳风险的线路间隔，应于当年的 6 月 30 日前完成软件版本升级工作。

（2）对于配置 CSC 系列的线路且有稳定风险的，升级前应制定风险管控预案，确保单套 CSC 保护运行时的电网安全稳定。

注：南方电网公司反事故措施（2023 版）6.1.23 条。

反措条款解读：

早期保护设备供应商在进行线路保护功能逻辑设计时增加了重合闸短延时确认环节，在完成跳闸逻辑后，原跳闸相延时 150ms 后再判断开关重合，判断跳开相恢复有电流后再投入重合后保护及加速保护。保护增加适当短延时确认环节，可在二次回路、开关本体等异常时有一定的防误作用，但在极端情况下会出现保护动作增加额外延时，导致故障切除时间偏长问题。随着二次回路的优化完善，操作箱等二次回路设备的普遍使用和不断优化，综合近十年的运行经验，防跳回路异常导致断路器多次合闸问题已渐渐消失，同时一次系统对保护动作时间要求也越来越严格。为提高保护的速动性，避免在特殊故障时存在无法快速切除故障，从而可能导致系统失稳的风险，应通过修改保护跳闸后判重合的相关逻辑，实现特殊情况下重合至故障后可快速跳闸。

经初步梳理核算，由于 CSC（CSL）系列线路保护均存在该风险，若网内 220kV 及以上线路发生同类故障时，部分线路将无法满足电网故障极限切除要求，并可能导致系统失稳。若进一步考虑开关失灵，不满足极限切除时间的线路数量将进一步扩大。CSC 系列线路保护延时投入风险排查及校核方法如下：

（1）仿真校核时序。校核时序如图 5-14 所示，包括时序 1：保护开关正常动作时序［见图 5-14（a）］；时序 2：开关失灵动作时序［见图 5-14（b）］；时序 3：失灵时间优化校核时序［见图 5-14（c）］。第二次故障按两相接地故障和相间短路故障校核。

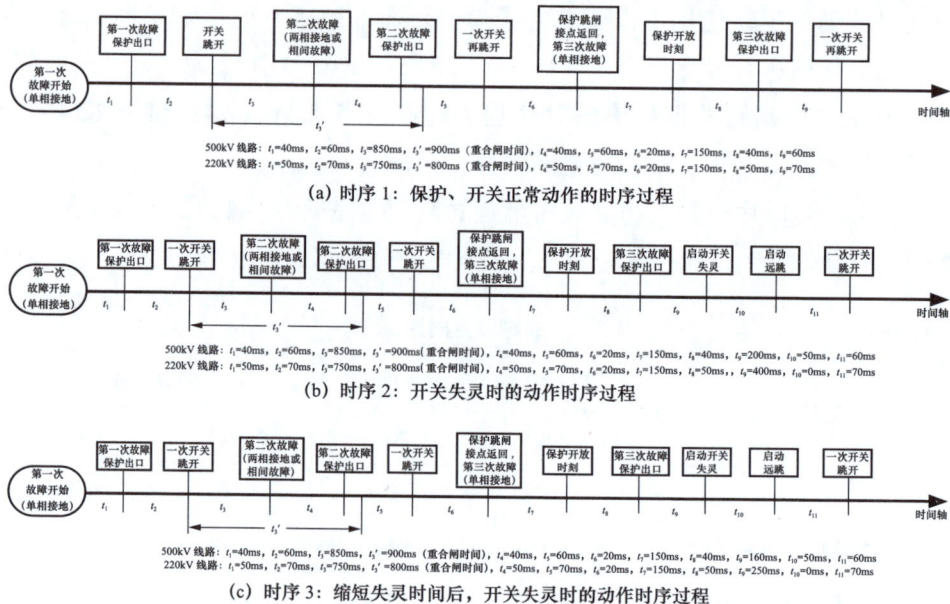

500kV 线路：t_1=40ms，t_2=60ms，t_3=850ms，t_3'=900ms（重合闸时间），t_4=40ms，t_5=60ms，t_6=20ms，t_7=150ms，t_8=40ms，t_9=60ms
220kV 线路：t_1=50ms，t_2=70ms，t_3=750ms，t_3'=800ms（重合闸时间），t_4=50ms，t_5=70ms，t_6=20ms，t_7=150ms，t_8=50ms，t_9=70ms

(a) 时序 1：保护、开关正常动作的时序过程

500kV 线路：t_1=40ms，t_2=60ms，t_3=850ms，t_3'=900ms（重合闸时间），t_4=40ms，t_5=60ms，t_6=20ms，t_7=150ms，t_8=40ms，t_9=200ms，t_{10}=50ms，t_{11}=60ms
220kV 线路：t_1=50ms，t_2=70ms，t_3=750ms，t_3'=800ms（重合闸时间），t_4=50ms，t_5=70ms，t_6=20ms，t_7=150ms，t_8=50ms，t_9=400ms，t_{10}=50ms，t_{11}=70ms

(b) 时序 2：开关失灵时的动作时序过程

500kV 线路：t_1=40ms，t_2=60ms，t_3=850ms，t_3'=900ms（重合闸时间），t_4=40ms，t_5=60ms，t_6=20ms，t_7=150ms，t_8=40ms，t_9=160ms，t_{10}=50ms，t_{11}=60ms
220kV 线路：t_1=50ms，t_2=70ms，t_3=750ms，t_3'=800ms（重合闸时间），t_4=50ms，t_5=70ms，t_6=20ms，t_7=150ms，t_8=50ms，t_9=250ms，t_{10}=50ms，t_{11}=70ms

(c) 时序 3：缩短失灵时间后，开关失灵时的动作时序过程

图 5-14　线路保护动作时序

图 5-14 的说明如下：

第一次故障为单相接地故障（以 A 相接地故障为例），第二次故障为非全相的两相接地或相间故障（以 BC 两相故障和 BC 两相接地故障为例）。t_1、t_4、t_8 为主保护逻辑判断时间，保守考虑 500kV 为 40ms，220kV 考虑为 50ms；t_2、t_5、图 5-14（a）的 t_9、图 5-14（b）和图 5-14（c）的 t_{11} 为保护出口后开关跳开机械行程时间，保守考虑 500kV 为 60ms，220kV 为 70ms；t_3 为第二次故障和第一次开关跳开时间间隔；t_3' 为重合闸时间，一般而言 220kV 为 0.8s，500kV 为 0.9s，具体校核以定值为准；t_6 为保护判断跳闸成功后触点返回时间；此时开关重合成功，合与第三次故障（考虑最严重情况即保护判断跳闸成功后触点返回，进入到 150ms 逻辑后立刻发生故障）。t_7 为四方主保护内部逻辑延时动作时间，根据不同软件版本从 150~400ms 不等（CSC 系列最大为 150ms，CSL 系列最大为 400ms）。图 5-14（b）中 t_9 为失灵保护典型延时定值；图 5-14（c）t_9 为缩短后的失灵保护延时定值，图中为参考值，该定值的优化实际取值参见"关于 500kV 开关失灵及死区保护动作延时定值优化备案的函（系统函〔2013〕63 号）"和"关于明确 220kV 开关

失灵保护动作延时优化工作要求的通知（系统〔2015〕29 号）"，校核时要根据实际优化值进行设置。图 5-14（b）和图 5-14（c）中 t_{10} 为启动远跳时间，对于 500kV 为断路器保护失灵动作启动远跳，考虑为 50ms；对于 220kV 由于线路保护差动动作已跳开对侧断路器，因此为 0ms。

（2）故障时序设置。仿真故障设置的典型时序见表 5-1，四方主保护内部逻辑延时动作时间、重合闸时间及失灵延时时间根据最严重情况确定。

表 5-1　　　　　　　　　　　　故障设置时序

故障设置	保护开关正常动作时序		开关失灵动作时序	
	500kV	220kV	500kV	220kV
A 相短路	0.00s	0.00s	0.00s	0.00s
A 相跳闸、短路消除	0.10s	0.12s	0.10s	0.12s
BC 相两相接地 / 相间短路	0.95s	0.87s	0.95s	0.87s
BC 相跳闸、短路消除	1.05s	0.99s	1.05s	0.99s
A 相重合于短路	1.07s	1.01s	1.07s	1.01s
A 相跳闸，相当于三相跳闸	1.32s	1.28s	1.57s	1.68s

【案例】2020 年 3 月 30 日，某 500kV 线路因山火发生 B 相接地故障。在线路两侧跳开 B 相并即将重合闸时，又发生 AC 相间接地故障。因两侧线路保护（CSC-103AN）三跳命令与断路器保护重合闸命令恰好几乎同时发出，导致 AC 相开关分闸后，B 相开关又合于故障。由于 CSC 系列线路保护在完成跳闸逻辑后，原跳闸相需延时 150ms 并判断跳开相恢复有电流后，才再次投入保护功能，导致第二次 B 相故障持续约 200ms 后方切除（在年方式规定的极限切除时间范围内）。故障录波波形及开关量记录见图 5-15。

处理措施： 组织开展 CSC 系列保护的软件版本完善和测试，并对相关线路开展线路保护装置的软件版本升级。对于未完成版本升级的设备，按照上述方法定期开展电网安全稳定校核，按调管范围校核配置 CSC 保护的 220kV 及以上线路开关正常动作和开关失灵时的稳定情况。

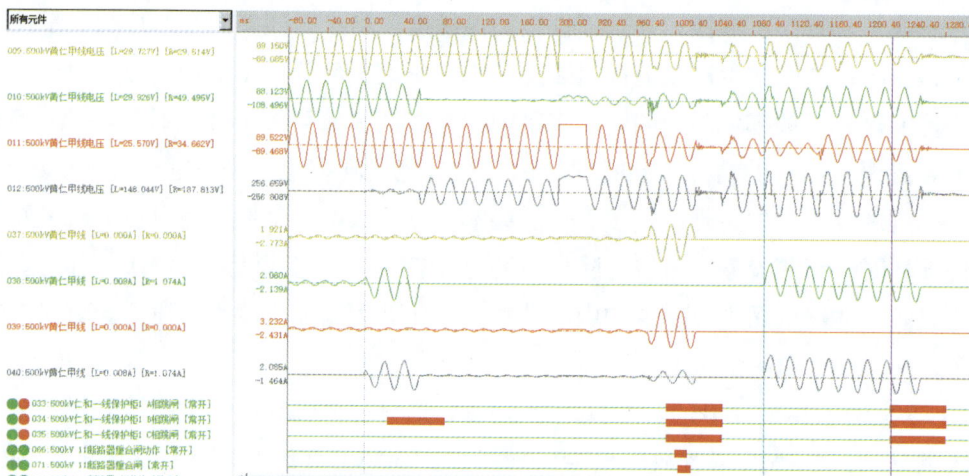

图 5-15 故障录波波形及开关量记录

5.12 反措规定： 针对 PRS753 系列线路保护早期选用的 RAM 内存芯片缺陷率偏高和内存芯片故障时防误机制不完善的问题（总调继〔2020〕13 号），应落实以下整改要求：

（1）2012 年标准版的 PRS753 系列线路保护开展软件版本升级，并更换采用 ISSI 公司内存芯片的插件。其中，一级特维线路应于 2021 年 6 月 30 日前完成；其余 500kV 线路应于 2021 年 12 月 31 日前完成，其余 220kV 线路保护可结合定检完成。

（2）220kV 非 2012 年标准版的 PRS753 系列线路保护开展技改或升级改造。其中，一级特维线路应于 2022 年 6 月 30 日前完成；其余线路可结合技改开展整改。

（3）各单位组织制定 110kV 及以下的 PRS753 系列线路保护的风险防控措施。

（4）各单位应加强运行监视，当装置出现"装置故障""装置异常"等告警信号或发出异响时，应尽快退出保护，并开展缺陷处理。

注：南方电网公司反事故措施（2023 版）6.1.24 条。

反措条款解读：

随着计算机技术的高速发展，微机保护的应用与推广已经成为继电保护的发展方向，微机保护装置一般由微机处理器（单片机）、开关电源模块等部

件组成，具有高可靠性，高选择性，高灵敏度的特点。随着内存芯片的大量使用，受芯片晶圆在生产制造或封装工艺水平影响，部分厂家型号选用的内存芯片可能存在失效率较高的问题，容易因内存芯片故障且防误机制不合理引发保护装置误发出口的情况。同时国行标要求电缆跳闸装置中单一电子元件损坏，光缆跳闸装置、相关光纤连接、智能终端、过程层网络交换机等设备中任一元件损坏时，相关设备应告警，除出口继电器外，不应造成装置误动作。针对上述风险，通过选用失效率低的内存芯片，优化装置故障检测闭锁逻辑等防误措施，防范误动风险。

【案例】2020 年 05 月 08 日，某 500kV 变电站 500kV H 线主二线路保护装置频繁通道故障及装置故障信号。现场检查 500kV H 线主二保护装置报文显示"内部通信中断"；主二保护面板"运行异常""装置异常"，"通道异常"的告警指示灯没有点亮。后台光字牌显示"保护装置故障""主Ⅱ保护 A 通道故障""主Ⅱ保护 B 通道故障"。检查期间装置频繁报 5041 及 5042 断路器保护闭锁重合闸 SOE 信号动作复归、保护 C 相跳闸动作、A 相跳闸动作，开关实际未跳闸。在检查过程中，5041、5042 断路器保护同时报 A、B、C 相跳闸开入，5041、5042 开关跳闸。经查是由于板 1 中 RAM2 内存芯片故障，引起程序执行异常，出现误写信号端口、握手线端口、出口跳闸端口现象，当出口端口和握手线端口同时被误写，且握手线端口信号电平变化满足条件时，保护装置跳闸出口。装置现象及异常记录见图 5-16。

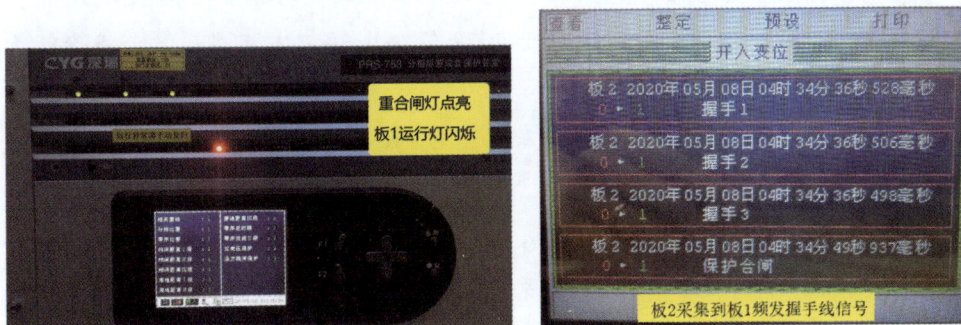

图 5-16　装置现象及异常记录

故障录波器接入了 500kV H 线主Ⅱ线路保护装置的 A 相跳闸信号、B 相跳闸信号、C 相跳闸信号。

如图 5-17 所示，录波器监视到 500kV H 线主Ⅱ线路保护装置的发 C

相跳闸信号，且持续时间约 5s，与后台测控监视到的该装置 C 相跳闸信号相符。

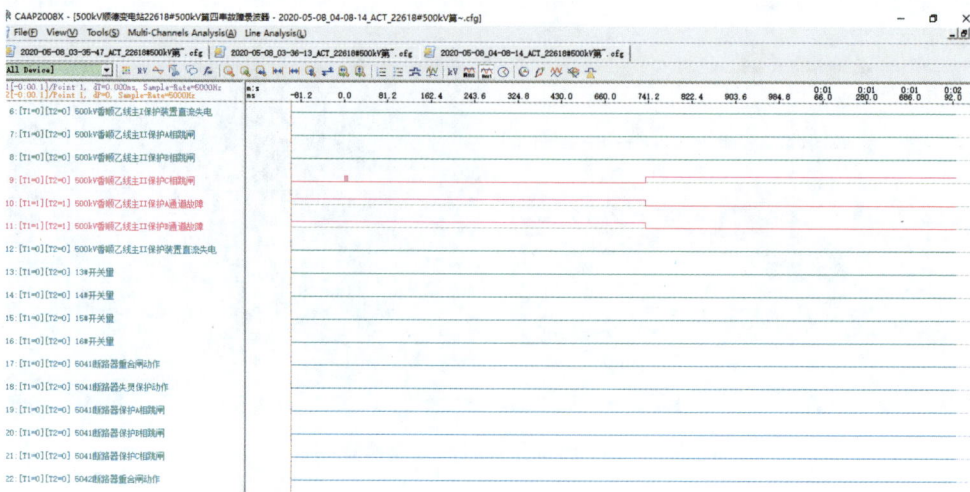

图 5-17　500kV H 线主二线路保护装置第一次 C 相跳闸信号及通道故障信号

一段时间后，5042 断路器保护三相跳闸，5041 及 5042 开关三相跳开，与后台测控监视到的情况基本相符。如图 5-18 所示，录波器监视到 500kV H 线主 Ⅱ 线路保护装置多次发 A 相跳闸信号，且在发 C 相跳闸信号。

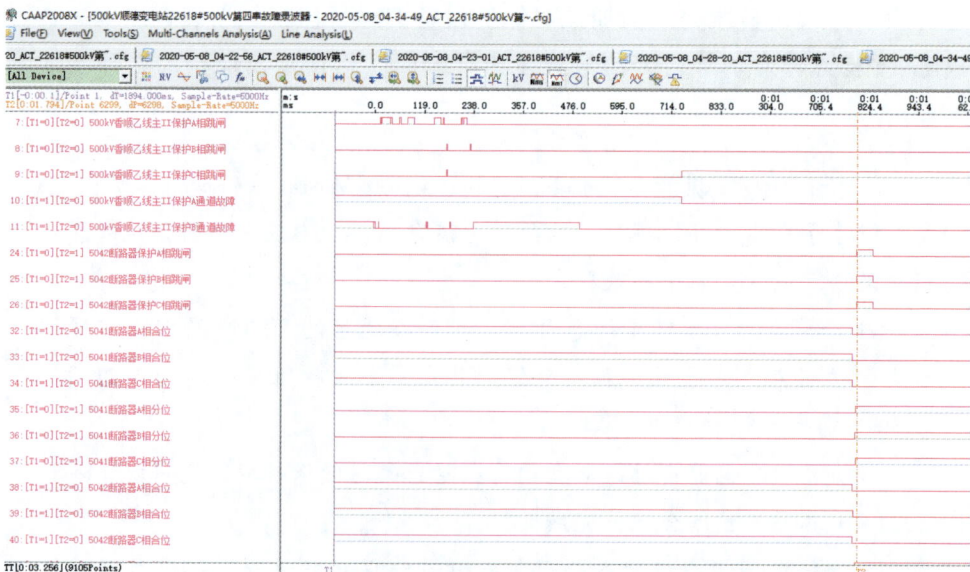

图 5-18　500kV H 线主 Ⅱ 线路保护装置第 2 次发 C 相跳闸信号

将芯片去封，用光学显微镜（OM）和扫描电子显微镜（SEM）观察失效点，发现绝缘层裂纹和表层金属损伤（见图 5-19），导致内存功能失效。

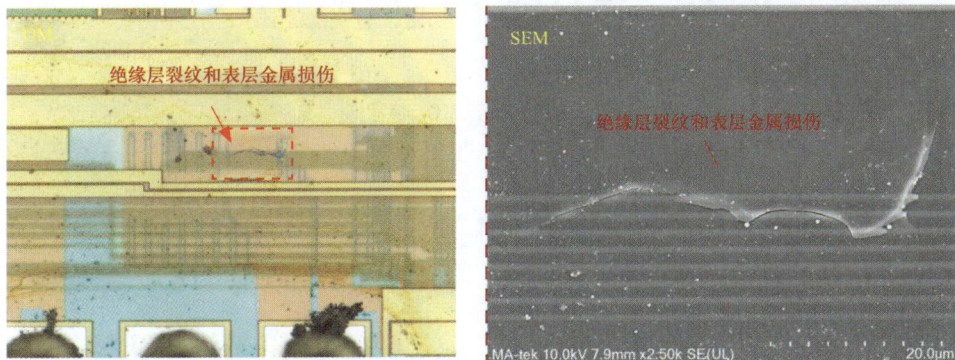

图 5-19　绝缘层裂纹和表层金属损伤

该芯片由于绝缘层损伤导致功能性失效，应是芯片晶圆在生产制造或封装测试过程中，产生随机缺陷绝缘层裂纹，该缺陷不影响出厂测试，但芯片在现场长时间使用后，吸收空气中的潮气，导致绝缘层裂纹下方的金属线之间漏电，进而导致芯片内部间歇性功能异常。

处理措施：对内存芯片失效的 CPU 插件进行更换，结合设备停电对保护进行版本升级，整改完成前加强对保护设备的运行监视，当装置出现"装置故障""装置异常"等告警信号或发出异响时，尽快退出保护，并开展缺陷处理。

5.13　反措规定：为防范 PCS、RCS 及 WMH 系列母线保护在 TA 盘式绝缘子发生击穿情况下一次故障电流窜入二次电流回路时，母线保护拒动风险，应落实以下整改要求：

（1）各单位应按轻重缓急原则，对存在隐患的 220kV 及以上常规站母线保护装置，开展软件版本升级。其中，I 级特维厂站应在 2021 年 6 月 30 日前完成保护升级。

（2）非组合电器厂站或双套均存在隐患的母线保护应优先完成升级。

（3）其他保护结合定检完成升级。

（4）各中调组织评估本公司智能站母线保护装置和 110kV 母线保护

装置是否存在同类风险。存在风险的，应制定版本升级等有效的风险防控措施。

（5）在软件版本升级前，各单位应做好风险辨识和防控工作，确保故障快速可靠切除。

注：南方电网公司反事故措施（2023版）6.1.25条。

反措条款解读：

为防止因硬件故障引起采样异常导致差动保护误动作，部分型号母线保护装置配置有零序差流防误判据，该判据在检测到零序差流幅值大于两倍的最大相差流幅值时，闭锁差动保护。该防误判据能有效避免装置内部采样电源异常情况下引起母线保护误动，但在发生TA故障导致二次线阻放电等极端情况下，母线保护可能存在拒动风险。为有效防范母线保护在上述极端情况下的保护拒动、故障无法快速切除的风险，需对在运各保护部分型号母线保护的闭锁逻辑进行风险排查，并根据排查结果对相关保护设备进行升级整改。

【**案例**】2020年5月21日，某电厂5023断路器C相TA故障，Ⅱ母A套母差动作，B套母差拒动。经检查，5023开关C相TA盘式绝缘子发生击穿，击穿产生的故障电流通过一次接地引下线入地时，接地引下线因截面积不足熔断，导致部分一次故障电流窜入母线保护二次电流回路，断路器端子箱内放电痕迹见图5-20。因母线保护感受到三相同相位电流，仅Ⅱ母A套母线保护正确切除故障，B套母线保护（PCS-915ND）存在零序差流大于两倍最大相差流时闭锁差动保护的逻辑，母线保护拒动。PCS-915ND母线保护装置，考虑到母线区内故障时，不可能出现三相电流同相位的情况，且为了防止因硬件故障引起采样异常导致差动保护误动作，所以装置在检测到差流零序电流幅值大于两倍的最大相差流幅值时，闭锁差动保护。本次事件过程中，零序差流幅值与各相差流幅值如图5-21所示。

由图5-21可见，零序电流幅值大小约44.8A，最大相差流幅值为16.796A，差流中零序电流幅值大于两倍的最大相差流幅值，满足差动保护闭锁条件，母差保护拒动。

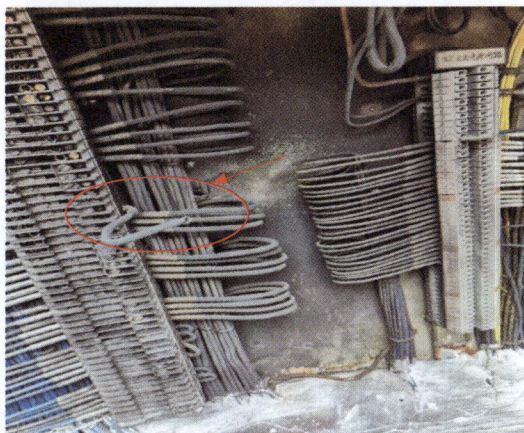

图 5-20 5023 断路器端子箱内放电痕迹

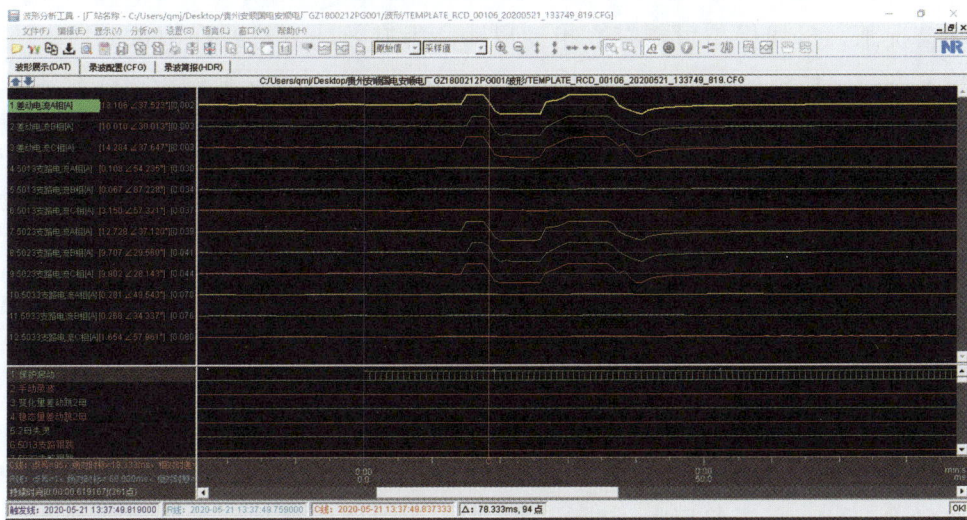

图 5-21 故障录波图

处理措施： 组织对部分型号母线保护进行版本完善和测试，并根据测试结果对母线保护进行程序升级。

> **5.14 反措规定：** 在新建、改扩建工程项目中间验收阶段，应对二次电缆开展验收工作，确保二次电缆及线芯（含电缆头部分）绝缘层光滑、完整、无割伤情况，确保各线芯绝缘层的有效绝缘。
>
> 注：南方电网公司反事故措施（2023 版）6.1.26 条。

反措条款解读：

二次电缆施工安装过程中，由于现场施工工艺不当、安装质量不高等因素影响，容易造成二次电缆线芯被不同程度割伤、绝缘层被高温焊伤等问题，在后期运行过程中随着绝缘性能下降导致站内直流系统高阻接地，甚至引发二次跳闸回路导通造成设备跳闸等异常事件。针对上述问题，新建、改扩建工程项目验收阶段，应加大对二次电缆隐蔽工程的验收力度，及时发现、消除二次电缆绝缘破损隐患。

【案例一】 2020 年 10 月 9 日，某 500kV 变电站扩建第三台主变压器工程验收时，发现主变压器 B 相有一根电缆破皮见图 5-22，若没及时发现整改，投运后有可能绝缘不良导致直流接地，严重威胁电网安全。

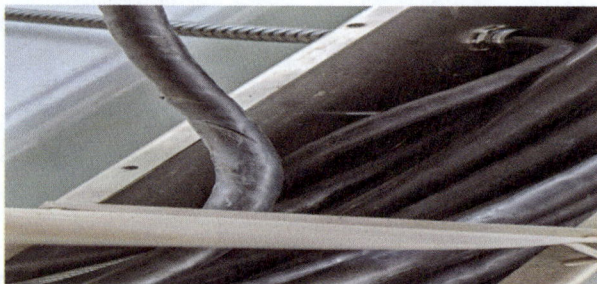

图 5-22　电缆破皮

处理措施： 对扩建间隔内所有二次电缆绝缘层外观进行检查，确保二次电缆及线芯绝缘层光滑、完整、无割伤，发现不满足要求的，督促施工单位更换整根电缆。

【案例二】 2020 年 10 月 25 日，某 500kV 变电站 500kV 5033 断路器跳闸。经检查，跳闸原因为二次电缆芯线绝缘破损（见图 5-23），同时施工人员在搬运其他屏柜时发生碰撞，导致跳闸回路导通。

处理措施： 加强现场作业风险管控，施工期间安排专人进行监护，督促施工单位施工人员按工艺要求制作电缆头，做好工程项目的中间验收管控，重点关注隐蔽工程的验收。

【案例三】 2018 年 08 月 26 日，某 220kV 变电站 220kV R 线 2252 开关 C 相多次偷跳和重合闸动作，最终保护非全相动作跳闸。经检查 220kV R 线汇控柜内控制回路电缆由于施工工艺不当，多根控制电缆线多处被割伤、割破（见图 5-24），造成直流系统存在多点接地，开关偷跳。

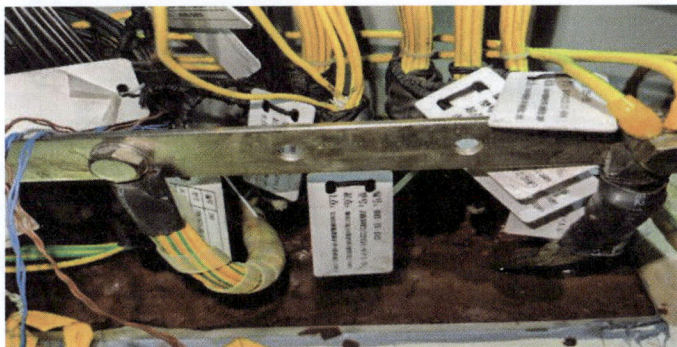

图 5-23　二次电缆芯线绝缘破损

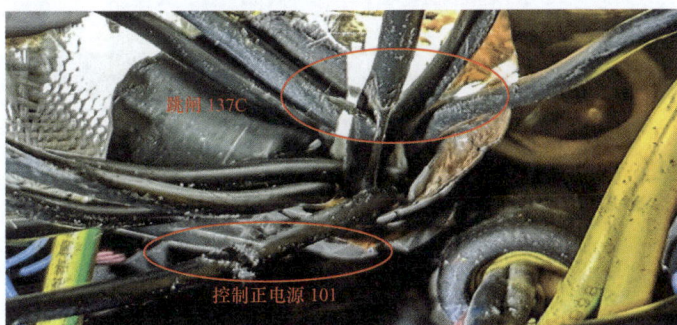

图 5-24　控制电缆多处割伤、破皮

处理措施： 对绝缘损坏电缆进行更换或包扎处理，定检工作严格测试二次电缆绝缘情况，提前发现绝缘不良隐患。

5.15　反措规定： 对于在运行的同塔双（多）回线路，特别是全线未换位的线路，站内应定期监测三相电流不平衡情况，有条件的应同步记录零序和负序电流值。对新建或改建的 220kV 及以上同塔双（多）回线路，应在可研或设计阶段开展线路换位和相序设计审查与评估，防范三相不平衡造成保护装置告警或动作等问题，避免影响系统安全稳定运行。

注：南方电网公司反事故措施（2023 版）6.1.28 条。

反措条款解读：

同塔双回输电线路具有节省输电走廊、增加输电容量和降低施工成本等优点，在电网中得到广泛应用。然而，受线路参数不平衡、负载不平衡和谐波

干扰等因素影响，在使用同塔双回线路时，可能会出现电流不平衡的情况，增加线路损耗的同时还会影响电力系统运行的可靠性和经济性。开展线路换位和优化导线相序布置不仅能有效改善同塔双回线路的不对称性，而且具有良好的经济性和可操作性，是限制同塔双回输电线路不平衡电流的重要措施。基于上述影响，对于在运同塔双（多）回线路，应对三相电流不平衡情况进行有效监测，对新建或改建的 220kV 及以上同塔双（多）回线路，在可研或设计阶段对线路换位和相序设计进行审查与评估，以防范线路出现三相不平衡造成保护装置告警或动作等问题。

【案例】2018 年 5 月 7 日，某工程现场调试过程中，某 500kV 同塔双回线路三相电流不平衡度过大，负序电流超过保护告警定值，发出告警信号。经线路参数测算，发现三相电流不平衡现象的产生原因主要是线路参数不平衡，线路本身为同塔双回及部分同塔四回走线，且线路全线未换位。

处理措施：通过线路终端塔相序更换，改造后线路零序和负序电流明显减小，线路运行情况良好，见图 5-25。

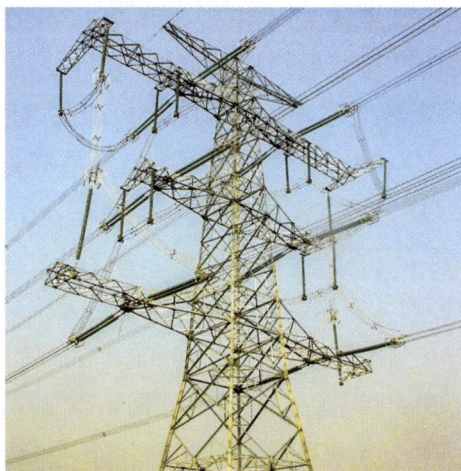

图 5-25　输电线路换位塔

5.16　反措规定：新建智能站工程双重化配置的过程层交换机网络，A 网、B 网应采用不同设备供应商的设备。

注：南方电网公司反事故措施（2023 版）6.1.29 条。

反措条款解读：

为防止装置家族性缺陷可能导致的同时拒动问题，电力系统重要设备的继电保护应采用双重化配置。对于新建智能站工程双重化配置的过程层网络，过程层 A 网和 B 网分别负责实现站内主一和主二保护装置的过程层网络通信，为避免因同一供应商的过程层交换机因批次性、家族性缺陷，造成过程层 A 网和 B 网通信同时中断，提高保护设备的运行可靠性，因此应采用不同设备供应商的设备。

> **5.17 反措规定：** 对于 500kV 线（带高压电抗器）变串中断路器智能终端 TJF 跳闸无法区分高压电抗器非电量启远跳及主变压器非电量不启远跳的情况，应采取可靠措施防止主变压器非电量保护动作远跳线路对侧。
>
> 注：南方电网公司反事故措施（2023 版）6.1.30 条。

反措条款解读：

500kV 智能站中，对于线变串中带高压电抗器的 500kV 线路，高压电抗器非电量保护动作需通过电缆同时启动边、中断路器两套智能终端的 TJF，边、中断路器两套智能终端收到 TJF 后，通过虚回路分别向线路保护发出"TJF 起动远跳"GOOSE 命令，同时主变压器非电量也会通过电缆启动中断路器智能终端 TJF，若主变压器非电量和高压电抗器非电量保护启动同一个 TJF，主变压器非电量保护动作将远跳线路对侧，造成扩大动作范围。为防止出现上述影响，应采取可靠措施防止主变压器非电量保护动作远跳线路对侧。

【案例】2021 年，在 500kV 智能站开展并网审查发现，中断路器智能终端只配置了一个 TJF 电缆跳闸 GOOSE 信号，假如高压电抗器和主变压器在同一串，主变压器非电量跳中断路器 TJF 可能会远跳线路。高压电抗器非电量保护远跳线路保护虚回路见图 5-26。

处理措施： 将该 500kV 变电站所有中断路器智能终端增加一个 TJF 电缆跳闸 GOOSE 信号，并将跳闸信号的虚端子描述修改为 TJF2，供主变压器非电量跳闸使用，同高压电抗器非电量保护跳 TJF 区分。

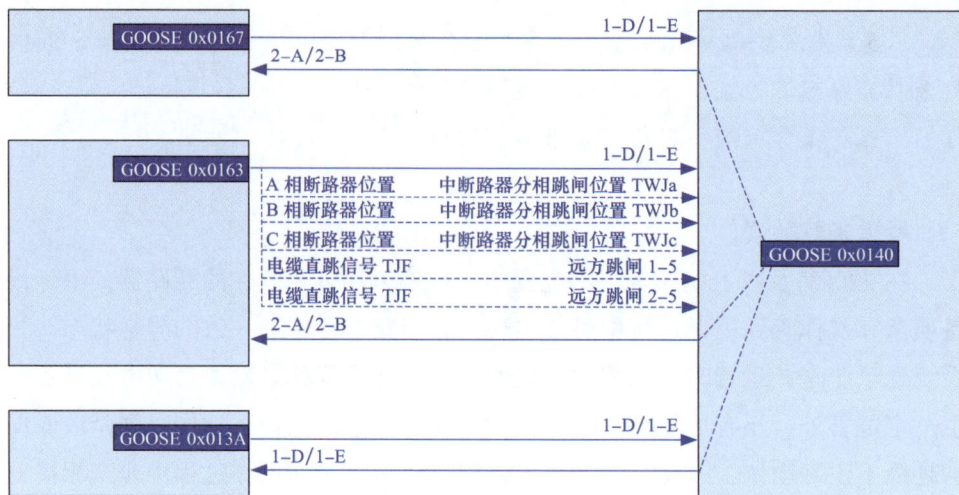

图 5-26　高压电抗器非电量保护远跳线路保护虚回路

5.18　反措规定: 防控 220kV 开关操作拒分继电保护风险(总调继〔2021〕25 号),做好以下几点。

(1)常态化开展 220kV 开关操作拒分时定值配合风险辨识。方式专业提供线路、主变压器、母联(分段)等 220kV 开关在各方式下的最大负荷电流(包括最大载流量、夏大极限方式下考虑 N−1 后最大负荷电流等),保护专业依据该负荷电流值梳理全网单线环网供电或单线串供等网架情况下 220kV 线路开关以及 500kV 主变压器 220kV 侧开关、220kV 母联(分段)开关在三相不一致期间的零序保护失配风险。

(2)建立常态化 220kV 开关操作拒分风险防控机制。

1)对于存在失配风险的设备,应根据风险等级制订保护及回路整改计划。

2)做好风险揭示备案。对于可能导致高事件等级的风险,应纳入防范系统运行风险重点工作,并及时向安监部门备案。

3)做好 220kV 开关操作过程中拒分风险辨识与评估。

4)在 220kV 开关操作前应提前防控开关拒分风险,如 220kV 母联(分段)开关操作前优先平衡母线负荷降低母联(分段)穿越电流。无法通过方式预控时,操作前应评估开关拒分可能导致的风险等级,提前发布风险预警及防控方案,做好风险管控措施。

> 5）关注 220kV 母联（分段）拒分处置过程中，操作其他开关时，潮流转移导致其他主变压器或线路跳闸的风险。
>
> 注：南方电网公司反事故措施（2023 版）6.1.31 条。

反措条款解读：

在 220kV 及以上电压等级的电网中，普遍采用分相操作的断路器，由于设备质量和操作等原因，运行中可能出现三相断路器动作不一致的异常状态。当系统处于非全相运行时，系统中出现的负序、零序等分量除了会对电气设备产生一定危害外，还有可能导致一些保护（如零序电流保护）动作跳闸，造成保护越级不正确动作。因此，为进一步防控 220kV 开关在操作过程中非全相拒分引发的电网风险，需按照防控工作要求常态化开展 220kV 开关操作拒分风险辨识和防控，提升继电保护防控风险的能力。

【案例】 220kV 甲站 220kV 甲乙线甲侧开关在分闸操作过程中单相拒分，由于 220kV 丁丙双回线与 220kV 丙甲线、220kV 甲乙线为定值预设解列失配点，最终导致 220kV 丁丙双回线后备保护动作，造成了 220kV 丙站、220kV 甲站部分母线失压。该事件暴露出环网等特定拓扑结构下的 220kV 重载线路，在线路开关拒分出现三相不一致状态时，若其相邻的上下级线路零序保护定值失配，存在停电范围扩大的风险。某电网连接示意图见图 5-27。

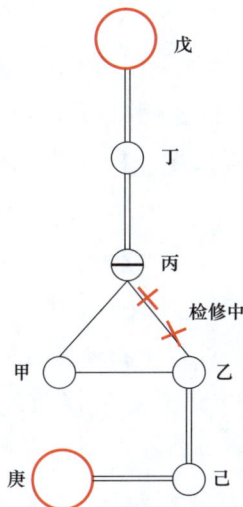

图 5-27　某电网连接示意图

处理措施： 保护专业根据方式专业提供的 220kV 线路开关在不同运行方式下的最大负荷电流，优化定值失配点的选取，对于存在失配风险的设备，应根据风险等级制订保护及回路整改计划，做好风险揭示，改造前采取优化操作顺序、加强开关运维或优化运行方式等措施。

5.19　反措规定： 根据"110kV～500kV 系统高阻故障继电保护风险防控技术方案（总调继〔2021〕25 号）"要求，加强一二次协调，为故障隔离创造外部条件。稳妥有序推进 500kV 主变压器加装中性点小电抗。结合 500kV 主变压器全失风险，会同生技部门组织开展绝缘能力、场地条件等评估。分轻重缓急制订中性点加装小电抗计划并推进项目落实。500kV 主变压器新建时，需核算是否需要加装中性点电抗器，须加装的在基建阶段一同加装。

注：南方电网公司反事故措施（2023 版）6.1.33 条。

反措条款解读：

针对 220kV 线路高阻故障且开关失灵，对于不具备高阻优化逻辑的 220kV 失灵保护，可能因失灵保护不满足零负序复压、相电流判据，失灵保护拒动导致的越级动作风险。通过加装 500kV 主变压器中性点小电抗，降低主变压器公共绕组零序保护动作风险，提高失灵保护零序复压开放能力。一般以校核主变压器中性点加装 15Ω 小电抗评估高阻故障复压开放要求，对于设备绝缘、保护定值等校核仍不满足的，应综合考虑调整小电抗阻值，在确保设备绝缘能力的前提下，尽可能满足高阻故障复压开放要求。

【案例】 220kV 某甲 II 回 C 相发生高阻接地故障，线路保护动作跳闸后重合于 C 相再次故障，500kV 某变电站侧某甲 II 回 C 相开关拒动，220kV 失灵保护因不满足复压闭锁开放条件未出口，随后 1、2 号主变压器保护动作跳开主变压器三侧开关，最后 220kV 失灵保护满足复压闭锁开放条件出口跳母联和母线开关，隔离故障。500kV 某变电站示意图见图 5-28。

处理措施： 稳妥有序推进 500kV 主变压器加装中性点小电抗。结合 500kV 主变压器全失风险，会同生技部门组织开展绝缘能力、场地条件等评估。新建、在运 500kV 主变压器具备加装条件的，按校核计算出的小电抗阻值，分轻重缓急制订中性点加装小电抗计划并推进项目落实。

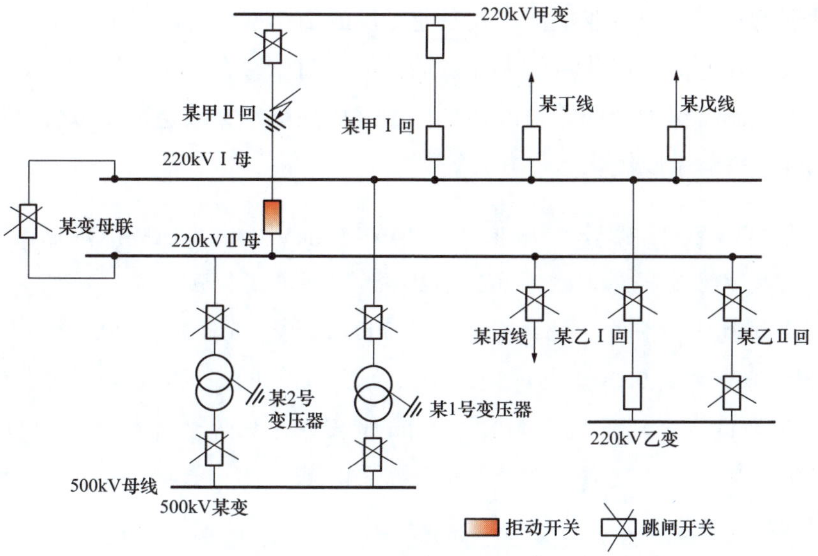

图 5-28　500kV 某变电站示意图

5.20　反措规定：

（1）新投运过程层交换机应满足以下要求。

1）静态组播及 CSD 文件模式下，512 个 MAC 地址报文同步进入过程层交换机或 512 个 MAC 地址报文在不超过流控阈值进、出过程层交换机时，交换机不出现丢帧、断链；512 个 MAC 地址报文在超过流控阈值的情况下进、出过程层交换机时，交换机的每一路 MAC 地址精准流控功能不应失效。

2）VLAN 模式下，VLAN 序号 2-4094 报文并发心跳报文或端口额定流量内，过程层交换机应按照 VLAN 配置转发数据，不应出现丢帧，断链。

（2）存在不满足上述要求的存量过程层交换机，各省区应开展以下工作：

1）根据最新发布的软件版本，结合保护检验、缺陷处理或工程改扩建，开展软件版本升级工作，优先完成静态组播及 CSD 文件模式升级。

2）改扩建工程初设阶段，评估存量Ⅲ型过程层交换机组播地址数量，大于 284 个应更换过程层交换机型号。

注：南方电网公司反事故措施（2023 版）6.1.35 条。

反措条款解读：

智能变电站为实现过程层组网通信使用了大量交换机，由于当前各二次设备对交换机通信机制检测不完备，在不同流控模式下，当开启相应过程层交换机的流量控制参数时，可能引起内部资源冲突，存在丢包问题。为保障智能变电站安全稳定运行，要求过程层交换机在不同流控模式下均应确保不发生丢帧或断链问题。

【案例】2021 年 9 月 11 日，某 500kV 变电站 220kV Y 线智能终端等装置与公共测控装置通信出现 GOOSE 丢帧、断链等异常现象。经检查，原因为：当过程层交换机配置的 GOOSE 组播地址条目数超过 28 条，由于交换机缓存空间分配机制不当，存在概率性触发流控丢包现象。南方电网公司总调组织各厂家开展了过程层交换机针对性测试，发现部分供应商Ⅱ型及Ⅲ型过程层交换机在特定情况下，存在不同类型风险。告警信息列表见图 5-29。

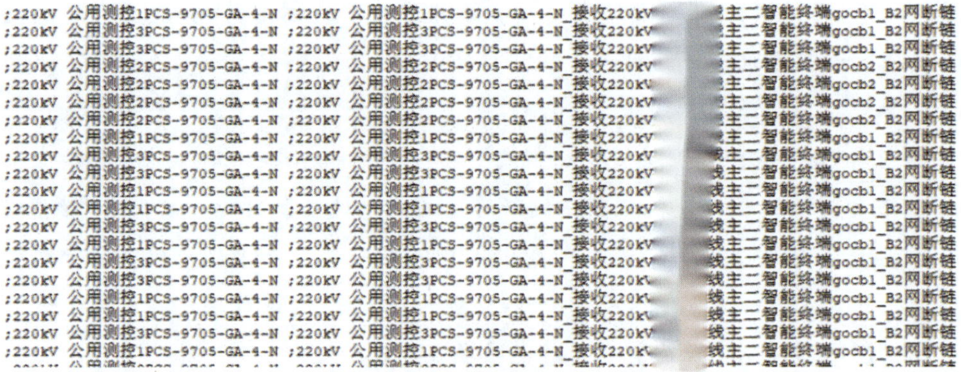

;220kV 公用测控1PCS-9705-GA-4-N ;220kV 公用测控1PCS-9705-GA-4-N_接收220kV [illegible] 主二智能终端gocb1_B2网断链
;220kV 公用测控3PCS-9705-GA-4-N ;220kV 公用测控3PCS-9705-GA-4-N_接收220kV [illegible] 主二智能终端gocb1_B2网断链
;220kV 公用测控3PCS-9705-GA-4-N ;220kV 公用测控3PCS-9705-GA-4-N_接收220kV [illegible] 主二智能终端gocb1_B2网断链
;220kV 公用测控2PCS-9705-GA-4-N ;220kV 公用测控2PCS-9705-GA-4-N_接收220kV [illegible] 主二智能终端gocb2_B2网断链
;220kV 公用测控2PCS-9705-GA-4-N ;220kV 公用测控2PCS-9705-GA-4-N_接收220kV [illegible] 主二智能终端gocb2_B2网断链
;220kV 公用测控2PCS-9705-GA-4-N ;220kV 公用测控2PCS-9705-GA-4-N_接收220kV [illegible] 主二智能终端gocb2_B2网断链
;220kV 公用测控2PCS-9705-GA-4-N ;220kV 公用测控2PCS-9705-GA-4-N_接收220kV [illegible] 主二智能终端gocb2_B2网断链
;220kV 公用测控1PCS-9705-GA-4-N ;220kV 公用测控1PCS-9705-GA-4-N_接收220kV [illegible] 主二智能终端gocb1_B2网断链
;220kV 公用测控3PCS-9705-GA-4-N ;220kV 公用测控3PCS-9705-GA-4-N_接收220kV [illegible] 线主二智能终端gocb1_B2网断链
;220kV 公用测控3PCS-9705-GA-4-N ;220kV 公用测控3PCS-9705-GA-4-N_接收220kV [illegible] 线主二智能终端gocb1_B2网断链
;220kV 公用测控1PCS-9705-GA-4-N ;220kV 公用测控1PCS-9705-GA-4-N_接收220kV [illegible] 线主二智能终端gocb1_B2网断链
;220kV 公用测控1PCS-9705-GA-4-N ;220kV 公用测控1PCS-9705-GA-4-N_接收220kV [illegible] 线主二智能终端gocb1_B2网断链
;220kV 公用测控3PCS-9705-GA-4-N ;220kV 公用测控3PCS-9705-GA-4-N_接收220kV [illegible] 线主二智能终端gocb1_B2网断链
;220kV 公用测控1PCS-9705-GA-4-N ;220kV 公用测控1PCS-9705-GA-4-N_接收220kV [illegible] 线主二智能终端gocb1_B2网断链
;220kV 公用测控3PCS-9705-GA-4-N ;220kV 公用测控3PCS-9705-GA-4-N_接收220kV [illegible] 线主二智能终端gocb1_B2网断链
;220kV 公用测控3PCS-9705-GA-4-N ;220kV 公用测控3PCS-9705-GA-4-N_接收220kV [illegible] 线主二智能终端gocb1_B2网断链
;220kV 公用测控1PCS-9705-GA-4-N ;220kV 公用测控1PCS-9705-GA-4-N_接收220kV [illegible] 线主二智能终端gocb1_B2网断链
;220kV 公用测控1PCS-9705-GA-4-N ;220kV 公用测控1PCS-9705-GA-4-N_接收220kV [illegible] 线主二智能终端gocb1_B2网断链
;220kV 公用测控3PCS-9705-GA-4-N ;220kV 公用测控3PCS-9705-GA-4-N_接收220kV [illegible] 线主二智能终端gocb1_B2网断链
;220kV 公用测控1PCS-9705-GA-4-N ;220kV 公用测控1PCS-9705-GA-4-N_接收220kV [illegible] 线主二智能终端gocb1_B2网断链

图 5-29　告警信息列表

处理措施：对在运存在隐患的过程层交换机采取关闭流控功能的临时措施，组织厂家优化交换机流控限制设置机制，根据优化后的软件版本进行过程层交换机版本升级。

5.21　反措规定：

（1）新建及改造 110kV 主变压器保护应采用主后合一保护。

（2）110kV 厂站主变压器各侧断路器机构具备双跳闸线圈时，新建或改造 110kV 双套配置的主变压器保护（及相关智能终端）跳闸回路应与双跳闸线圈一一对应。

（3）对配置两段直流母线两组蓄电池的在运厂站，110kV 主变压器保

护直流电源的使用要求如下。

1）对于主后独立的变压器保护：高压侧后备保护和中低压侧后备保护装置电源应分别取自不同的直流母线。主变压器的各侧后备保护装置电源和相应侧的断路器控制电源，应取自同一段直流母线。差动保护和非电量保护装置电源应分别取自不同直流母线。

2）对于主后合一的变压器保护：第一套主变压器保护、非电量保护装置电源与高压侧断路器控制电源应取自同一段直流母线，第二套主变压器保护与中低压侧断路器控制电源应取自另外一段直流母线。若高压侧有两组跳闸线圈，第一套主变压器保护装置电源与高压侧断路器第一个跳圈控制电源应取自同一段直流母线，第二套主变压器保护装置电源与高压侧断路器第二个跳圈控制电源应取自另外一段直流母线。

3）智能变电站两套主后合一主变压器保护应满足第 2）条外，还需要满足以下要求：

a. 高压侧断路器单跳圈时：第一套主变压器保护、第一套高中低压侧断路器（含母联分段）智能终端、第一套本体智能终端（含非电量）、A1/A2 网过程层交换机与高压侧断路器控制电源应取自同一段直流母线；第二套主变压器保护、第二套高中低压侧断路器（含母联分段）智能终端、第二套本体智能终端（不含非电量）、B1/B2 网过程层交换机与中低压侧断路器控制电源应取自另外一段直流母线。

b. 高压侧断路器双跳圈时：第一套主变压器保护、第一套高中低压侧断路器（含母联分段）智能终端、第一套本体智能终端（含非电量）、A1/A2 网过程层交换机与高压侧断路器第一个跳圈控制电源应接在一段直流母线上；第二套主变压器保护、第二套高中低压侧断路器（含母联分段）智能终端、第二套本体智能终端（不含非电量）、B1/B2 网过程层交换机与高压侧断路器第二个跳圈控制电源应接在另外一段直流母线上。中低压侧断路器控制电源宜与第一套智能终端装置电源取自同一段直流母线，尽可能避免第一套智能终端装置电源与控制电源来自不同直流母线，降低运维风险。

（4）110kV 主变压器保护主后独立配置且上级 110kV 线路远后备能力不足的主变压器保护，应于 2023 年 12 月 31 日前完成改造。

注：南方电网公司反事故措施（2023 版）6.1.36 条。

反措条款解读：

站（厂）用交直流电源系统为继电保护、自动化装置及事故照明等提供可靠的电源保障，为操作提供可靠的操作电源。电源系统可靠与否，对发电厂及变电站的安全运行起着至关重要的作用，是电网安全稳定运行的保障。110kV主变压器保护主要分为主后独立和主后合一两种配置，通过合理分配主变压器保护直流电源，能有效防止直流系统 N-1 故障导致保护或开关拒动风险。对于新建智能变电站，考虑主变压器高压侧断路器存在单跳圈和双跳圈的不同配置，应按照上述技术要求，确保 110kV 主变压器保护及其相关设备的直流电源二次回路改造与直流电源双重化改造项目同步设计、同步施工、同步投运，以提升保护设备运行可靠性。

【案例一】 2019 年 5 月 21 日，某 110kV 变电站发生的失压事件，暴露出"变电站在具备两段直流母线两组蓄电池的情况下，因 110kV 主变压器保护直流电源使用不当（主变压器的差动、高后备、中后备、低后备及非电量保护装置均取自同一段直流母线，且对应段蓄电池异常），导致主变压器低压侧 10kV 线路发生短路故障时扩大故障范围"的问题。110kV 主变压器保护共用一组直流电源见图 5-30。

【案例二】 2022 年 09 月 02 日，M 站 110kV M～N 线保护启动，2185ms 后 M～N 线保护距离保护Ⅲ段动作出口，110kV N 站、110kV 光伏站失压。

现场检查 2 号主变压器的差动保护装置电源、低后备保护装置及低压侧开关操作电源、主变压器测控装置电源由 2 号段直流馈线屏供电，2 号主变压器的非电量保护装置电源、高后备保护装置及高压侧开关操作电源由 1 号段直流馈线屏供电。2 号主变压器的各保护装置电源及各侧开关的操作电源的直流电源分配符合《南方电网变电站直流电源系统技术规范》要求。

N 站某 10kV 出线发生三相短路故障，10kV 母线电压降低，由于故障发生时 110kV N 站Ⅱ段直流系统同时发生故障，由Ⅱ段直流母线供电的 2 号主变压器低后备保护、10kV 2M 母线的保护等设备断电，导致 N 站某 10kV 出线、2 号主变压器低后备保护均无法切除故障。

故障时 N 站 2 号主变压器高后备保护（由Ⅰ段直流母线供电）有邻侧复压动作报文，但无保护动作信息。通过邻侧复压动作分析，故障时虽然故障电流达到了高后备过流段定值，但由于故障点在 N 站外，高压侧本侧复压未达到开放条件，同时低压侧复压开放开入只在故障初期持续很短时间，由于低后备装

空气断路器名称及编号：
41K：高压侧操作电源空开
4K：非电量保护电源空开
21K：低后备保护电源空开
31K：高后备保护电源空开
1K：差动保护电源空开

删除4K-1至ZD：5的接线

第一路直流电源

第二路直流电源

删除4K-3至ZD：15的接线

删除21K-1至ZD：3的接线

21K-1改接至ZD：8的接线

4K-1改接至ZD：9的接线

删除21K-3至ZD：13的接线

21K-3改接至ZD：18的接线

4K-3改接至ZD：19的接线

ZD		
+KM	1 ○	1K-1
	2 ○	31K-1
	3 ○	21K-1
	4 ○	9K-1
	5 ○	4K-1
+KM	6 ○	41K-1
+KM	7 ○	42K-1
	8 ○	21K-1
	9 ○	4K-1
	10 ○	
-KM	11 ○	1K-3
	12 ○	31K-3
	13 ○	21K-3
	14 ○	9K-3
	15 ○	4K-3
-KM	16 ○	41K-3
-KM	17 ○	42K-3
	18 ○	21K-3
	19 ○	42K-3
	20 ○	4K-3

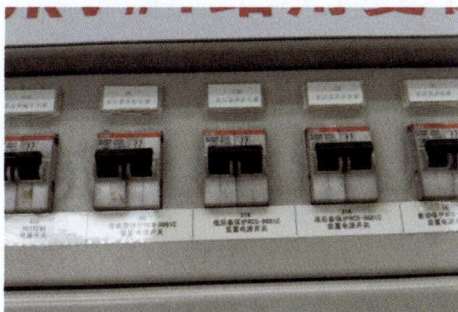

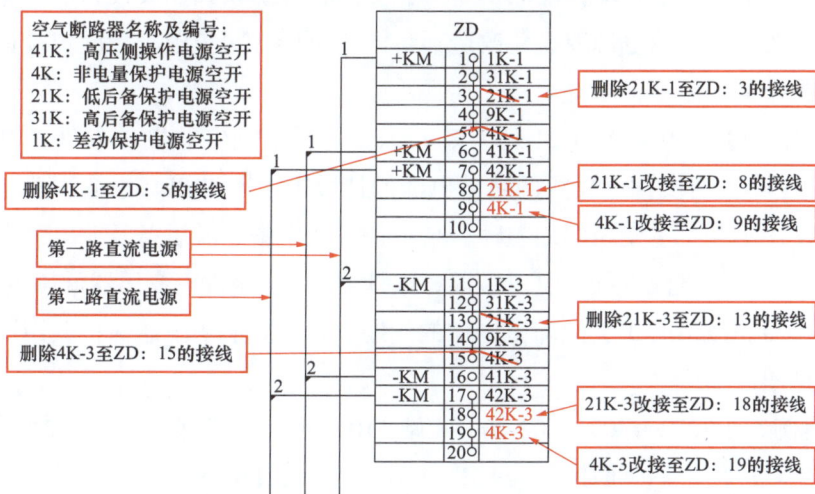

图 5-30 110kV 主变压器保护共用一组直流电源

置断电而未能继续开入给高后备装置，导致 2 号主变压器高后备复压过流段由于不满足复压闭锁条件而未能动作出口。

由于故障未能由 N 站内的保护设备切除，M 站 110kV M～N 线启动后经过 2185ms 距离Ⅲ段动作出口切除故障。

【案例三】2021 年 10 月 09 日，P 站 110kV P～Q 线保护启动，3646ms 后 P～Q 线保护永跳出口、相间距离保护Ⅲ段动作出口，110kV Q 站、110kV R 站（用户站）失压。

由于故障发生时 Q 站Ⅰ段直流系统同时发生故障，导致由Ⅰ段直流母线供电的 1 号主变压器低后备保护、10kV 1M 母线的保护及站内监控后台机、交换机等二次设备断电，导致 Q 站某 10kV 出线、1 号主变压器低后备保护均

无法切除故障。

故障时 Q 站 1 号主变压器高后备保护（由 Ⅱ 段直流母线供电）有启动报文，但无保护动作信息。通过启动报文分析，故障时虽然故障电流达到了高后备过流段定值，但由于故障点在 Q 站外，高压侧本侧复压未达到开放条件，同时低压侧复压开放开入只在故障初期持续 200ms 左右由于低后备装置断电而未能继续开入给高后备装置，导致 1 号主变压器高后备复压过流段由于不满足复压闭锁条件而未能动作出口。

处理措施：将高压侧后备保护和中、低压侧后备保护分别接在不同直流母线上，同时保证主变压器各侧后备保护装置和相应侧断路器的控制电源取自同一段直流母线。新建及改造 110kV 主变压器保护应采用主后合一保护。110kV 厂站主变压器各侧断路器机构具备双跳闸线圈时，新建或改造 110kV 双套配置的主变压器保护（及相关智能终端）跳闸回路应与双跳闸线圈一一对应。

5.22　反措规定：为防范北京四方断路器失灵保护误动风险（总调继〔2023〕3 号），应落实以下整改要求：

（1）开展各电压等级在运断路器保护隐患排查，做好风险管控临时措施。针对存在隐患的在运北京四方 CSC-121A-N 及 CSC-121A-DG-N 两个型号的断路器保护，运行厂站采取退出"三相失灵经低功率因数"的临时定值调整措施，并注意失灵电流判据满足灵敏度要求。

（2）有序推进软件版本升级。对于换流站及 Ⅰ 级特维厂站完整串及非完整串、交流变电站非完整串存在隐患的断路器保护，应于 2023 年 6 月 30 日前完成升级；其他应于 2023 年 12 月 30 日前完成升级。

注：南方电网公司反事故措施（2023 版）6.1.37 条。

反措条款解读：

低功率因数条件满足同时有三相跳闸开入是断路器失灵保护动作判据之一，低功率因数判据经"三相失灵经低功率因数"控制字投退。在 TV 断线、电压低或电流小时均闭锁该判据。保护启动后，相电压大于 6V、相电流大于 $0.04I_n$，投入低功率因数判据。$\cos\phi$ 为分相低功率因数，当任一相低功率因数小于"低功率因数角"定值的余弦值时，低功率因素条件满足。在交直流混联电网下，故障期间系统侧电源和故障阻抗发生变化，故障波形谐波含量较大，

电流波动频繁，电流幅值在 $0.04I_n$ 附近波动或功率角在 60° 左右波动，低功率因数判据时而满足时而不满足。CSC-121A-N 断路器保护设计时考虑了此种情况，偏向防止低功率因数的抖动导致失灵保护拒动作。在功率因数多次变化后，低功率因数判别条件不充分，在启动失灵开入持续存在时（早期直流保护动作跳闸后会保持不返回），未及时返回，出现了上述现象。

【案例】2022 年 12 月 20 日，某换流站极 1 差动保护动作跳开高端阀组 5031 和 5033 断路器，5031 和 5033 断路器失灵保护在直流保护动作跳闸持续开入情况下，叠加低功率因数判别条件时而满足、时而不满足，未能及时返回，导致失灵保护误动，跳开 500kV 1M、2M 母线所有边开关。经排查，该缺陷涉及在运北京四方 CSC-121A-N 及 CSC-121A-DG-N 共 2 个型号断路器保护。失灵保护逻辑图见图 5-31。

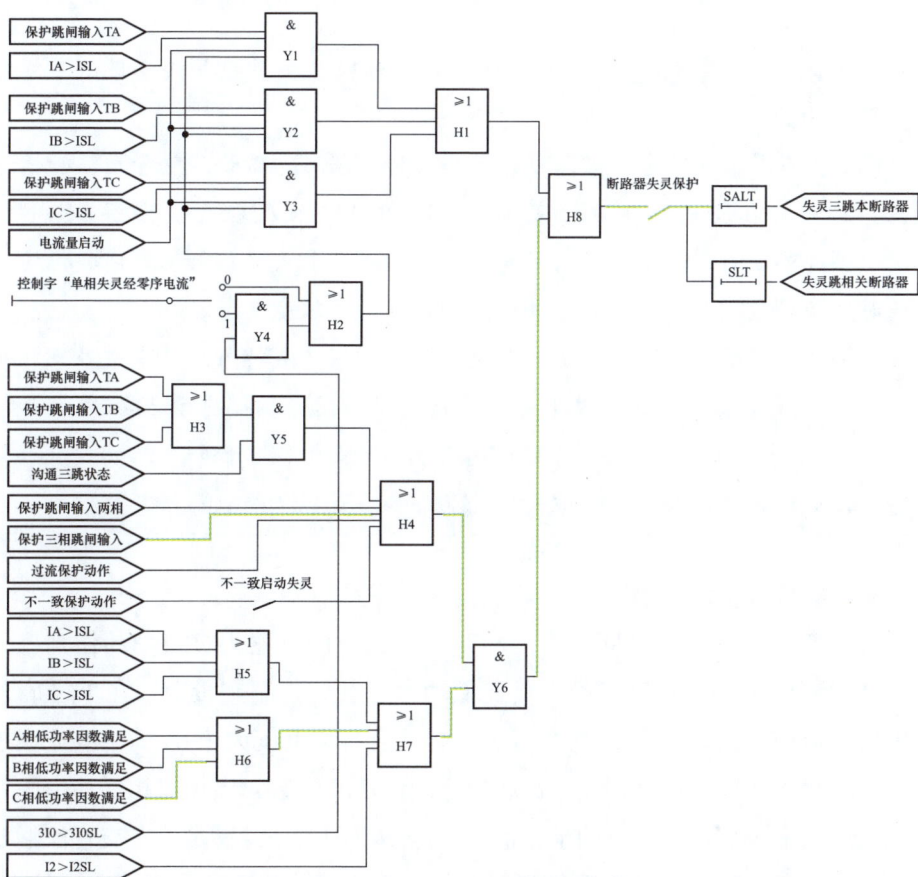

图 5-31　失灵保护逻辑图

处理措施：将符合上述工况的断路器保护中的"三相失灵经低功率因数"控制字设置为"0"，同时对保护装置的判别逻辑进行优化，根据优化结果对相关保护进行程序升级。

> **5.23　反措规定：**为防范北京四方 35kV 及以下 CSD 系列保测一体装置，因 FPGA 采样数据时效性判别门槛设置裕度不足延时动作风险（总调继〔2022〕27 号），应落实以下整改要求。
>
> （1）存在风险的 220kV 及以下变电站的 35kV 及以下电缆跳闸和未订阅 GOOSE 报文的光缆跳闸保测一体装置，请各单位根据风险等级分轻重缓急组织制订升级计划，于 2023 年 6 月 30 日前全面完成软件版本升级。
>
> （2）其他 35kV 及以下 CSD 系列保测一体装置（35kV 及以下订阅了 GOOSE 报文的光缆跳闸保测一体装置、2019 年和部分 2020 年批次），原则上应在一个定检周期内升级至目标版本。
>
> 注：南方电网公司反事故措施（2023 版）6.1.38 条。

反措条款解读：

北京四方 35kV 及以下 CSD 系列保测一体装置，因 FPGA 采样数据时效性判别门槛设置裕度不足，可能导致保护出口短时性闭锁，存在延时动作风险。

【案例】2022 年，北京四方公司内部基于常态化测试平台开展测试时发现，在模拟故障测试时，一台 CSD–211A–N 装置过流保护有时出现不能出口，对应的开出触点未闭合，装置面板上仅有保护启动无动作报文的情况。

CSD–211A–N 装置保护 CPU 程序会对 FPGA 上送的采样数据进行时效性判别，判断 FPGA 采样时刻和保护 CPU 获取时的时刻差（Δt）是否合理。对应的判据为：$\Delta t >$ 门槛 K。CPU 程序判断连续 2 点满足该判据，则短时闭锁保护出口 40ms，40ms 内如果还有满足该判据的点，则再次闭锁 40ms，否则返回。CPU 程序 9600Hz 硬中断由 FPGA 触发，CPU 程序和 FPGA 保持同步运行。FPGA 将以太网接收报文、ADC 采样数据、开入数据采集结果等传送给 CPU 程序，K 值作为 ADC 模块的一个参数，也由 FPGA 传送给 CPU 程序。测试出现异常的 CSD–211A–N 装置中 FPGA 的 K 值为 0x50（80μs），经分析，通常情况下，此设置无问题；但是在某种场景下，会出现 CPU 处理 GOOSE 数据最大用时为 10μs，就会使得门槛 K 值设置为 80μs 时，采样数据时效性判据会处于门

槛附近，会引起偶发性短时闭锁保护出口现象。触发此异常的场景是变电站网络上有 GOOSE 报文但是保护装置未订阅 GOOSE，这种场景就会一直用完给定的 GOOSE 处理时间 10μs。

处理措施： 组织开展涉及该缺陷的保护装置排查，并根据运行风险等级组织开展程序升级工作。

5.24　反措规定： 110kV 线路差动保护应实现"应配尽配"，防范因风电、光伏、水电等地区电源接入后故障无法快速切除，导致的机网失稳、机组低穿脱网、主变压器间隙长时间过电压、保护定值失配等风险。相关调度机构应在每年 12 月 30 日前明确 110kV 线路差动保护"应配"清单，根据风险等级或电源接入容量等影响分轻重缓急推动开展项目申报。

（1）220kV 厂站所带 110kV 片网存在 110kV 集中式新能源站接入时，该 220kV 厂站 110kV 出线应配置差动保护。

（2）220kV 厂站与地区电源送电路径间的 110kV 线路应配置差动保护。

（3）已配置差动保护且具备差动保护投入条件的 110kV 线路，应投入差动保护功能。因一次设备、保护通道、非电网资产设备等原因无法配置和投入差动保护功能时，应开展立项改造；暂无法开展立项改造时，应及时做好风险通报备案与管控，具备条件时尽快落实改造要求。暂无法开展立项改造时，应及时做好风险通报备案与管控，具备条件时尽快落实改造要求。

（4）其他 110kV 线路应结合超期服役改造、保护更换等工作实现差动保护配置。

注：南方电网公司反事故措施（2023 版）6.1.39 条。

反措条款解读：

传统 110kV 系统采用单电源辐射并网，无故障快速切除要求，主要依靠延时段后备保护切除故障，但随着新能源电厂的大规模接入，110kV 系统转变为多方向电源并网，主变压器中性点加装间隙增多，仅仅依靠后备保护将使得故障切除时间过长，电压跌落时间过长将可能引起风电机组、光伏逆变器大规模

脱网、主变压器间隙长时间过电压、保护定值失配等风险。电流差动保护具有良好的多端电源网络适应性，采用差动电流与制动电流比较的方法满足可靠性和灵敏性的要求，可以简化上下级保护间的整定配合，能够有选择地快速切除故障，因此110kV线路差动保护应实现"应配尽配"。

> **5.25 反措规定：** 继电保护整定计算软件应支持原理级整定、装置级整定、定值批量校核、新能源建模、网络安全等业务需求；应每年开展版本安全性评估，及时通过版本升级消除缺陷、完善功能；整定计算基础数据应完整、准确且与现场设备相一致，不满足要求的应制订计划逐步完善。其中，整定模型参数、配合计算定值等数据应在2023年底前补充完整，保护装置的xml定值单数据应在2025年底前补充完整。
>
> 注：南方电网公司反事故措施（2023版）6.1.40条。

反措条款解读：

继电保护整定计算是调度安全生产的关键，随着公司在数字化转型、本质安全要求不断提升，以及整定规模的不断扩大，应确保整定计算系统得到最大程度的应用。继电保护整定计算软件的应用对减轻整定计算人员负担、提高整定效率起到了巨大作用，为规范各级调度机构整定计算软件管理，同时满足网络安全管理和数字化应用需求，应及时对整定计算软件开展升级消缺和功能完善。整定计算系统存在缺陷时，可能导致整定计算结果偏差甚至是误整定事件，严重时可能导致保护的不正确动作，影响系统安全稳定。近年来，整定计算系统全流程智能化、安全可控性能不断提升，如未及时落实升级项目，将导致整定存在隐患。整定系统在已具备批量配合定值校核能力，但是仍存在部分老旧定值未数字化，整定存在风险难以通过系统数字化手段实现快速全面校核。

> **5.26 反措规定：**
>
> （1）新建220kV及以上厂站应配置智能录波器，管理单元双机配置，采集单元根据变电站实际接入的模拟量和开关量规模进行配置。
>
> （2）新建110kV及以下厂站应配置智能录波器，采集单元根据变电站实际接入的模拟量和开关量规模进行配置。

（3）改（扩）建厂站工程应同步配置智能录波器，满足远程运维及录波谐波功能需求。

注：南方电网公司反事故措施（2023版）6.1.41条。

反措条款解读：

智能录波器集成了故障录波、网络记录分析、二次系统可视化、智能运维等功能，由管理单元和采集单元组成，是继电保护远程运维、谐波监测等业务的重要支撑设备；新建、改扩建厂站应根据反措规定要求配置智能录波器，以满足二次运维模式优化转型需要。

第二节　通信专业反措案例

5.27　反措规定： OPGW 引下线安装应满足 DL/T 1733—2017《电力通信光缆安装技术要求》要求，光缆进站接地采用可靠接地方式时，引下光缆应至少两点接地，接地点分别在构架顶端、下端固定点（余缆前），并通过匹配的专用接地线可靠接地；光缆引下应每隔 1.5～2m 安装一个引下线夹，保证引下光缆与杆塔或构架本体间距不小于 50mm。

注：南方电网公司反事故措施（2021版）6.2.3条。

反措条款解读：

光缆引下线夹安装距离过大或不规范时，导致 OPGW 与龙门架金属构件之间出现距离不足的情况，电网出现接地短路事故时，形成较大反击电压，龙门架与 OPGW 间间隙放电，造成击穿断股。因此，OPGW 引下线的安装应保证接地线可靠接地，同时防止与杆塔或构架本体间距过大，确保通信光缆的安全可靠运行。

【案例】 光缆引下线线夹安装间距过大、引下光缆与杆塔或构架本体间距小于 50mm（见图 5-32），除容易导致光缆与杆塔或构架本体发生摩擦外，还可能发生间隙放电，电弧灼伤光缆外层预绞丝的风险。

处理措施： 采用复合绝缘子作为引下光缆的绝缘支撑，以保证引下线光缆与杆塔或构架体间距不小于 50mm 和绝缘的要求。

5.28　反措规定： 针对极端覆冰情况下抗冰加固线路、可融冰线路 OPGW 中断的风险，要综合利用架空线路光缆、地埋光缆、电力载波、公网通信资源等，确保保底电网 220kV 及以上电压等级厂站生产实时控制业务通信通道在 $N-2$ 的情况下不中断，防止因通信中断导致线路主保护、稳控等防线失效，恶化或扩大故障范围，引发大面积停电。

注：南方电网公司反事故措施（2023 版）6.2.4 条。

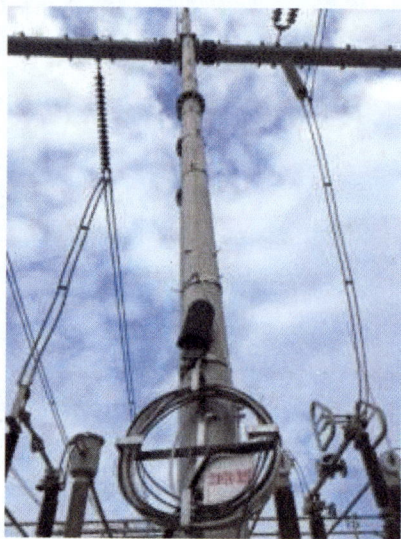

图 5-32　引下光缆与杆塔或构架本体间距小于 50mm

反措条款解读：

部分厂站光缆网络结构薄弱，仅通过 2 条光缆实现对外通信，在面对极端覆冰情况下，可能出现站内对外通信 OPGW 同时中断风险，将导致相关线路主保护、稳控等二次系统失效，在寒潮天气期间对电网安全稳定运行构成严重威胁。针对上述风险，通信专业应综合利用架空线路光缆、地埋光缆、电力载波、公网通信资源等，确保保底电网 220kV 及以上电压等级厂站生产实时控制业务通信通道在 $N-2$ 的情况下不中断；保护专业应针对主保护通道全失情况制订应急临时定值等措施。

【案例】2021 年 1 月 11 日，受寒潮天气影响，500kV T-D 甲线 OPGW 中断（见图 5-33），造成 500kV T-K 甲、乙线、T-D 甲、乙线线路所有保护通道

仅由 500kV T–D 甲线 OPGW 承载，一旦其再中断，直接导致上述四条 500kV 线路无主保护运行，且引发 500kV 铜昆甲线故障的概率极高，将造成 500kV 铜昆甲线主保护拒动，引起系统失稳。

处理措施：对 500kV T–D 甲线 OPGW 进行紧急抢修，尽快恢复通信业务。

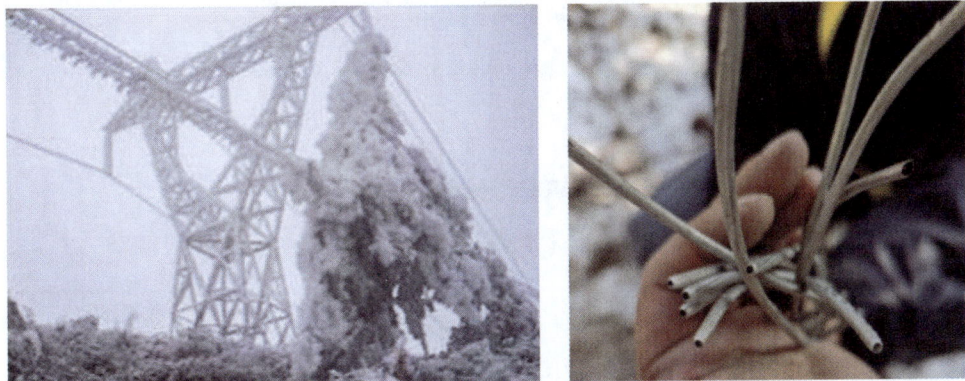

图 5-33 500kV T–D 甲线 OPGW 中断

第三节 自动化专业反措案例

5.29 反措规定：调控一体化设备监控及告警采集应满足《南方电网调控一体化设备监视信息及告警设置规范（试行）》要求。

注：南方电网公司反事故措施（2023 版）6.3.11 条。

反措条款解读：

随着调控一体化工作的逐步推进，以往变电站站内的运行监视任务逐渐向巡维中心或调控主站转移，面对海量的监控信息，规范、合理、规范的信息分类将有助于监视人员及时发现和处置设备运行异常。

【案例一】2020 年 7 月 26 日，某 500kV 线路 C 相故障跳闸，站内第五串联络 5052 开关因 A 相合闸弹簧未储能闭锁开关三相合闸回路，导致 5052 开关 C 相故障跳闸后未能重合、本体三相不一致动作跳开 A、B 相。经调查，本次事件是由于开关储能回路断线造成开关合闸弹簧储能不正常、闭锁合闸回路，5052 开关接入的弹簧储能信号设置与其他开关不一致，接入信号为

开关合闸弹簧已储能信号，而不是弹簧未储能信号。后台监控系统画面见图5-34。

处理措施： 按《南方电网调控一体化设备监视信息及告警设置规范（试行）》要求进行信号设置，将弹簧未储能信号接入监控系统。

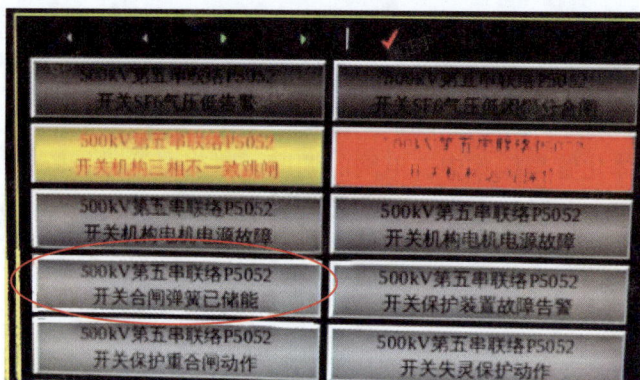

图5-34 后台监控系统画面

【**案例二**】2021年7月7号，某35kV变电站10kV二级水电站线保护CPU故障，导致线路故障时越级跳主变压器低压侧开关，自7月5号23时该装置就已报开出异常（见图5-35），但仅上传通信中断信号至监控端，导致未提前发现该事件隐患。

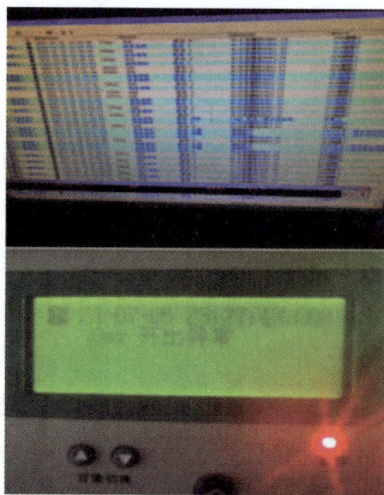

图5-35 装置及报文对比

处理措施： 按《南方电网调控一体化设备监视信息及告警设置规范（试行）》要求，规范信号上送，将开出异常信号上送至地调主站。

> **5.30 反措规定：** 厂站远动配置应满足调控一体化主调、备调接入要求，具备冗余通道，确保调度端设备集中监视和控制可靠。
>
> 注：南方电网公司反事故措施（2023版）6.3.12条。

反措条款解读：

在调控一体化管理模式中，电网的调度、对变电站进行监控都由调度中心负责，而且还可以执行在特殊情况下的紧急遥控等操作，因此厂站远动配置应具备冗余通道，同时满足调控一体化主、备调接入要求，保证厂站远动配置和接入的可靠性。

> **5.31 反措规定：** 针对美国民用GPS服务接口委员会（CGSIC）发布的GPS周计数器周期性发生翻转问题，主站、厂站时间同步装置的GPS模块不应异常，不应出现输出时间跳变、停止工作等问题，各单位应分轻重缓急，逐步升级完善，增加北斗对时模块。
>
> 注：南方电网公司反事故措施（2023版）6.3.13条。

反措条款解读：

GPS周是GPS系统内部采用的时间系统，时间零点定义为1980年1月6日0点，每1024周为一循环周期，当GPS周达到1024周时，GPS周溢出便发生并重新开始计数，这可能导致厂站二次设备测量、对时出现错误和异常，从而导致保护误动等问题。为有效应对上述风险，应逐步完善变电站北斗对时模块加装，提高厂站设备的对时可靠性。

【案例】上一次GPS整周计数翻转时间发生在1999年8月22日GPS零时，当时未做好算法升级的GPS接收机都在1999年8月22日错认为1980年1月6日。2019年，针对GPS周计数器周期性发生翻转问题，总调组织开展隐患排查及整改，未发生超预期情况。

处理措施： 分轻重缓急，逐步安排存在隐患的时钟整改；明确技术要求，确保增量授时设备具备应对GPS周计数器翻转能力；积极稳妥推进北斗授时应用。

5.32　反措规定：调度自动化主站系统（含 OCS、OMS、调度云及现货市场相关系统）应具备对核心用户登录实行授权管理、对关键操作进行多次确认或多人确认的功能。系统的部署、开发、运维及部分使用场所应具备双因子认证的门禁系统并覆盖视频监控设备。需开展遥控业务的OCS 系统需部署一键停控装置，具备紧急情况下的控制指令防误能力。

注：南方电网公司反事故措施（2023 版）6.3.14 条。

反措条款解读：

调度自动化主站系统作为重要的核心系统，应强化账号权限管理，严防人为原因导致的系统破坏等风险。主站系统加装一键停控装置，可在网络攻击等紧急情况下有效控制指令误控风险。

5.33　反措规定：依据厂站自动化基础参数配置要求，合理设置测控装置遥信防抖时间，保证信号不多不漏。

注：南方电网公司反事故措施（2023 版）6.3.15 条。

反措条款解读：

为了防止遥信受干扰发生瞬时变位，导致遥信误报，遥信输入一般是带时限的，就是说某一状态变位后，在一定时限内不应再发生变位，如果短时间内发生变为将不被确认，这就是防抖的概念。防抖时间设置过长，遥信容易漏报，防抖时间设置过短，遥信容易误报，因此需要合理设置厂站测控装置遥信防抖时间，使其更好地监控电网及设备。

【案例一】2022 年 1 月 15 日某 500kV 变电站在开关复电时，由于测控装置遥信防抖时间设置过小，导致多送 1 个分闸信号。

处理措施：重新设置测控装置遥信防抖时间，避免发生误报。

【案例二】2021 年 3 月 18 日某 500kV 线路 A 相故障跳闸，重合不成功，由于测控装置遥信防抖时间设置过大，导致上送总调的信号中缺少开关重合闸信号。

处理措施：重新设置测控装置遥信防抖时间，避免发生漏报。

> **5.34　反措规定：** 南瑞继保 PCS-9705A 测控装置存在板卡针脚尖端对金属外壳放电，进而引起站内直流系统接地的情况，在文山局已出现多起，需排查同类型测控装置是否已安装绝缘侧板来隔绝相邻板卡背面针脚，并开展整改。
>
> 注：南方电网公司反事故措施（2023 版）6.3.16 条。

反措条款解读：

二次设备的设计和安装应满足装置技术规范要求，对于日常运维过程中出现的异常缺陷，各运维部门应及时组织分析，提前消除批次性、家族性运行隐患。

【**案例**】2021 年 10 月 29 日，某 220kV 变电站上报一条直流系统不完全接地重大缺陷。经检查确定为南瑞继保 PCS-9705A 测控装置遥信电源负极接地。分析认为此型号测控装置采用遥测采样板与遥信板相邻布置，但是由于两板卡之间绝缘隔板未密封到底导致相邻遥信板背部带电遥信针脚对遥测采样板金属外壳发生尖端放电现象，从而导致站内直流系统负极高阻接地。南瑞继保 PCS-9705A 测控装置背板见图 5-36。

处理措施： 测控装置断电后取出与采样板相邻遥信板卡。通过遥信板槽位观察绝缘隔板是否将相邻遥测采样板金属外壳完全密封。若未密封到底存在金属外壳裸露，需要将裸露部分密封或者将遥信板卡带电针脚密封。

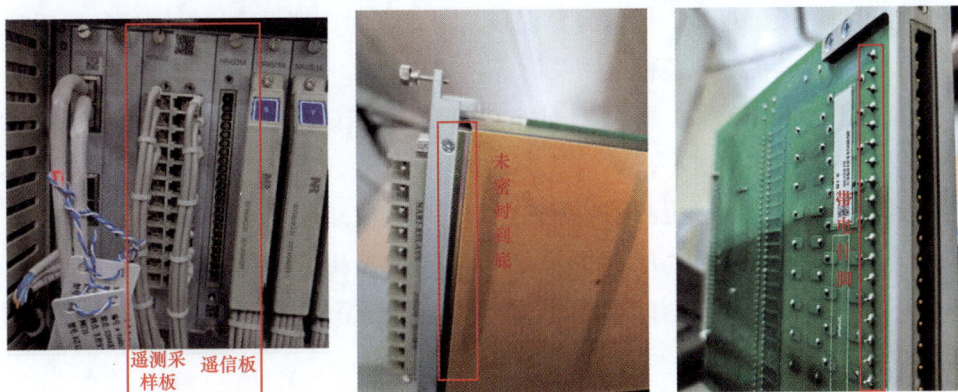

图 5-36　南瑞继保 PCS-9705A 测控装置背板

5.35 反措规定： 南瑞继保 PCS9000 OCS 系统具备逻辑库与物理库的应用，物理库维护工具防误机制不完善，存在导致误操作的风险，应落实以下整改要求。

（1）具备逻辑库与物理库的应用，屏蔽物理库维护工具增删记录的功能，对数据记录的增删操作，须先在逻辑库中进行维护验证后，才可发布至物理库中生效。

（2）trans_tool 等只应连接逻辑库的维护工具，应屏蔽后台连接至物理库的接口，防止自动误连接至物理库。

（3）完善物理库维护工具的操作日志记录功能，实现对登录、操作的记录。

注：南方电网公司反事故措施（2022 版）6.3.17 条。

反措条款解读：

调度自动化系统是利用以电子计算机为核心的控制系统和远动技术实现电力系统调度的自动化，是电力系统综合自动化的重要部分。电力系统发生事故的后果是十分严重的，特别是大面积停电将对国民经济造成很大的损失，所以作为整个电网调度自动化控制系统的核心的计算机系统必须十分可靠，其物理库维护工具必须有完善的防误机制。

【案例】2022 年 1 月，某调度中心 PCS9000 系统南瑞继保维护人员打开转发维护工具进行操作时，维护节点 scada2 正好处于网络报文量大，磁盘 IOwait 高等性能瓶颈大的情况下，造成使用转发维护工具打开 fe1 逻辑库失败，随即执行错误逻辑自动打开了物理库，维护工具直接在物理库中进行了删除操作，引起转发总调数据异常。维护工具直接在物理库中进行删除操作见图 5-37。

处理措施： 将维护工具功能拆分，新增物理库维护工具，原维护工具修改为只能打开逻辑库。具备逻辑库与物理库的应用，只能在逻辑库中修改验证后，才可发布至物理库中生效。增加维护工具操作日志记录功能，实现对登录、操作的记录。

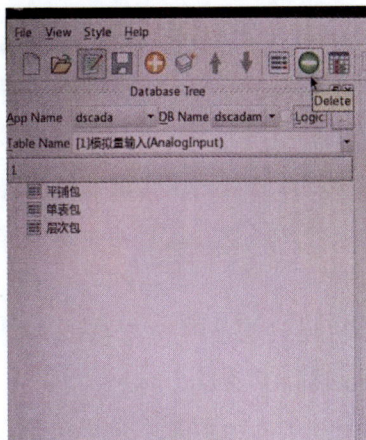

图 5-37 维护工具直接在物理库中进行删除操作

5.36 反措规定：厂站端计划值曲线接收及导入功能应能适应调度主站下发今日、次日计划值曲线顺序不同、多帧报文交叉下发的情况，以及今日、次日计划值曲线跨零点功率、速率变化、不变化等各种工况。

注：南方电网公司反事故措施（2022 版）6.3.18 条。

反措条款解读：

发电计划曲线的编制是调度计划编排的重要内容，计划曲线准确、及时地下发，对电网的安全性和可靠性至关重要。当出现计划值接收或导入后与实际下发计划值不一致的情况时，如运行人员不能及时发现，可能导致计划值执行出现偏差，产生误调节，因此厂站端计划值曲线的接收及导入功能应能适应不同工况。

【案例】2021 年 6 月 5 日，23:50 分某换流站运行人员发现即将在 23:55 分执行的计划值异常，运行人员立即申请切换至手动模式调整，避免计划值执行出现偏差。经检查发现站端计划曲线接收工作站在处理调度主站先下发明日计划、后下发今日计划以及今日、明日跨零点速率不变的情况下，程序处理不完善，存在误读取、误执行计划值的问题。

处理措施：对厂站端计划值曲线接收及导入功能进行完善。

5.37 反措规定：国电南瑞 D5000 OCS 系统事故反演功能逻辑设计缺陷，存在将历史断面数据下装到实时态风险，应落实以下整改要求。

（1）对事故反演客户端进行消息类型错误消缺，并在服务端对反演态消息进行防护改造。

（2）对客户端功能按键进行规范化流程管控。

注：南方电网公司反事故措施（2023版）6.3.19条。

反措条款解读：

南方电网公司总调组织开展自动化运行状况分析发现，部分调度自动化主站 D5000 OCS 系统事故反演功能逻辑设计缺陷，主要表现为事故反演客户端执行逻辑错误，导致客户端消息错误注册到实时态，引起历史断面数据下装到了实时库中，触发部分监测数据跳变。暴露出事故反演客户端消息类型错误，且服务端缺少对反演态消息的防护逻辑，事故反演客户端流程缺乏流程化管控，按键逻辑设计不当等问题。

5.38　反措规定： 南瑞继保 PCS-9000 OCS 系统前置应用 transponder 进程响应发布数据库异常，存在转发遥测、遥信异常风险，应落实以下整改要求。

对前置应用 transponder 进程执行时间小于数据库发布等待时间的情况，修改前置应用 transponder 逻辑，在主函数内每个读数原子操作前新增判断是否需要响应装库，若需响应则退出本次主函数运行。

注：南方电网公司反事故措施（2023版）6.3.20条。

反措条款解读：

南方电网公司总调组织开展自动化运行状况分析发现，部分调度自动化主站 PCS-9000 OCS 系统存在前置应用 transponder 进程响应发布数据库异常现象，即发布数据库时，前置应用 transponder 进程取数时没有及时切换指针，仍使用旧指针读取新数据库，将导致转发遥测、遥信数据异常。基于上述风险，本条反措明确了整改要求，各单位应按计划开展缺陷自查并制订消缺计划，完成缺陷整改。

5.39　反措规定： 东方电子 E8000 OCS 系统单节点启动时下载内存库文件异常，存在导致关键应用频繁切换值班节点，影响电网监控风

险，应落实以下整改要求：增加平台启动防误逻辑，启动前检测内存库文件状态，在内存库文件异常情况下禁止启动平台。

注：南方电网公司反事故措施（2023 版）6.3.21 条。

反措条款解读：

南方电网公司总调组织开展自动化运行状况分析发现，部分调度自动化主站 E8000 OCS 系统存在关键应用频繁切换值班节点现象，当启动本地内存库异常的工作站/服务器时，应用程序无法获取本地内存库数据，因此需访问 SCADA 主节点，但由于请求数据包大小超过设置上限，导致 SCADA_Server 主节点频繁切换。基于上述风险，本条反措明确了整改要求，各单位应按计划开展缺陷自查并制订消缺计划，完成缺陷整改。

5.40 反措规定： 北京四方 CSI-200EA 测控装置（管理插件版本：VER6.04GP，开出插件版本：VER3.12）存在内存软错误导致误出口的风险，总调已组织相关单位完成了原因定位、版本完善和试验验证工作。为有效防范相关风险，现场要在 2023 年 12 月 31 日前完成软件版本升级。

注：南方电网公司反事故措施（2023 版）6.3.22 条。

反措条款解读：

在一些电磁、辐射环境比较恶劣的情况下，半导体集成电路（IC）会受到干扰，使器件逻辑状态翻转，使得原来存储的"0"变为"1"，或者"1"变为"0"，从而导致系统功能紊乱，甚至发生灾难性事故。这种问题一般称为 SEU（SingleEventUpsets，单粒子翻转），SEU 造成的逻辑错误不是永久性的，因此又被称作"软错误"。应对软错误措施在存储器层级主要有奇偶校验（Parity）、纠错码校验（ECC）等校验方法，在装置层级主要通过双 CPU 冗余架构和内存自检校验等措施解决，对存在软错误风险的测控装置，通过开展软件版本开发、验证和程序升级，可进一步完善芯片软错误校验机制，避免内存软错误导致误出口事件发生。

5.41 反措规定： 厂站智能远动机增加 AVC 防误功能，防止 AVC

执行时误调误控，新增及技改厂站投运前需完善 AVC 防误功能，存量站结合技改完成。

注：南方电网公司反事故措施（2023 版）6.3.23 条。

反措条款解读：

厂站智能远动机是一种将变电站、电厂的实时运行数据、各类动作信息转发给远方调度的设备，调度也可以通过远动机实时控制变电站内的设备。智能远动机具备 AVC 防误控闭锁功能，可以对调度主站下行的控制命令合理性判别，防止主站系统受到劫持或攻击时，执行错误的指令而造成电网系统故障，有效提高系统防网络攻击能力，各厂站应结合设备改造逐步完成 AVC 防误功能完善。

5.42　反措规定： 调度自动化主站系统应采用专用的、冗余配置的不间断电源（UPS）供电，不应与信息系统、通信系统合用电源，不间断电源涉及的各级低压开关过流保护定值整定应合理。采用模块化的 UPS，应避免并联等效电阻过低，引起直流绝缘监测装置监测误告警。UPS 单机负载率应不高于 40%。外供交流电消失后 UPS 电池满载供电时间应不小于 2h。交流供电电源应采用两路来自不同电源点供电。发电厂、变电站远动装置、计算机监控系统及其测控单元、变送器等自动化设备应采用冗余配置的不间断电源或站内直流电源供电。具备双电源模块的装置或计算机，两个电源模块应由不同电源供电。相关设备应加装防雷（强）电击装置，相关机柜及柜间电缆屏蔽层应可靠接地。

注：南方电网公司反事故措施（2023 版）6.3.24 条。

反措条款解读：

本条反措来源于《防止电力生产事故的二十五项重点要求》（2023 版）第 19.1.3 条，供电电源的冗余配置和可靠供电是调度自动化主站系统安全、稳定运行的重要保障，新版二十五项重点要求对主站和厂站主要设备冗余配置提出了更高要求。

5.43 反措规定： 厂站数据通信网关机、相量测量装置、时间同步装置、调度数据网及安全防护设备等屏柜宜集中布置，双套配置的设备宜分屏放置且两个屏应采用独立电源供电。二次线缆的施工工艺、标识应符合相关标准、规范要求。

注：南方电网公司反事故措施（2023 版）6.3.25 条。

反措条款解读：

本条反措来源于《防止电力生产事故的二十五项重点要求》（2023 版）第 19.1.8 条，新版二十五项重点要求对厂站主要设备布置、供电电源、施工工艺、标识提出要求。

第四节　安自自动专业反措案例

5.44 反措规定： 安稳、备用电源自动投入装置、低周减载及失步解列等安全自动装置的跳闸出口，原则上应直接接断路器操作箱跳闸回路（110kV 及以下集成操作箱功能的保护装置，安全自动装置的跳闸出口应直接接保护装置的操作跳闸回路）。现场未配置操作箱且保护装置未集成断路器操作跳闸回路的，安全自动装置的跳闸出口应直接接断路器跳闸回路。发电厂安全自动装置动作后需启动停机流程的，可另增一副出口触点启动停机流程。

注：南方电网公司反事故措施（2023 版）6.4.1 条。

反措条款解读：

110kV 线路保护大多为保测一体装置，早期厂站的备用电源自动投入装置投跳闸回路接线不规范，出口跳闸回路接线采用手跳回路，存在备用电源自动投入装置起动后跟跳主供电源开关时，起动"手跳闭锁备用电源自动投入装置"逻辑而误闭锁备用电源自动投入装置风险。基于上述风险，因根据现场实际配置情况，选择合理的跳闸出口回路，提升安全自动装置的动作可靠性。

5.45　反措规定：

（1）对于新建、扩建和技改的稳控切机执行站装置，除因稳定控制要求需采取最优匹配切机方案外，应采用双套独立模式。

（2）对于采用主辅运模式的切机执行站，主运装置动作后闭锁辅运装置，辅运装置动作后不再闭锁主运装置；辅运装置被主运装置闭锁后，必须将其所有动作标志清空，防止主运装置闭锁信号消失后，辅运装置因其他扰动误动出口。

注：南方电网公司反事故措施（2023版）6.4.2条。

反措条款解读：

在正常运行时，双套稳控装置中的一套为主运模式，另一套为辅运模式，主辅运装置各自独立完成信息采集和逻辑判别，在电网运行需要稳控装置动作时，主运装置无延时执行稳定控制策略的同时闭锁辅运装置；辅运装置若收到主运装置的闭锁命令，则辅运装置不再执行稳定控制策略。若主运装置未动作或主运装置虽动作，但辅运装置若未收到主运装置的闭锁命令，则辅运装置须经一定的延时后再执行稳定控制策略的运行模式。

5.46　反措规定：

（1）备用电源自动投入装置设置的检备用电源电压异常放电逻辑应设置延时，具体延时应躲过相关后备保护动作时间，以防止主供电源故障引起备用电源短时异常时装置误放电；在上述延时内，一旦备用电源恢复正常，异常放电逻辑应瞬时复归。

（2）备用电源自动投入装置应确保本站主供电源开关跳开后再合备用电源，同时应具备防止合于故障的保护措施，或具备合于故障的加速跳闸功能。

（3）备用电源自动投入装置起动后跟跳主供电源开关时，禁止通过手跳回路起动跳闸，以防止因同时起动"手跳闭锁备用电源自动投入装置"逻辑而误闭锁备用电源自动投入装置。

注：南方电网公司反事故措施（2023版）6.4.3条。

反措条款解读：

备用电源自动投入装置是当工作电源因故障断开以后，能自动而迅速地将备用电源投入到工作或将用户切换到备用电源上去，从而使用户不至于被停电的一种自动装置。为保证备用电源自动投入装置能正常运行，备用电源自动投入装置动作应满足以下前提：①备用电源工作正常；②工作电源断开后，备用电源才能投入，确保故障点已可靠隔离。

> **5.47 反措规定：** 母线 TV 断线可能导致轻载变电站备用电源自动投入装置投误动作情况，宜在主供电源跳闸判别逻辑中引入线路电压、开关位置等辅助判别信息，增加防误判据（如：采用"进线无流且线路 TV 无压"与"进线开关分位"或逻辑）。
>
> 注：南方电网公司反事故措施（2023 版）6.4.4 条。

反措条款解读：

针对变电站轻载运行的特殊工况，在母线 TV 空气断路器跳闸等异常发生后，备用电源自动投入装置应满足《南方电网备用电源自动投入装置配置与技术功能规范》（Q/CSG 110012—2011）第 5.9.6.2 以及 5.9.6.3 条要求，即备用电源自动投入装置应有防止误动作的措施和闭锁相关功能，并及时发出相应的异常告警。

【案例】 2017 年 2 月 15 日，某 220kV 变电站在进行隔离开关操作过程中，220kV Ⅰ 段母线 TV 二次保护电压空气断路器跳闸，由于当时变电站处在轻载运行状态，220kV 备用电源自动投入装置满足动作条件，出口跳开 220kV 主供线路，合上 220kV 备供线路，后因备供线路主一、主二保护距离手合加速保护动作跳闸，导致 220kV J 站全站失压。该备用电源自动投入装置有流闭锁定值为 0.5A，经检查故障录波测得 220kV 宁江 Ⅰ 回 254 断路器、宁江 Ⅱ 回 253 断路器流过最大二次电流为 0.2A，达不到有流闭锁定值。

处理措施： 修改备用电源自动投入装置动作逻辑，在主供电源跳闸判别逻辑中引入线路电压、开关位置等辅助判别信息，增加防误判据。优化前后动作逻辑图见图 5-38 和图 5-39。

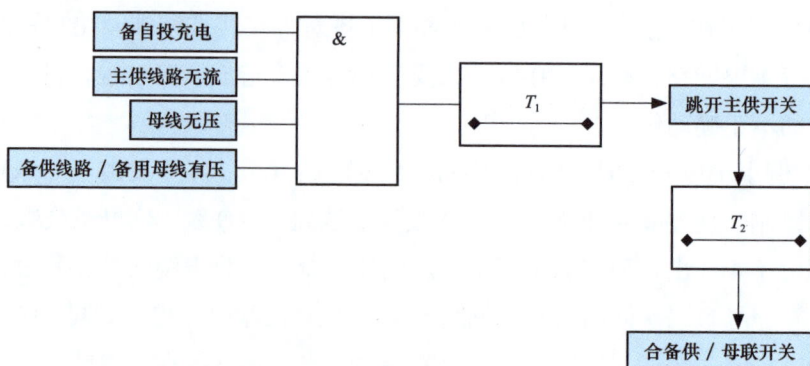

图 5-38 优化前备用电源自动投入装置动作逻辑图

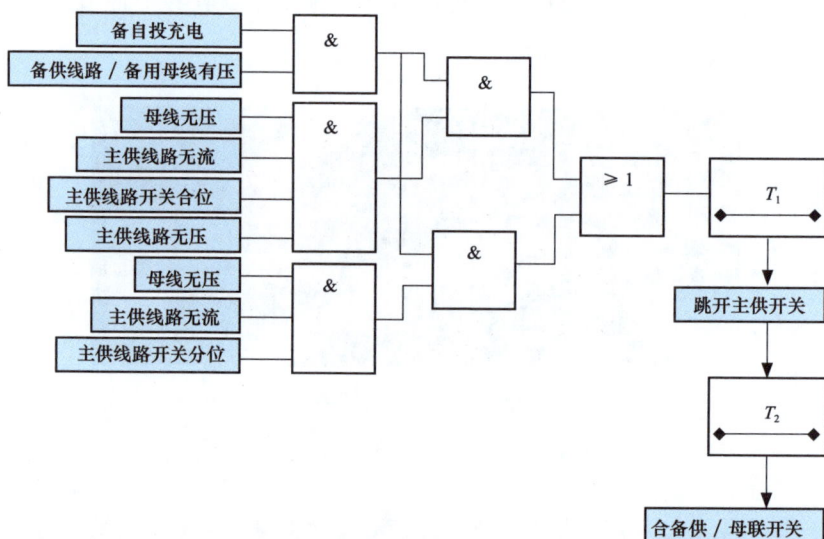

图 5-39 优化后备用电源自动投入装置动作逻辑图

5.48 反措规定：新建、扩建或改造的安全自动装置端子排的对外每个端子的每个端口只允许接一根线，不允许两根线压接在一起。对于已运行的装置应按照轻重缓急原则，结合技改完成整改。

注：南方电网公司反事故措施（2023 版）6.4.5 条。

反措条款解读：

根据《南方电网继电保护通用技术规范》（Q/CSG 110010—2011）对于二次屏柜端子排的布置要求，"对外每个端子的每个端口只允许接一根线，不允

许两根线压接在一起"，安全自动装置端子排对外接线往往涉及出口跳闸、联切小电等重要回路，端子压接线容易受震动等因素造成回路松脱，引发安全自动装置的不正确动作。

【案例】2019 年 2 月 17 日，某 110kV 变电站 II 母 184 开关由于 110kV J～Q 线故障跳闸，启动备用电源自动投入装置后联跳 N～Q 线 183 开关失败，经检查发现由于 183 出口回路属于两根线芯同压一个端子且电缆线芯绷紧后拉力的一直存在，导致二次回路松脱，见图 5-40。暴露出验收过程中对同一端子压接两根线芯存在的松脱风险认识不足，对接线工艺（接线紧绷）可能导致的松脱风险识别不到位。

处理措施：对新建、改扩建工程从设计、施工、验收各个环节，要求每个二次端子上只能压接一根二次线。

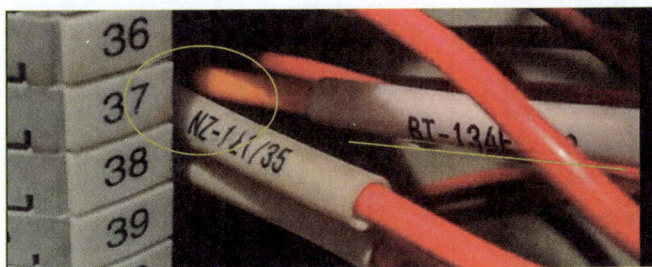

图 5-40　端子松脱

第五节　电力监控系统网络安全反措案例

5.49　反措规定：各级主站、厂站应按作业指导书的要求，配置生产控制大区专用 U 盘及专用杀毒电脑，变电站端应配备杀毒 U 盘，拆除或禁用不必要的光驱、USB 接口、串行口等，按流程严格管控移动介质接入生产控制大区、严禁出现跨区互联等违规情况。

注：南方电网公司反事故措施（2023 版）6.5.4 条。

反措条款解读：

电力生产运行中，需反复使用 U 盘、调试电脑对新安装的服务器、交换

机、工作站等电力监控主机开展病毒查杀、加固、数据备份等工作，期间若出现 U 盘和调试电脑等设备不满足网络安全的要求，将会威胁生产实时业务大区的安全运行。

【案例】2018 年 7 月，某供电局在监控中心主站系统整体调试阶段，厂家人员使用外来 U 盘插入调试电脑，电脑提示外来 U 盘接入。调试电脑告警信息见图 5-41。

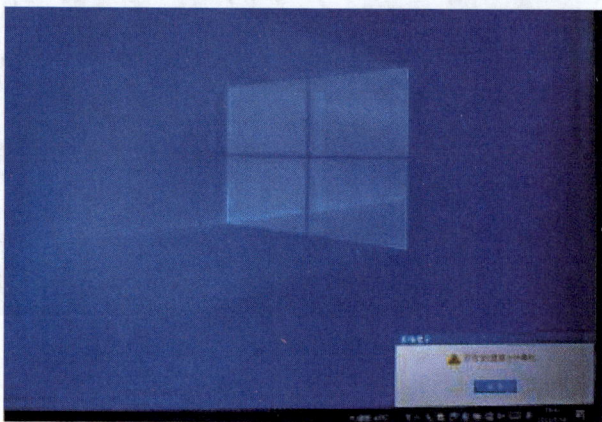

图 5-41　调试电脑告警信息

处理措施： 现场运维班组应配置生产控制大区专用 U 盘及专用杀毒电脑，及时封堵、拆除或禁用不必要的 USB 等接口，建立移动介质使用审批机制。

> **5.50　反措规定：** 尚未按《国家能源局关于印发电力监控系统安全防护总体方案等安全防护方案和评估规范的通知》（国能安全〔2015〕36 号）、《南方电网电力监控系统安全防护技术规范》等要求完成配网终端防护、E1、MSTP 专线纵向加密认证等合规性改造或缺失的防护设备部署的单位，2021 年底应完成改造和部署工作。
>
> 注：南方电网公司反事故措施（2023 版）6.5.10 条。

反措条款解读：

"电力专用纵向加密认证网关"是用于保护电力调度数据网路由器和电力系统的局域网之间通信安全的电力专用网关机，该设备为保护上下级控制系统之间的广域网通信提供了认证与加密服务，实现了数据传输的机密性、完整性，应按照上述制度规范要求及时完成改造和部署。

【**案例一**】监控中心 2020 年 7 月前专线通道未配置加密装置，存在网络安全风险。

处理措施： 监控中心对专线通道加装纵向加密装置，见图 5–42。

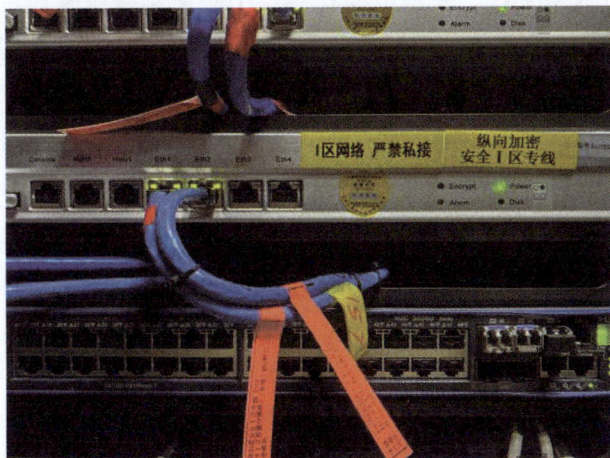

图 5-42　网络专线通道

【**案例二**】某电网公司计量自动化主站与变电站、换流站等厂站的 MSTP 电能量采集专线通道缺失纵向加密认证防护。电能量数据自厂站采集器经过 MSTP 通道直接传输至计量主站，缺乏双端加解密签名认证防护机制，见图 5–43。

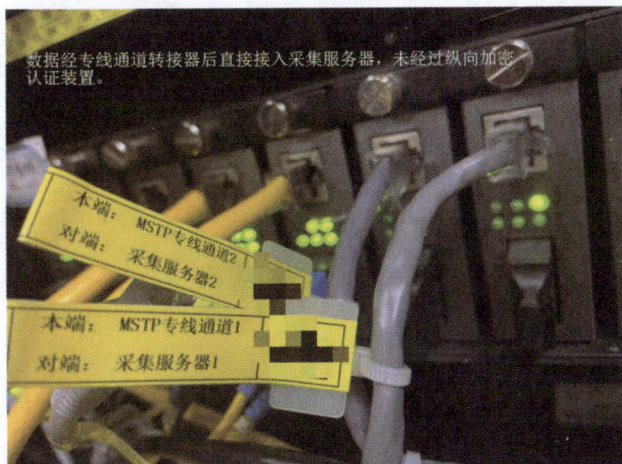

图 5-43　数据通道直接接入采集服务器

处理措施： 申请营销技改项目在主站侧加装 MSTP 通道纵向加密装置。

> **5.51 反措规定：** 电力监控系统主站及厂站主机操作系统完成主机加固，工作开展前需要进行安全评估和验证。按照《关于开展电力监控系统清朗网络空间创建活动的通知》（系统〔2018〕41 号）的要求落实"三清除两关闭，三规范两加强"的各项措施。
>
> 注：南方电网公司反事故措施（2023 版）6.5.11 条。

反措条款解读：

操作系统作为承载业务系统的基础，其安全并未受到足够重视，存在大量默认安全配置低下、高危端口开放、账号配置过多、密码设置过于简单等问题，为不法人员入侵网络提供了便利条件，应及时对电力监控系统主站及厂站主机操作系统进行加固。

【案例一】 某监控中心电力监控系统 PCS-9000 原系统预设了很多调试账号及无用的账号，且许多账号采用相同的密码，试运行期间，厂家调试人员在没有得到监控中心维护人员授权的情况下使用开发人员账号私自修改系统的部分功能，导致系统试运行期间出现异常。

处理措施： 某监控中心删除调试账号和过多无用的账号，每个维护人员的账号使用不同的密码，厂家人员进行维护时需使用南宁监控中心维护人员的账号，由维护人员进行登录，重要功能的修改必须在维护人员的监护下开展。

【案例二】 2022 年护网攻防演习期间，某变电站两票服务器在未经安全论证的前提下开启了外网端口（7108）映射用于 Web 服务，且违规开启了外网端口（3389）映射用于厂家运维远程桌面服务。通过两票服务器进入内网后实施攻击行为，已在本服务器发现 webshell、远控木马、内网扫描记录、内网密码截图等信息。两票服务器 webshell 攻击的 aspx.aspx 被修改，利用 aspx.aspx 漏洞获得两票服务器控制权。aspx 漏洞获得两票服务器控制权。远控木马、内网扫描记录、内网密码截图见图 5-44。

处理措施： 完善主机安全加固措施，关闭高危端口及其他不必要的端口。

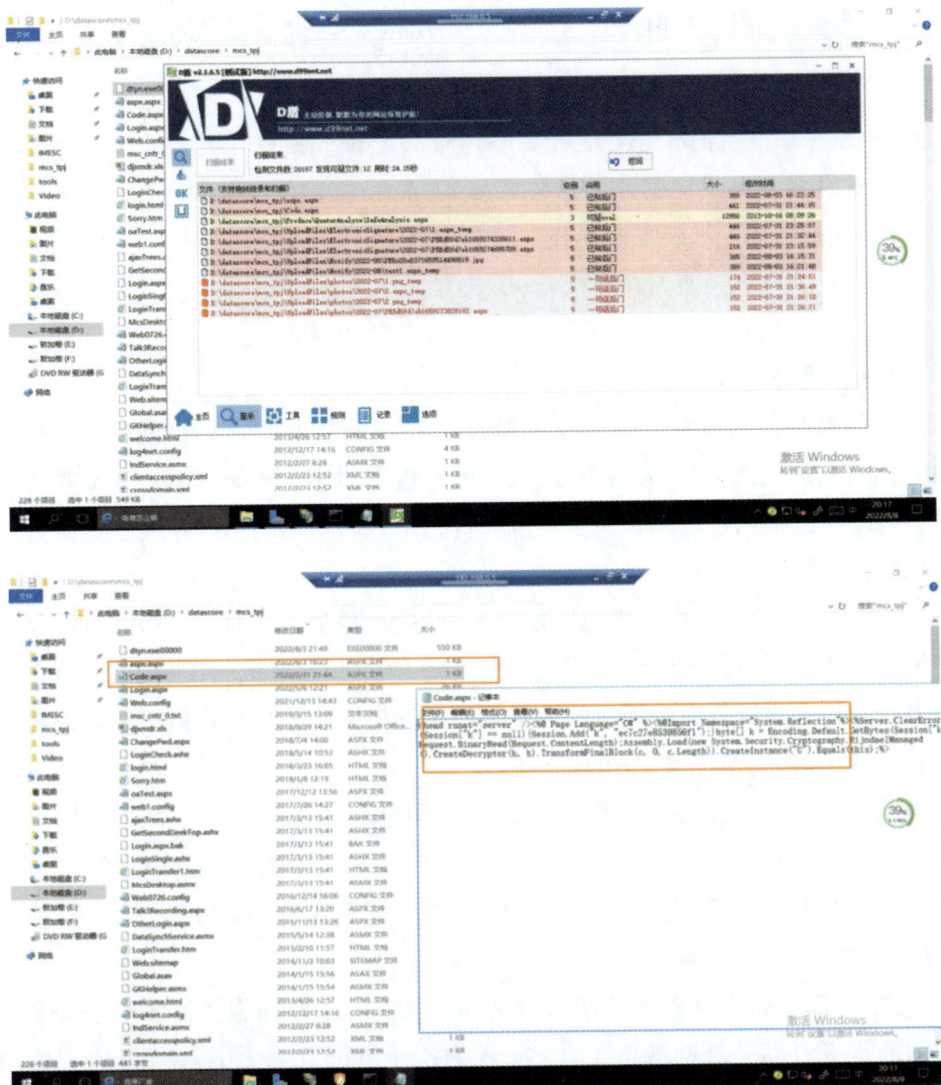

图 5-44 远控木马、内网扫描记录、内网密码截图

5.52　反措规定：落实《网络安全法》《密码法》《数据安全法》《关键信息基础设施安全保护条例》、GB/T 22239《信息安全技术　网络安全等级保护基本要求》、GB/T 39786《信息安全技术　信息系统密码应用基本要求》（GB/T 39786—2021）、《关键信息基础设施商用密码使用管理规定（试行）》等国家和行业有关规定和标准，以及公司关于暴露面收敛、勒索病毒防护、密码应用、可信计算等专项方案要求，对不满足要求

的电力监控系统有序开展等级保护、关基保护、暴露面收敛、勒索病毒防护、密码应用、可信计算以及安全组件完善等合规性改造，杜绝违法违规风险。

注：南方电网公司反事故措施（2023 版）6.5.14 条。

反措条款解读：

电力监控系统是指用于监视和控制电力生产及供应过程的、基于计算机及网络技术的业务系统及智能设备，以及作为基础支撑的通信及数据网络等。电力监控系统安全防护工作应当落实国家信息安全等级保护制度，按照国家信息安全等级保护的有关要求，坚持"安全分区、网络专用、横向隔离、纵向认证"的原则，保障电力监控系统的安全。

【案例】2022 年 6 月 10 日，某 500kV 变电站开展电力监控系统网络安全问题整改工作期间，在综合自动化监控系统服务器 A（南自）上对等级保护测试提出的不符合项"系统没有对重要主体和客体设置安全标记"进行整改后，发现南自监控程序所依赖的若干重要文件夹（及其所有文件）的读写权限全部被修改，导致南自监控程序无法操作这些文件夹内的文件进而无法运行。

处理措施： 经逐一对相关文件夹的读写权限后，南自监控程序恢复运行。

5.53　反措规定： 落实网络安全等级保护测评、电力监控系统安全防护风险评估、密码应用安全性评估、关键信息基础设施安全保护检测评估、数据安全风险评估、网络安全审查、网络安全风险研判、网络安全应急处置、网络安全攻防演练、网络安全监督检查等发现问题和隐患的整改，消除高风险隐患，整改中低风险隐患，确保网络安全风险可控在控。

注：南方电网公司反事故措施（2023 版）6.5.15 条。

反措条款解读：

网络安全等级保护测评是指测评机构依据国家网络安全等级保护制度规定，按照有关管理规范和技术标准，对非涉及国家秘密信息系统安全等级保护状况进行检测评估的活动。通过进行网络安全等级保护测评，能够对信息系统安全防护体系能力进行分析与确认，及时发现存在的安全隐患，各运维单位应严格落实网络安全等级保护测评等发现问题和隐患整改，有效提升网络安全防护水平。

5.54　反措规定：调度主站应逐步采用基于可信计算的安全免疫防护技术，形成对病毒木马等恶意代码的自动免疫。重要电力监控系统和设备应逐步推广应用以密码硬件为核心的可信计算技术，用于实现计算环境和网络环境安全免疫，免疫未知恶意代码，防范有组织的、高级别的恶意攻击。严禁重要电力控制系统现场修改程序代码，程序代码修改后必须经过专业检测和真型动态模拟测试，且通过安全可信封装保护和安全可信度量，并在备用设备上实测无误后，方可投入在线运行。

注：南方电网公司反事故措施（2023 版）6.5.16 条。

反措条款解读：

可信计算（TC），是由可信计算组（TCG）推动和开发的技术，其本质是在计算和通信系统中使用基于硬件安全模块支持下的可信计算平台，由此提升整个系统的安全性。作为一种有效可行的防护措施，可信计算充分集成了完整性检验、身份认证、数据加密、访问控制等安全功能，通过建立可信根和信任链保障系统的完整性和安全性，边缘端点自身具有防护能力，能够主动免疫多种网络攻击。各运维单位应按照上述要求，逐步开展可信计算技术推广和应用。

第六章
计量类设备事故案例

第一节　计量类设备反措案例

6.1　反措规定： 加大油浸式高压组合计量用互感器隐患排查，对存在安全隐患的油浸式高压组合计量用互感器，要及时更换为硅橡胶固体式高压组合计量用互感器。

注：南方电网公司反事故措施（2023 版）7.1.2 条。

【案例】 2019 年专业巡维检查发现某电网公司 110kV D 变 4 条 35kV 线路的电能表被安装于开关场各线路组合式互感器（油浸式）杆架下方。电能表箱与组合式互感器底部直线距离约为 30～50cm，与同线路断路器箱体直线距离约为 40～70cm，现场作业空间狭小拥挤，作业风险极大，且计量回路从组合式互感器二次绕组直接引出，电压回路无空气断路器，不符合《南方电网公司 35kV 变电站电能计量装置典型设计》要求，电流回路试验接线盒锈蚀严重，二次布线也很不规范，表箱无有效接地。查看组合式互感器及其铭牌信息，35kV 东兴线和 35kV 东岩线设备外观锈蚀较严重，且运行时间比较长久，属于老旧设备，风险较大，见图 6-1。

处理措施： 对电能计量装置实施优化改造。

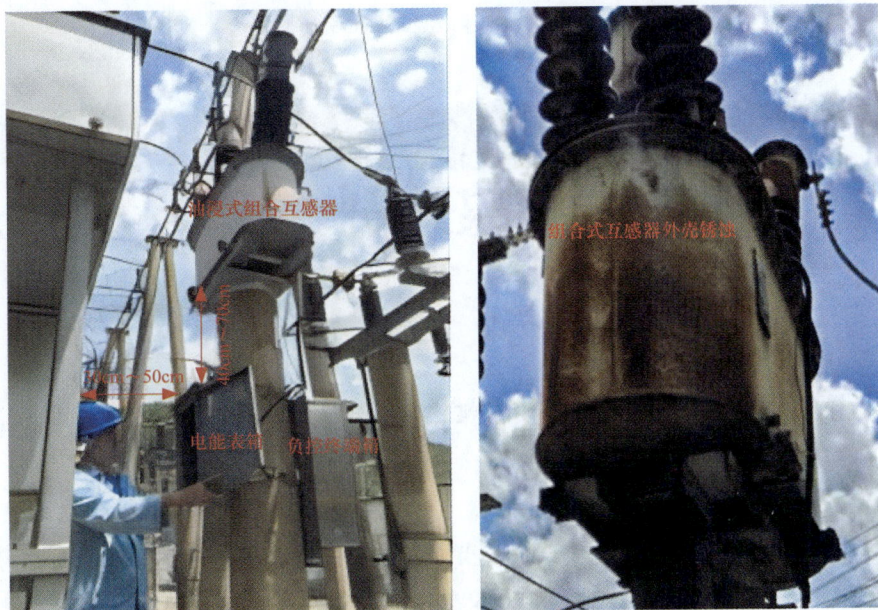

图 6-1　电能表箱与组合式互感器距离小且互感器外壳锈蚀严重

第七章
信息安全运行类事故案例

第一节 物理机房类反措案例

7.1 反措规定：针对信息机房、蓄电池机房在极端天气下涉水风险，应选择地势高的场所建设，暂不具备场所条件的应采取配套排水设施、对重要设备加高处理等措施，并确保措施有效。

注：南方电网公司反事故措施（2023版）8.1.1条。

反措条款解读：

数据中心机房如果地址选取不当、建成后防涉水措施落实不到位，在暴雨极端天气条件下极易发生涉水事件，将会导致机房停电、设备设施损坏、系统停运、信息丢失等严重后果，甚至会造成无法挽回的经济损失。因此在新机房规划及建设阶段应考虑涉水风险，选择地势高的场所建设机房，对已建成在运的机房应定期开展涉水隐患排查，对存在渗漏问题的区域进行防水处理，对重要设备进行加高处理，完善机房配套排水设施及漏水监控系统。

【案例】2022年7月，河南省多个地市发生暴雨，河南某通信运营商发布紧急提醒：河南部分地区受极端天气影响，枢纽机房断电，目前无法正常办理通信业务，在此期间，我们将为您提供延时停机服务，给您带来不便请谅解。极端天敢预警见图7-1。

处理措施：

（1）通过柴油发电机临时带动机房负载。

（2）待暴雨减弱后通过排水恢复配电房运行，恢复机房供电。

整改效果：通过临时电源恢复机房临时供电，通过配电房排水恢复配电房运行从而恢复机房正常供电。

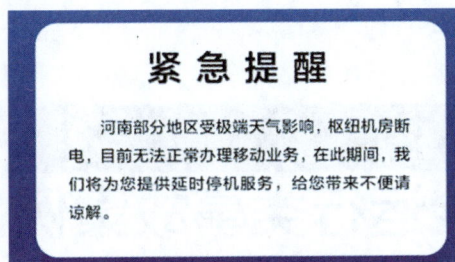

紧急提醒

河南部分地区受极端天气影响，枢纽机房断电，目前无法正常办理移动业务，在此期间，我们将为您提供延时停机服务，给您带来不便请谅解。

图7-1　极端天气预警

7.2　反措规定： 应每日检查机房电气设施及精密空调系统的运行情况，主机房温湿度应满足18~27℃、湿度不大于60%，确保空调滤网、排水管道的正常运行，对发现的设备老化、漏水、积尘等问题及时进行更换或修复处理。应每年至少组织开展一次机房应急演练，至少包含应对火灾、漏水及供电失效的故障场景。

注：南方电网公司反事故措施（2023版）8.1.2条。

反措条款解读：

数据中心机房电气设施、精密空调等基础设施如出现部件缺陷、设备故障，会导致机房停电、机房温度升高、机房渗水等问题，对服务器、网络设备、信息系统的稳定运行构成严重威胁，应按要求开展机房基础设施日巡视、月巡检，对机房配电系统、空调系统、消防系统进行重点检查，确保机房温湿度保持在正常水平，对发现的老化设备及设备部件进行消缺更换，对漏水区域进行修补，定期清理积尘。由于机房基础设施出现故障就会导致信息系统大面积停运，为确保发生机房基础设施故障时能够有序恢复，将对信息系统运行的影响降到最低，最大限度保障信息系统稳定运行，需制订机房基础设施故障应急预案，按规定应每年至少组织开展一次机房应急演练，至少包含应对火灾、漏水及供电失效的故障场景。通过机房应急演练，检验应急预案的有效性和可实施性，提升应对机房基础设施故障的处置能力。

【案例一】2020年6月4日，某换流站SCADA服务器异常死机，其面板指示灯未见异常，硬盘灯常亮不闪烁，其网络ping不通，显示器黑屏，鼠标键盘无响应，重启后恢复正常。查看服务器运行日志，其死机前内存占用、CPU负载均正常。经分析判断服务器异常原因为服务器运行温度偏高。服务器所在

机房为中央空调，无精密空调系统，服务器屏内温度较高。SCADA 监控告警见图 7-2。

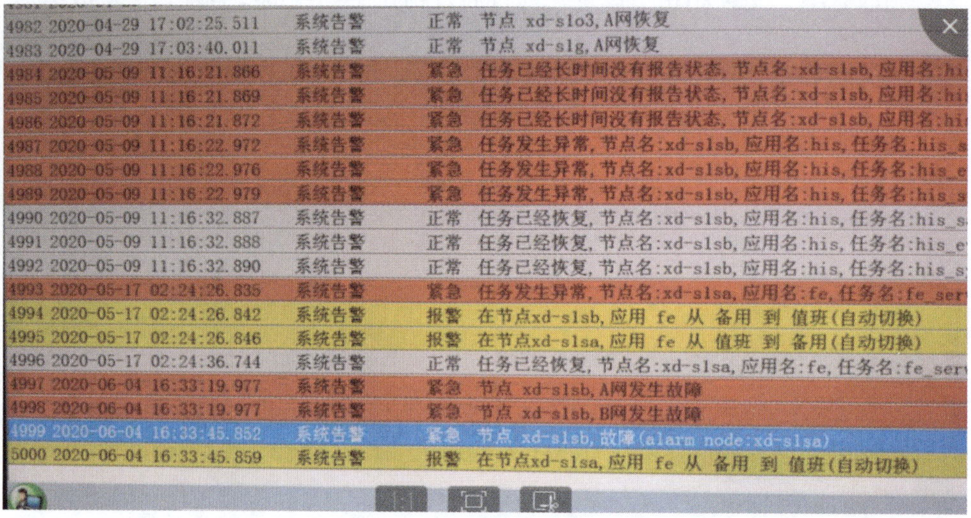

图 7-2　SCADA 监控告警

处理措施：供电局对服务器柜加装精密空调。改造后服务柜所温度维持在 18～27℃、湿度不大于 60%，空调滤网、排水管道的正常运行。

整改效果：加装精密空调后，服务器因为温度高异常宕机的故障不再发生。

【案例二】2021 年 11 月 26 日某供电局运维人员巡视本部信息通信机房时发现机房温度偏高，经检查是机房一台精密空调皮带老化断裂停止运行，见图 7-3。

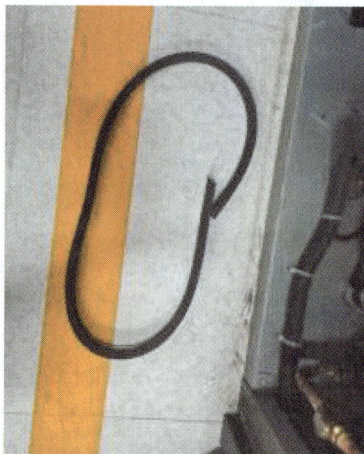

图 7-3　空调皮带老化断裂

处理措施：应定期对精密空调系统进行全面的检查维护，及时发现隐患问题，针对易损坏老化的零部件应备有备品替换。

整改效果：更换精密空调老化皮带后，精密空调再也没有发生类似故障。

> **7.3　反措规定：**重要机房 UPS 不间断电源需保证负载不间断的双路供电，宜设置外置维修旁路，在对 UPS 主机进行检修或维修时，将 UPS 主机转至外置维修旁路，对 UPS 主机进行不带电维修，保证操作安全。
>
> 注：南方电网公司反事故措施（2023 版）8.1.3 条。

反措条款解读：

数据中心机房为保证服务器、网络等设备稳定运行都配备冗余的 UPS 系统，日常运行中偶尔也会发生 UPS 主机板卡故障，UPS 系统一般运行 6 年以上需要及时更换风扇和电容等部件避免 UPS 主机故障，一旦发生板卡故障或者更换风扇电容等部件时，需要将 UPS 系统切换到旁路运行后才能开展检修工作，但此时 UPS 主机仍然是带电运行，检修过程中极易造成人员触电。为了避免检修人员触电，需要设置外置维修旁路，这样在 UPS 主机维修时做到停电检修，避免人员触电。

【案例】2020 年 7 月 7 日信息机房配电室易事特 UPS 异常退出，自动转为旁路供电，经检查是 1 号 UPS、2 号 UPS 因母线电容漏液出现严重功能性故障造成，导致设备运行故障。

处理措施：

（1）退出 1 号 UPS。手动将 1 号 UPS 逆变器关闭。断开 1 号 UPS 输出断路器，负荷切换至 2 号 UPS 带载输出。依次分别断开 1 号 UPS 的输入开关、旁路开关。断开 1 号 UPS 电池柜内的电池开关，此时 1 号 UPS 退出运行，负载由 2 号 UPS 市电在线模式直接供电。

（2）停机约 10min 后，打开 1 号 UPS 机器前门，确认直流母线电压低于5V 以下，方可进行更换各种电容。

（3）对于需要更换的电容进行容量测试，用电容测试仪检测其实际容量。用万用表测试其内部对表面绝缘性能。

（4）将交流电容托盘抽出，做好标记，逐个检测电容外表是否有漏液现象。

（5）拆除电容的连接条，用电容测试仪核实每一个电容容量，发现容量有问题就现场更换，同样方法检测每一个单体极柱对外壳绝缘性能。

（6）为防止造成不良后果，对于有极性电容安装时，一定要注意正负极性。UPS电容漏液排查见图7-4。

整改效果：更换1号UPS、2号UPS漏液电容后，1号UPS、2号UPS再也没有发生因母线电容漏液造成功能性故障。

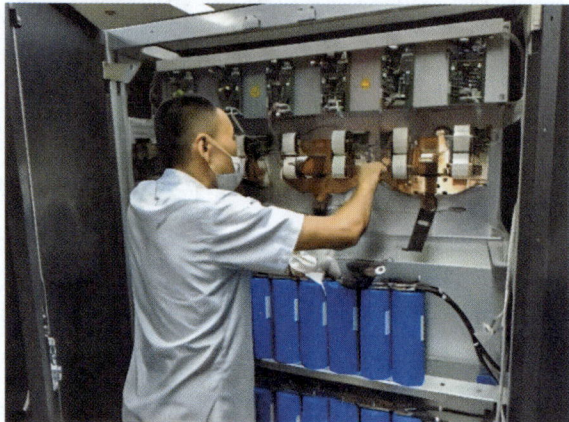

图7-4　UPS电容漏液排查

7.4　反措规定：重要机房UPS不间断电源需定期（至少每半年一次）开展带负载充放电测试，确保UPS不间断电源的电池充放电能力满足机房市电断电时的用电需求。

注：南方电网公司反事故措施（2023版）8.1.4条。

反措条款解读：

UPS正常工作时会对蓄电池组进行充电，待把蓄电池充满电后，会处于浮充状态，如果长期没有停电，蓄电池的电只进不出，蓄电池会长期处于浮充状态，日久就会导致蓄电池化学能与电能相互转化的活性降低，加速蓄电池老化而缩短使用寿命。UPS定期充电放电也叫核对性放电，就是对浮充运行的蓄电池经过一定时间要使其进行一次较大的充放电反应，以保持电池的活性，同时检查蓄电池容量，发现老化电池，及时维护处理，以保证电池正常运行。因此UPS定期充放电按规定是至少每半年一次，放电时间可根据蓄电池的容量和负载大小确定，一次全负荷放电完毕后，再充电8h以上。

【案例】2017年9月23日某电网公司信息中心开展配电设备预防性试验，在市电切换过程中，信息机房UPS检测到蓄电池组电压过低后保护性断开

蓄电池，造成 UPS 输出失电，导致信息机房电源中断。

处理措施： 正常 UPS 为双机冗余或双机并机运行，当一台 UPS 故障时，另外一台 UPS 提供所有负载供电，为确保 UPS 故障时能够正常运行，定期进行充放电测试，提高电源可靠性；在充放电测试时，发现异常，及时解决。

整改效果： 定期对信息机房 UPS 进行充放电测试后，及时发现 UPS 主机和电池的缺陷，及时消缺，再也没有发生 UPS 输出失电的故障。

第二节　IT 设备类反措案例

7.5　反措规定： 存储网络物理链路性能问题会严重影响业务系统稳定运行，存储网络光缆、连接器的性能和传输要求应符合 TIA/EIA 568B 的要求，对多模光纤最大光衰不小于 3.5db/km，室内单模光纤最大光衰不小于 1.0db/km，室外单模光纤最大光衰不小于 0.5db/km 的链路及时检修。

注：南方电网公司反事故措施（2022 版）8.2.1 条。

反措条款解读：

集中式的存储系统是由磁盘整列、存储交换机组成，服务器主机通过光纤链路与存储交换机组成存储光纤网络，为业务系统提供数据存储服务，一旦光纤链路通道通信质量下降，当光衰达到一定数值时，会造成存储 IO 超时甚至中断，导致业务系统运行中断。在日常的巡视巡检工作中要加强对存储系统光纤链路检测，一旦发现存储光纤链路光衰达到一定阈值时，通过更换跳纤和光纤链路等措施，确保存储光纤链路通畅。存储网络双通道中只要有一个通道光衰加大时就要立即进行替换，避免因为另外一个通道光衰加大造成整个链路中断，影响业务。时刻保持存储网络双链路运行正常，就会确保业务系统稳定运行。

【案例】 2022 年 4 月 7 日，存储交换机巡检发现端口链路存在误码，且误码数量一直持续上涨，联系业务系统负责任人排查时发现多路径链路存在降级情况，见图 7–5，有部分 IO 超时，交换机侧查看光纤端口光衰时发现端口收功率存在异常，线路有问题导致业务主机链路被降级。

处理措施： 业务主机切换 IO 路径到正常路径下，交换机端口关闭有问题

端口，更换光纤后，打开端口，检测链路光衰后正常。

整改效果：更换到正常光纤链路后存储系统恢复正常，再也没有发生存储系统链路中断的故障。

```
B_6505_JF1_YL_06:admin> sfpshow 0
Identifier:   3    SFP
Connector:    7    LC
Transceiver: 700c406000000000 4,8,16_Gbps M5,M6 sw Inter,Short_dist
Encoding:     6    64B66B
Baud Rate:   140   (units 100 megabaud)
Length 9u:    0    (units km)
Length 9u:    0    (units 100 meters)
Length 50u (OM2):  4    (units 10 meters)
Length 50u (OM3): 10    (units 10 meters)
Length 62.5u:2    (units 10 meters)
Length Cu:    0    (units 1 meter)
Vendor Name: BROCADE
Vendor OUI:  00:05:1e
Vendor PN:   57-0000088-01
Vendor Rev:  A
Wavelength:  850   (units nm)
Options:     003a Loss_of_Sig,Tx_Fault,Tx_Disable
BR Max:       0
BR Min:       0
Serial No:   HAA31837100F6D2
Date Code:   180917
DD Type:     0x68
Enh Options: 0xfa
Status/Ctrl: 0xb2
Pwr On Time: 3.48 years (30532 hours)
E-Wrap Control: 0
O-Wrap Control: 0
Alarm flags[0,1] = 0x0, 0x40
Warn Flags[0,1] = 0x0, 0x40
Temperature: 45      Centigrade
Current:     7.368   mAmps
Voltage:     3283.9  mVolts
RX Power:    -3.2    dBm (477.3uW)
TX Power:    -2.4    dBm (580.6 uW)

State transitions: 1
Last poll time: 08-26-2022 UTC Fri 05:10:08
B_6505_JF1_YL_06:admin> ▮
```

图 7-5　存储链路异常

> **7.6　反措规定：**堡垒机应全量接入网级安全运行支撑平台作业管理模块，严格禁止绕过堡垒机对业务系统开展运维操作，按作业内容严格限制堡垒机账号使用期限、访问范围、高危操作等，避免运维作业计划单、变更申请单管控不到位风险。
>
> 注：南方电网公司反事故措施（2023 版）8.2.2 条。

反措条款解读：

《中国南方电网有限责任公司信息系统运行管理细则》作业管理中规定：除对信息设备进行物理性操作（如设备上 / 下架、装拆部件等）外，原则上应通过运行审计系统（堡垒机）进行操作，以确保操作行为受权限控制，并接受审计。堡垒机应全量接入信息安全运行监测预警系统作业管理模块，严格禁止绕过堡垒机对业务系统开展运维操作，一旦违反，就会造成运维作业计划单、变更申请单管控不到位风险，影响信息系统安全稳定运行。在信息系统建转运的阶段要检查系统是否接入堡垒机，在完成系统建转运各项工作后还要接入堡垒机后才能正式转

入运行。堡垒机在作业过程中必须严格按照作业内容对账号使用权限、访问范围、高危操作等进行控制，并记录业务系统作业全过程，便于业务系统作业过程事中和事后审计，确保作业过程安全可控，提升信息系统安全运行水平。

【案例】某供电局信息安全作业运维未通过堡垒机对业务系统开展运维操作，存在作业运维风险。例如对 2021 年 8 月 9 日门户系开展加固工作，加固前未对虚拟机进行快照，在补丁更新过程中系统死机，无法对运维人员操作进行溯源、日志审计等，存在对作业运维管控不到位的风险。

处理措施：

（1）在局本部信息通信机房部署堡垒机，并将相关信息系统、网络安全设备、网络设备等接入堡垒机，通过堡垒机对业务系统开展运维操作，按作业内容严格限制堡垒机账号使用期限、访问范围、高危操作等。

（2）启用堡垒机双因子认证方式。

整改效果：部署堡垒机后，作业运维管控到位，有效控制因为作业管控不到位造成信息系统运维事件发生。

> **7.7　反措规定：**须按季度更新堡垒机高危命令集，高危操作应在系统管理员复核后开展，防止误操作影响系统运行安全。
>
> 注：南方电网公司反事故措施（2023 版）8.2.3 条。

反措条款解读：

堡垒机对高危操作进行控制是通过限制高危指令执行而完成，在堡垒机日常运维管理工作中要定期更新堡垒机高危命令集，如果不及时更新，造成一些高危命令被默认允许执行，就会造成数据误修改、文件误删除、进程误杀等误操作，导致业务系统故障。定期更新堡垒机高危命令集，严禁不被允许的高危命令私自运行，确保业务系统安全运行。高危操作应在作业计划审批通过后经过堡垒机管理员复核后授权执行，作业人员严格按照作业内容开展高危操作，确保操作的安全性和准确性，从而保障业务系统安全运行。

【案例】2021 年 3 月，京东到家程序员录某在离职当天删除数据库后离开了公司。录某入职上海某公司从事计算机系统研发工作，主要负责京东到家平台的代码研发工作，3 个月后，录某因试用期未合格被公司劝退。离职当天，录某将其在职期间所写京东到家平台优惠券、预算系统以及补贴规则等代码删

除，导致项目延后，录某的刑事判决书见图 7-6。为保证系统正常运行，公司花费 3 万元聘请第三方公司恢复数据库。

处理措施： 定期更新堡垒机高危命令集，高危操作应在系统管理员复核后开展，防止误操作影响系统运行安全。

整改效果： 定期收集限制堡垒机高危命令集，可以有效防止高危命令被默认允许执行造成数据误修改、文件误删除、进程误杀等误操作。

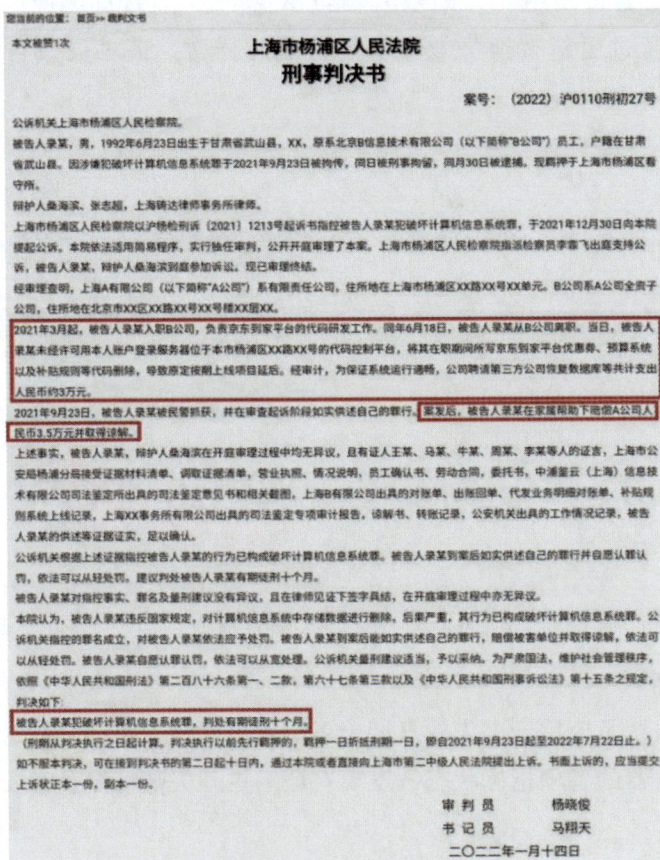

图 7-6　恶意删除信息系统数据判决书

7.8　反措规定： 服务器域控、eLink 等系统所使用的证书更新不及时会导致用户无法登录业务系统，应每日运行巡检脚本，确保服务器域控证书及时更新。

注：南方电网公司反事故措施（2023 版）8.2.4 条。

反措条款解读：

eLink、Windows 服务器域控等系统及应用需要通过证书进行登录验证，实现身份认证、保密性、完整性和防抵赖，证书具有有效期，信息系统运维过程中须重点关注证书失效日期，如证书到期未能及时发现及处理，将会影响依赖证书的系统正常登录及使用，因此须保证证书在失效前及时更新。

【案例】2021 年 5 月，部分地市局域控证书更新失败，导致用户登录异常，运维人员通过使用 AD 域巡检脚本进行排查，发现问题原因为域控证书过期失效，通过更新替换失效证书后解决此异常。证书失效告警信息见图7–7。

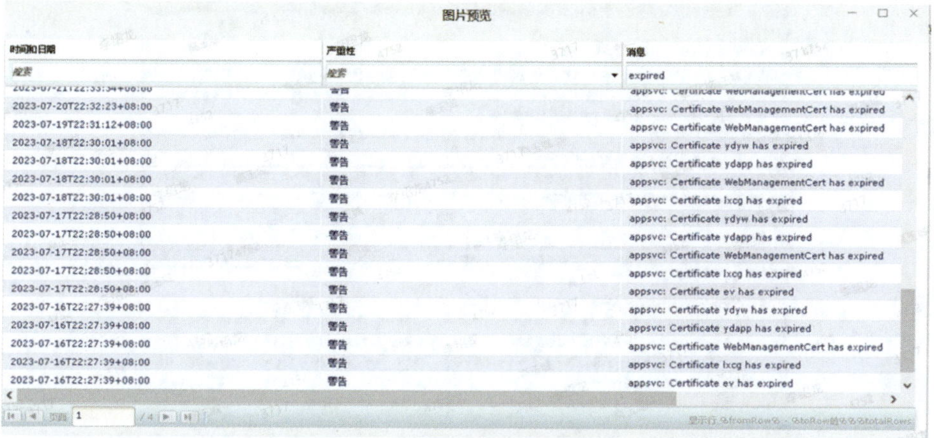

图 7-7　证书失效告警信息

处理措施：

（1）将系统及应用证书失效日期检查纳入日常巡检范围，通过编制巡检脚本，检查服务器的各项指标状态，发现有证书更新失败情况及时安排人员进行排查及处理。

（2）将证书失效巡检脚本纳入服务器计划任务，定时运行检查证书过期时间，确保证书有效。

整改效果：通过制订 AD 域巡检计划，编制巡检脚本，运维人员可及时发现服务器证书失效问题，及时更新服务器证书，防止证书过期失效未及时发现、处理问题。

第三节　信息系统类反措案例

> **7.9　反措规定：** 关键信息系统数据备份恢复速度应当满足 GB/T
> 37988《信息安全技术　数据安全能力成熟度模型》四级安全要求。
> 注：南方电网公司反事故措施（2023 版）8.3.1 条。

反措条款解读：

为防止信息系统因物理服务器故障、安全问题及人为误操作等因素导致的数据丢失，应对关键信息系统数据进行备份，保证备份有效可用。应制订重要应用系统的 RTO、RPO 指标，确保数据备份及恢复应当满足指标要求，否则在发生数据丢失故障时，将会数据丢失或长时间业务中断。

【案例一】某电网公司营销管理系统数据量约为 32TB，数据备份全备所需时间为 1 周。2020 年 10 月 12 日，在开展营销管理系统数据恢复演练作业过程中，出现数据中心网络拥堵，导致大量系统运行缓慢问题（见图 7-8 和图 7-9）。通过分析原因为业务网络、备份网络未分离，业务高峰期开展数据恢复占用大量网络带宽，一方面造成系统访问缓慢，另一方面影响系统数据备份及恢复时间。

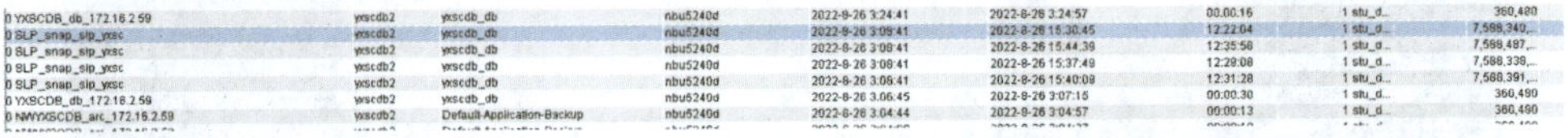

图 7-8　数据备份恢复占用大量网络带宽情况

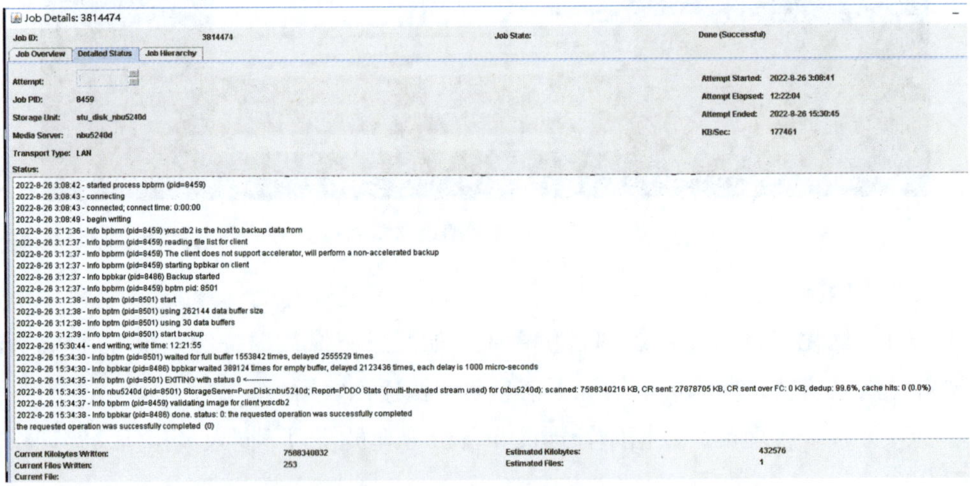

图 7-9　数据备份时间较长

处理措施：

（1）构建数据中心备份网络，将备份业务从 IP 网络迁移至专用 SAN 网络，实现业务网络、备份网络分离，避免数据备份恢复对正常业务的影响，提升数据备份恢复速度。

（2）条件允许的情况下，可采用多副本镜像的数据备份恢复技术，提升数据备份恢复效率。

整改效果： 通过采用备用专用网络建设、采用多副本镜像数据备份恢复等技术手段，有效提交数据备份恢复速度，控制及防止数据备份恢复对业务的影响。

【案例二】 2021 年 5 月，某外部单位财务管理系统感染勒索病毒（见图 7-10），系统访问中断，系统数据无法正常读取。通过使用备份系统恢复并补录数据，约 12h 后才恢复系统正常运行。2019 年某月，某游戏公司信息运维人员因对公司不满，故意删除源代码及数据库，该公司高价聘请专业公司耗时 3 天后才完成数据恢复，期间该公司游戏新功能、新服务无法投运，直接影响公司经营收益。两次事件均因数据问题导致系统受影响，足显数据备份对信息系统运行保障的重要性。

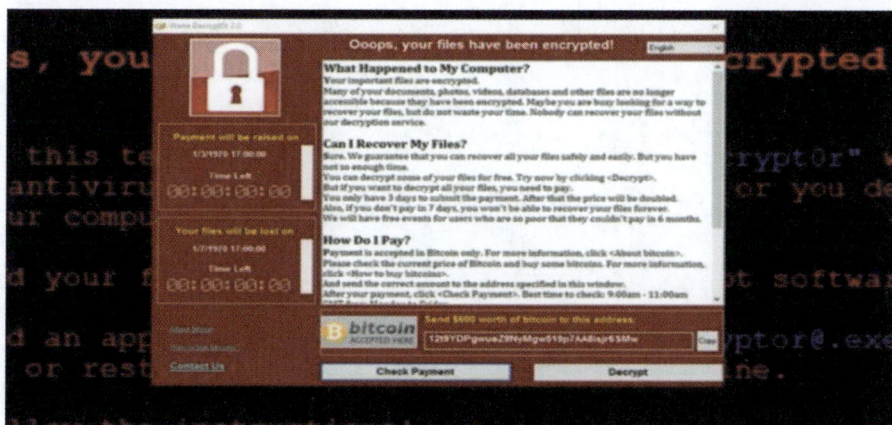

图 7-10　服务器感染勒索病毒

处理措施：

（1）优化关键信息系统的备份系统（如配备镜像数据备份系统），提高数据备份恢复速度，保障极端情况下信息系统快速恢复运行。

（2）系统管理员、数据库管理员和备份管理员须为不同人员担任，实现权限分离。

整改效果： 通过对重要系统实施备份，制订合理的备份策略，在发生因物理损坏、人为删除等极端情况下，可有效避免、减少数据丢失，保障业务连续性，降低数据丢失对企业运营的影响。

【案例三】某电网公司出现营销、财务、协同办公等系统集中访问缓慢问题，经排查相关系统部分服务器网络流量异常，通过进行网络流量分析，定位问题原因为营销系统在业务高峰期执行数据全备占用网络带宽较高，约为450 Mbit/s（见图 7-11 和图 7-12），导致了数据中心网络整体缓慢，影响系统使用及备份恢复速率。

12:01:13	IFACE	rxpck/s	txpck/s	rxkB/s	txkB/s	rxcmp/s	txcmp/s	rxmcst/s
12:01:14	lo	1045.92	1045.92	184.38	184.38	0.00	0.00	0.00
12:01:14	eth0	45056.12	332432.65	3843.09	461129.38	0.00	0.00	0.00
12:01:14	eth1	8736.73	12814.29	4627.51	10055.48	0.00	0.00	1.02
12:01:14	eth8	0.00	0.00	0.00	0.00	0.00	0.00	0.00
12:01:14	eth9	0.00	0.00	0.00	0.00	0.00	0.00	0.00
12:01:14	eth2	57.14	0.00	3.35	0.00	0.00	0.00	0.00
12:01:14	eth3	0.00	0.00	0.00	0.00	0.00	0.00	0.00
12:01:14	eth4	0.00	0.00	0.00	0.00	0.00	0.00	0.00
12:01:14	eth5	0.00	0.00	0.00	0.00	0.00	0.00	0.00
12:01:14	eth6	0.00	0.00	0.00	0.00	0.00	0.00	0.00
12:01:14	eth7	0.00	0.00	0.00	0.00	0.00	0.00	0.00
12:01:14	bond0	45113.27	332432.65	3846.44	461129.38	0.00	0.00	0.00
12:01:14	bond1	8736.73	12814.29	4627.51	10055.48	0.00	0.00	1.02

图 7-11　数据库数据全备高 IO 读写占用用较高带宽

05:50:01	bond0	56135.07	40483.65	421283.49	2137.95	0.00	0.00	0.00
06:00:01	bond0	57938.69	41847.47	431305.16	2210.13	0.00	0.00	0.00
06:10:01	bond0	56861.47	41132.37	423969.75	2170.66	0.00	0.00	0.00
06:20:01	bond0	61160.47	44436.26	452649.82	2347.30	0.00	0.00	0.00
06:30:02	bond0	63167.22	46155.23	451328.72	2436.89	0.00	0.00	0.00
06:40:01	bond0	62412.00	45316.38	461198.06	2393.86	0.00	0.00	0.00
06:50:01	bond0	59144.72	42930.50	418995.10	2267.86	0.00	0.00	0.00
07:00:01	bond0	60908.93	44017.15	448402.76	2323.97	0.00	0.00	0.00
07:10:01	bond0	54582.41	39238.00	409143.53	2073.22	0.00	0.00	0.00
07:20:01	bond0	54413.87	39255.43	408116.38	2074.10	0.00	0.00	0.00
07:30:01	bond0	57252.41	41692.32	428347.24	2201.72	0.00	0.00	0.00
07:40:01	bond0	58898.10	42765.99	441227.23	2258.31	0.00	0.00	0.00
07:50:02	bond0	58240.77	42368.44	435790.80	2236.07	0.00	0.00	0.00
08:00:01	bond0	57577.23	41957.28	428174.71	2215.35	0.00	0.00	0.00
08:10:01	bond0	56785.51	41180.14	426009.96	2173.19	0.00	0.00	0.00
08:20:01	bond0	59008.99	42720.43	439088.68	2255.57	0.00	0.00	0.00
08:30:01	bond0	60124.03	43631.00	443691.04	2305.08	0.00	0.00	0.00
08:40:01	bond0	60476.58	43616.67	441497.70	2304.26	0.00	0.00	0.00
08:50:01	bond0	61563.89	44501.23	445388.36	2349.65	0.00	0.00	0.00
09:00:01	bond0	59265.67	42609.22	427046.11	2252.67	0.00	0.00	0.00
09:10:01	bond0	58674.38	42506.66	429724.48	2244.32	0.00	0.00	0.00
09:20:01	bond0	56973.53	41400.35	422712.74	2187.15	0.00	0.00	0.00
09:30:01	bond0	57758.87	41783.06	428500.86	2207.64	0.00	0.00	0.00
09:40:01'	bond0	55520.18	40113.90	413372.22	2118.19	0.00	0.00	0.00
09:50:02	bond0	55181.50	40045.25	383780.75	2148.54	0.00	0.00	0.00
10:00:01	bond0	52108.43	37896.74	379965.34	2001.24	0.00	0.00	0.00
10:10:01	bond0	59382.82	43158.42	437627.24	2280.80	0.00	0.00	0.00
10:20:01	bond0	56976.02	41249.01	411450.34	2213.82	0.00	0.00	0.00
10:30:02	bond0	60750.38	44241.94	439963.33	2337.32	0.00	0.00	0.00
10:40:01	bond0	57251.64	41257.04	432986.18	2177.47	0.00	0.00	0.00
10:50:01	bond0	53622.35	38381.88	405225.92	2040.51	0.00	0.00	0.00
11:00:01	bond0	54470.68	39050.81	399215.52	2059.85	0.00	0.00	0.00
11:10:02	bond0	52863.45	37261.14	393881.97	1965.24	0.00	0.00	0.00
11:20:01	bond0	53909.05	38550.65	392793.81	2033.20	0.00	0.00	0.00
11:30:01	bond0	48869.90	35151.63	364343.90	1855.55	0.00	0.00	0.00
11:40:01	bond0	44568.41	33672.76	286586.09	1776.22	0.00	0.00	0.00
11:50:01	bond0	42868.16	33120.78	271362.33	1747.23	0.00	0.00	0.00
12:00:01	bond0	41292.47	32110.96	260298.77	1693.68	0.00	0.00	0.00

图 7-12　数据库数据全备高 IO 读写占用用较高带宽

处理措施：

（1）构建数据中心备份网络，实现业务网络、备份网络分离，提升数据备份恢复速度。

（2）对备份恢复数据量大、持续时间长的信息系统备份策略进行优化，调整至非业务高峰期执行。

整改效果： 通过构建专用备份网络，制订合理的备份、恢复策略，避开业务高峰期开展备份恢复，防止了网络带宽争用导致的业务系统缓慢问题。

7.10　反措规定： 达梦数据库巡检内容应包括共享内存使用值、缓冲区命中率、缓冲区使用率、字典缓存使用率、锁等待时间、锁等待率、CPU 占用率、会话数量、可用会话数、SQL 语句响应时长、当前正在等待的线程信息、活动的事务锁信息、当前等待事务数量、有无死锁产生、执行时间超过 30s 的 sql、表空间使用率、查看阻塞与被阻塞信息、查看数据库报错和告警等，各指标应满足《附录 F：达梦数据库监控要求》

注：南方电网公司反事故措施（2023 版）8.3.2 条。

反措条款解读：

信息系统使用关系型数据库对结构化数据进行集中管理，日常维护过程中应对数据库关键性能指标进行巡检及监控，及时处理存在的问题，如业务高峰期发生内存及 CPU 使用值过高、会话数量达到最大值、数据库死锁、大量慢 SQL 等情况，将会严重影响数据库整体性能，导致信息系统运行缓慢甚至中断。达梦数据库作为目前公司使用较多的国产关系型数据库，也须按巡检及监控要求对"内存使用值、缓冲区命中率、缓冲区使用率、字典缓存使用率、锁等待时间、锁等待率、CPU 占用率、会话数量、可用会话数、SQL 语句响应时长、当前正在等待的线程信息、活动的事务锁信息、当前等待事务数量、有无死锁产生、执行时间超过 30s 的 sql、表空间使用率、查看阻塞与被阻塞信息、查看数据库报错和告警"等关键性能指标进行巡检及监控，及时处理异常情况。

【案例一】某电网公司人力资源管理系统频繁出现功能报错，检查系统发现存在因数据库会话数量超过最大会话数配置导致中间件新建数据库会话连接失败报错信息，根本原因在于人力资源管理系统达梦数据库连接数配置过小、数据库连接未及时断开，导致数据库会话堆积达到最大值。

处理措施：

（1）清理数据库堆积的会话连接。通过使用数据库查询语句 select para_value-（select count（*）from v$sessions）from v$dm_ini where para_name=’MAX_SESSIONS’检查可用会话数量，发现可用会话数量较低将影响业务时，使用 Kill Idle Session sp_close_session 对会话连接进行清理。

（2）如使用上述命令资源释放问题未能有效解决，应从数据库层面和应用层面进行用户会话资源控制。数据库层面，通过 SQL 语句查询空闲会话（查询语句为：select*from V$SESSIONS where STATE='IDLE'），并使用 sp_close_session（会话 ID）关闭空闲会话，然后使用达梦数据库管理工具设置用户会话空闲时间，见图 7-13（操作方式：使用管理工具→管理用户→修改用户→资源设置项→会话空闲期），实现空闲会话的超时自动清理。也可通过 SQL 语句进行设置（设置语句为：alter user 用户名 limit CONNECT_IDLE_TIME “会话空间时间值”）。应用层面，通过应用开发人员修改程序进行会话控制。

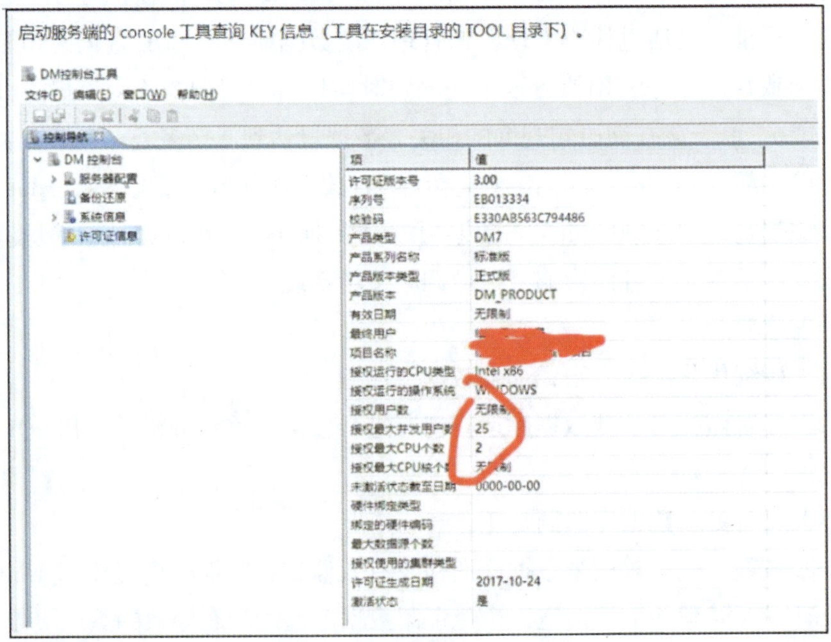

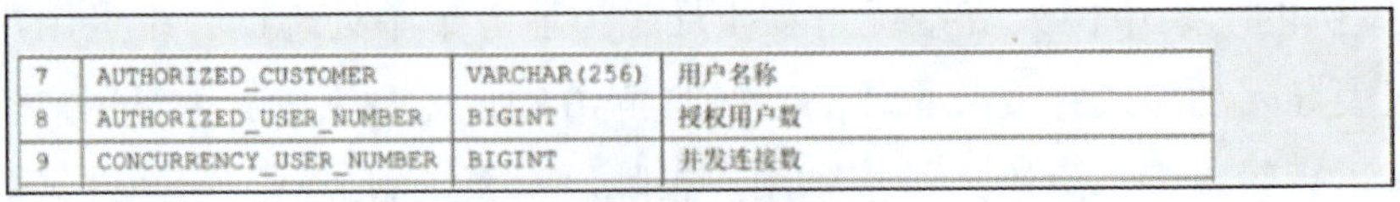

7	AUTHORIZED_CUSTOMER	VARCHAR(256)	用户名称
8	AUTHORIZED_USER_NUMBER	BIGINT	授权用户数
9	CONCURRENCY_USER_NUMBER	BIGINT	并发连接数

图 7-13　达梦数据库最大并发用户数配置信息

整改效果：通过及时清理达梦数据库阻塞会话，可临时解决数据库空闲会话会用尽导致业务异常问题，通过分析及优化业务程序，根本性解决数据库会话资源释放缓慢问题。

【案例二】2021 年 11 月 23 日，某单位生产运行管理系统达梦数据库两个节点 10.××.××.170、10.××.××.171 陆续出现问题，导致"生产运行、两票管理、维护检修管理、差异化运维、作业管理、防灾管理、智能巡检、反措和计划管理在内"的 11 个模块异常，经过紧急分析，确认故障原因是"作业风险评估与控制管理"业务的一条 SQL 触发了达梦数据库绑定参数传参校验缺陷引起服务异常，导致数据库集群双节点均故障，业务无法访问。

处理措施：结合达梦数据库监控要求，定期检查国产化达梦数据库运行情况、分析及优化数据库 SQL 语句性能，及时更新数据库漏洞补丁。

整改效果：通过更新数据库补丁，修复了软件漏洞，避免了 SQL 触发数据库漏洞缺陷的问题。

【案例三】2021 年 8 月 11 日，某单位反馈区域调频市场系统用户登录验证缓慢，运维人员通过检查发现营销管理系统数据库一条 SQL 查询语句未创建索引，导致每次业务调用执行该查询语句时均执行全表扫描（全表扫描影响数据库性能），由于该查询语句查询的相关表数据量达到 2 亿多条，大量全表扫描占用存储大部分 I/O 带宽，营销管理系统两台数据库共占用带宽 4800 Mbit/s，超过了存储带宽上限 3200Mbit/s，造成共用存储的短信平台数据库读写缓慢排队，短信收发严重延时，进而影响了区域调频市场系统。

处理措施：

（1）持续优化巡检方案，加强数据库巡检。

（2）部署监控对达梦数据库运行情况进行监测，重点分析并优化 SQL 语句性能。

（3）及时更新数据库漏洞补丁。

整改效果：通过对达梦数据库巡检及有效监控、定期分析优化 SQL 语句性能、及时更新漏洞补丁等措施，避免了因数据库性能问题导致的系统缓慢。

【案例四】某单位人资系统每年 4 月底为业务集中处理期，批量用户同时使用报表导入功能，并发数量较高。2021 年 04 月 28 日下午，大量用户反映系统整体运行较缓慢，运维人员接到用户报障后对系统服务器、中间件、数据库进行全面检查，发现系统达梦数据库会话阻塞数量较多，峰值达到 1200 余条，

导致数据库服务器 CPU 负载较高，使用率超过 95%，定位问题根本原因为数据库会话阻塞导致会话挤压，数据库负载增加，导致系统业务请求处理缓慢。

处理措施： 对数据库阻塞会话进行强制释放，完善达梦数据库巡检及监控，对"会话数量、可用会话数、SQL 语句响应时长、当前正在等待的线程信息、活动的事务锁信息、当前等待事务数量、有无死锁产生"等数据库会话指标进行巡检及监控（监控指标见图 7-14），优化应用代码提升处理效率。

整改效果： 通过完善达梦数据库监控指标及策略，及时发现及处理数据库阻塞会话，优化应用代码，防止因数据库性能问题导致系统缓慢。

死锁数量[个]	字典缓冲区使用率[%]	有无死锁	最近一次检查点执行时间[时]	最近一次检查点发生时间[时]	锁等待率[%]	锁等待时间	内存的占用率[%]	每秒逻辑块读次数	每秒物理块读次数	每秒物理块写次数	重做日志磁长增长	SQL语句响应时长	会话总数[个]	可用会话数[个]	会话使用率[%]	共享内存使用百分比	表空间使用率[%]
			4:43	4:43.0													
0	0		2022-12-22 10:29:43	2022-12-22 10:29:43.0	0	0	1	0	0	0	0	0	1	3	1	33	100	0
0	0		2022-12-22 10:14:43	2022-12-22 10:14:43.0	0	0	1	0	0	0	0	0	1	3	1	33	100	0
0	0		2022-12-22 09:54:43	2022-12-22 09:54:43.0	0	0										33	100	0

表空间使用率[%]	等待事件发生次数	活动的事务锁信息	系统表空间可用块数	回滚空间可用块数	临时表空间可用块数	缓冲区命中率[%]	缓冲区使用率[%]	CPU占用率[%]	CheckPoint间隔时间	CheckPoint数量	当前活动事务数量	当前系统中活动线程数量	当前正在等待的线程信息	当前等待事务数量	数据库状态	表空间状态
0	0		3968	9088	640	0.99		0.13	300	10000	4		0	0	MOUNT	ONLINE
0	0		3968	9088	640	0.99		0.15	300	10000	4		0	0	MOUNT	ONLINE
0	0		3968	9088	640	0.99		0.15	300	10000	4		0	0	MOUNT	ONLINE
0	0		3968	9088	640	0.99		0.15	300	10000	4		0	0	MOUNT	ONLINE

图 7-14　达梦数据库监控指标

7.11　反措规定： 存储、CPU、内存使用率过高会影响系统运行整体性能，进而引发系统运行风险，存储使用率不宜超过设计容量的 80%，CPU 使用率不宜超过 90%，内存使用率不宜超过 85%。

注：南方电网公司反事故措施（2023 版）8.3.3 条。

反措条款解读：

信息系统运行维护工作中，由于容量分析及管理不到位，监控告警阈值制订不合理，系统业务高峰期服务器存储、CPU、内存等资源使用率过高，导致

系统整体性能劣化的运行事件时有发生，因此在信息系统日常维护过程中，应做好容量管理，结合系统的业务特点制订合理的资源使用及监控阈值，存储使用率不宜超过设计容量的 80%，CPU 使用率不宜超过 90%，内存使用率不宜超过 85%；须密切关注系统服务器资源使用情况，当资源使用率超过设定阈值时，及时进行清理及释放。

【案例一】2020 年 5 月，某单位系统 IT 运维管控系统工作时段出现系统首页访问缓慢、卡顿现象，运维人员通过检查，发现系统应用服务器内存使用率高，同时磁盘空间占用较大，通过对应用服务器中占用内存较高的进程进行重启释放资源后，系统运行恢复正常。

处理措施：

（1）针对业务高峰期出现的由于应用内存回收机制导致的内存、CPU 高的问题（见图 7-15），通过对相关服务进程进行重启释放内存、CPU 资源。

（2）针对由于应用日志增长导致的磁盘使用率高的问题（见图 7-16），配置操作系统定时任务及清理脚本（见图 7-17），自动检测及清理清理日志文件。

```
[javan@ITSM-WEB1 ~]$ free -g
            total    used    free    shared    buffers    cached
Mem:          252     233      19         0          0       213
-/+ buffers/cache:     18     233
Swap:           3       0       3
[javan@ITSM-WEB1 ~]$
```

图 7-15　服务器剩余内存资源

```
[javan@ITSM-WEB1 ~]$ df -h
Filesystem                     Size  Used  Avail  Use%  Mounted on
/dev/mapper/vg_4arzauth-lv_root 50G   19G    29G   40%  /
tmpfs                          127G  1.3M   127G    1%  /dev/shm
/dev/sda1                      477M   67M   385M   15%  /boot
/dev/mapper/vg_4arzauth-lv_home 387G  304G    64G   83%  /home
```

图 7-16　服务器磁盘空间清理释放

```
[javan@ITSM-WEB1 ~]$ crontab -l
30 6 * * *          /home/javan/restartall.sh
30 3 * * *          /home/javan/tool/Bak_Tomcat.pl>/home/javan/tool/Bak.log
0 0 * * *           /home/javan/tool/backupLog.pl>/home/javan/tool/BackupLog.log
#10 10 27 * *       /home/javan/xunjian/perf_xunjianv0.0.3.sh
0,10,20,30,40,50 1-7 * * 5-7 /home/javan/tool/Con_analyze/run.sh
#* * * * *          /home/javan/tool/logTrigger.pl >>/home/javan/tool/logs/logTriger.log
[javan@ITSM-WEB1 ~]$
```

图 7-17　配置服务器空间自动清理脚本

整改效果：通过配置定时任务及自动清理脚本，及时对资源占用较高的服务进行重启释放资源，可快速处理系统资源占用较高问题，防止资源耗尽导致

的异常。

【案例二】2022 年 4 月 14 日，某供电局虚拟化平台物理主机 CPU 使用率过高（平均使用率超过 80% 甚至达到 100%），见图 7-18，导致部署在该物理服务器上的虚拟机运行缓慢，运维人员通过登录虚拟化平台底层系统，停止 CPU 使用率过高的进程和服务后，虚拟化平台虚拟机逐步恢复正常，为避免类似情况的发生，运维人员对 CPU 使用率过高的物理机进行了虚拟机迁移，平衡虚拟化平台整体资源使用。

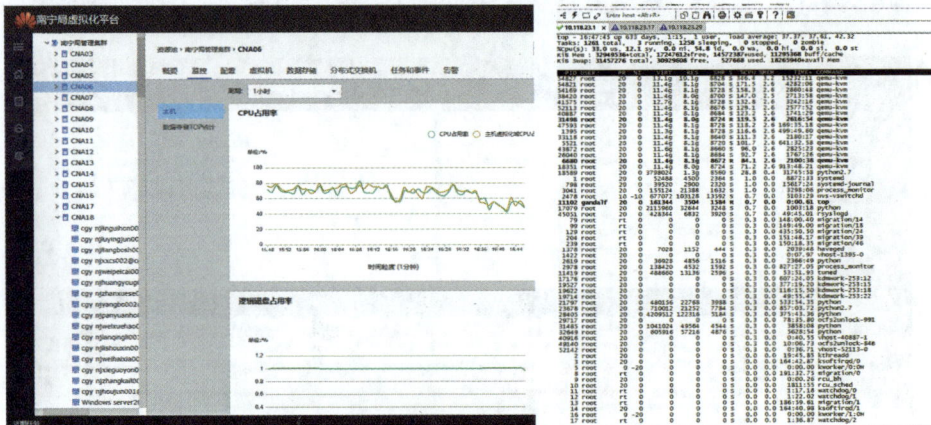

图 7-18　虚拟化平台 CPU 资源使用率过高

处理措施：

（1）登录虚拟化平台底层系统，使用 top 命令查看使用率过高的进程，停止 CPU 占用率过高的进程，关闭占用率过高进程的服务。

（2）将 CPU 使用率过高的物理机上的虚拟机迁移至 CPU 使用率相比低的物理机，平衡虚拟化平台整体资源使用。

整改效果： 通过完善虚拟化平台监控指标及策略，及时发现及处理占用资源过高的服务，分析平衡虚拟化平台整体资源使用，避免了服务器资源使用过高导致的虚拟机缓慢。

【案例三】2021 年 7 月 13 日，某单位虚拟化平台虚拟机终端经常出现死机，运行速度慢情况，运维人员通过使用虚拟化管理平台进行检查发现该虚拟化平台存储使用率已超过设计容量的 80%，部分映射至虚拟化平台存储使用率接近 100%，存在明显的存储资源容量瓶颈。虚拟化平台存储使用过高见图 7-19。

处理措施： 通过申报信息化项目采购存储硬盘，对虚拟化平台所使用存储

进行硬件扩容，解决存储容量不足以及存储 IO 不足的问题。

整改效果：通过定期的资源容量分析，及时对使用超瓶颈的虚拟化平台存储进行扩容，避免存储不足导致虚拟化平台故障。

【**案例四**】2022 年 8 月 29 日，某单位虚拟化平台部分虚拟机运行缓慢，检查虚拟化平台资源使用情况发现存储使用率接近 100%（见图 7-20），经分析判断异常原因为没有及时清理虚拟机垃圾文件，导致占用较大系统存储空间，存储使用率接近最大容量值。

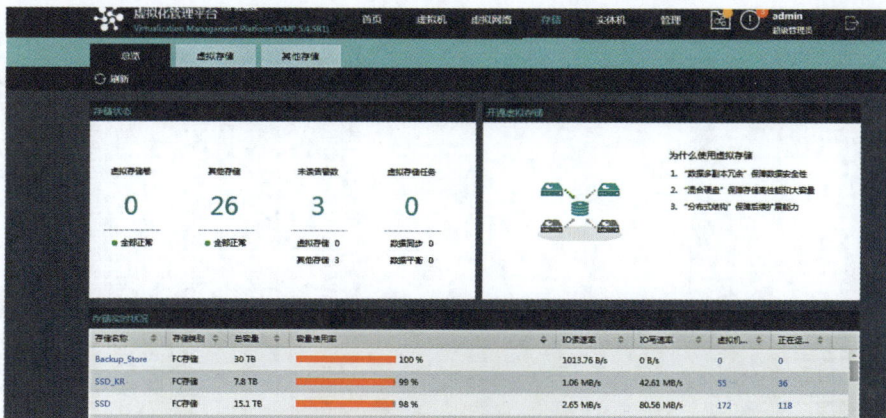

图 7-19　虚拟化平台存储使用过高

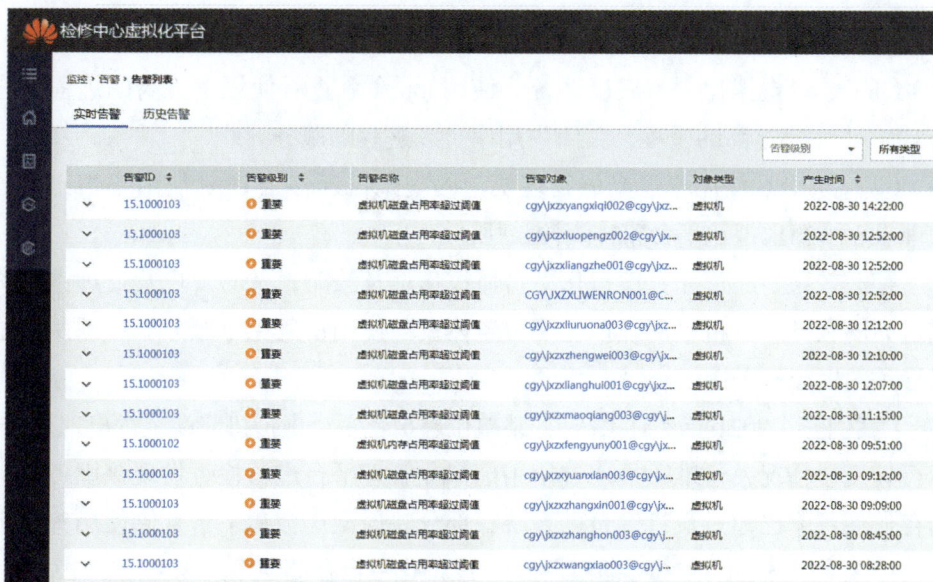

图 7-20　虚拟化平台虚拟机磁盘使用率高

处理措施： 对虚拟机进行磁盘清理，删除不必要的文件，删除后存储占用率不大于 80%，系统恢复正常运行，后续强化监控，确认虚拟机存储使用率不大于 80%。

整改效果： 制订虚拟化平台存储使用率监控指标及策略，及时发现存储使用率超过阈值问题，定期对虚拟化平台无用文件进行删除清理，避免存储不足导致虚拟化平台故障。

> **7.12　反措规定：** 应避免不同架构 CPU 在一个云资源池混用，如不同 CPU 型号的服务器应分属于不同主机组，不同型号同一微架构 CPU 可在一个存储池，但不同微架构的 CPU 应独立存储池。
>
> 注：南方电网公司反事故措施（2023 版）8.3.4 条。

反措条款解读：

云平台、虚拟化平台运行维护工作中，如果不同 CPU 型号的服务器部署于同一资源池，将会导致在虚拟机热迁移过程中，因 CPU 指令集差异，造成虚拟机热迁移失败，无法处理宿主机资源使用率过高、高分配率物理机承载的虚拟机扩容等问题，因此在云平台建设规划期间应避免不同型号 CPU 在一个云资源池混用，将不同 CPU 型号的服务器部署于不同资源池，同一 CPU 型号的服务器放在同一资源池。

【案例一】 某单位云平台宿主机因硬件故障导致宕机，部署在该宿主机上的所有虚拟机异常停机，由于配置了虚拟机自动迁移功能，故障后自动完成了虚拟机迁移，未造成长时间系统业务中断影响。

处理措施：

（1）云平台、虚拟化平台建设及运维过程中，同一资源池须部署相同型号的 CPU，以便利用云平台、虚拟化平台虚拟机自动迁移功能，实现在某台宿主机出现故障的时候，可以自动将虚拟机迁移到其他宿主机上运行，确保物理设备出现问题时，业务能快速恢复。

（2）应定期检查云平台是否开启自动疏散功能，控制每个 nova 剩余资源，确保有充足的资源在一台宿主机宕机后可以接管其服务。

【案例二】 2021 年 7 月 24 日，某单位云平台因 ceph 存储集群兼容性问题导致请求缓慢，影响区域现货系统、人工智能平台等系统服务器运行，通过分

析问题原因为不同型号服务器部署在同一云平台存储集群产生兼容问题。

处理措施：

（1）避免将不同型号服务器部署在同一云平台存储集群。

（2）完善存储集群时钟同步检查机制。

（3）定期检查云台运行情况，优化 CPU、内存、存储等资源分配。

> **7.13 反措规定：** 应具备对网络关键链路（承载关键信息基础设施和等保三级及以上系统的网络）运行状态实时监测能力，包括监测网络丢包率等指标，当丢包率达到 10% 及以上触发报警，提前发现缺陷故障。
>
> 注：南方电网公司反事故措施（2023 版）8.3.5 条。

反措条款解读：

银企互联通道、短信通道、APN 通道、网省互联通道等公司关键网络链路支撑着公司重要业务，这些关键网络链路故障将严重影响电网生产业务开展。近年来因光缆施工、光缆老化、设备老化或链路中串接的光纤收发器故障等原因，造成各数据中心互联网络之间通信的关键链路中断时有发生，依靠传统的设备级的人工巡视难以做到及时发现故障，导致故障恢复时间较长，因此，应对关键网络链路进行实时监控，对链路错包率、丢包率等重要指标进行实时检测，设置告警阈值，当丢包率达到 10% 及以上时，通过短信形式提醒运维人员进行检查及处理。

【案例一】 2020 年 02 月 24 日，某单位办公楼出现办公电脑访问网络缓慢情况，由于发生在工作日正常上班时间段，要求网络运维人员快速、精准定位问题并及时进行处理，否则将会对该单位正常办公造成较大影响，网络运维人员在对相关交换机、防火墙等网络设备及链路进行全面检查后，发现该单位局域网核心交换机与城域网防火墙互联的 tenGigabitEthernet1/1/2 接口存在大量丢包，导致局域网核心交换机与城域网防火墙互联异常，进一步分析问题的根本原因为与该单位局域网核心交换机 tenGigabitEthernet1/1/2 接口互联的城域网防火墙侧光模块老化导致丢包。网络丢包见图 7–21。

处理措施：

（1）对老化的城域网防火墙光模块进行更换；

（2）通过日志分析平台、网管理系统等监控分析平台部署关键网络链路的监测场景，对网络链路错包率、丢包率等指标进行监控，错包率和丢包率达

到、超过 10% 时触发告警，并发送预警短信通知运维人员，提前发现故障缺陷，并进行及时处理。

```
KM-DLDL-LAN-C6509-B01#sh interfaces ten
KM-DLDL-LAN-C6509-B01#sh interfaces tenGigabitEthernet 1/1/2
TenGigabitEthernet1/1/2 is up, line protocol is up (connected)
  Hardware is C6k 10000Mb 802.3, address is 001e.bd22.c700 (bia 001e.bd22.c700)
  Description: uT:KM-MAN-FW-QM-USG18600-B01::TenGi2/3
  MTU 1500 bytes, BW 10000000 Kbit, DLY 10 usec,
     reliability 255/255, txload 1/255, rxload 3/255
  Encapsulation ARPA, loopback not set
  Keepalive set (10 sec)
  Full-duplex, 10Gb/s, media type is 10Gbase-SR
  input flow-control is on, output flow-control is off
  ARP type: ARPA, ARP Timeout 04:00:00
  Last input 00:00:05, output never, output hang never
  Last clearing of "show interface" counters 4d03h
  Input queue: 0/75/0/0 (size/max/drops/flushes); Total output drops: 0
  Queueing strategy: fifo
  Output queue: 0/40 (size/max)
  5 minute input rate 140253000 bits/sec, 13208 packets/sec
  5 minute output rate 9629000 bits/sec, 8828 packets/sec
  L2 Switched: ucast: 0 pkt, 0 bytes - mcast: 0 pkt, 0 bytes
  L3 in Switched: ucast: 0 pkt, 0 bytes - mcast: 0 pkt, 0 bytes mcast
  L3 out Switched: ucast: 0 pkt, 0 bytes mcast: 0 pkt, 0 bytes
     1181164113 packets input, 1359929845888 bytes, 0 no buffer
     Received 7802301 broadcasts (7280133 multicasts)
     0 runts, 0 giants, 0 throttles
     207016 input errors, 39348 CRC, 2249 frame, 0 overrun, 0 ignored
     0 watchdog, 0 multicast, 0 pause input
     0 input packets with dribble condition detected
     1032661115 packets output, 166247438596 bytes, 0 underruns
     0 output errors, 0 collisions, 0 interface resets
     0 babbles, 0 late collision, 0 deferred
     0 lost carrier, 0 no carrier, 0 PAUSE output
     0 output buffer failures, 0 output buffers swapped out
KM-DLDL-LAN-C6509-B01#
```

图 7-21　网络丢包

【案例二】2022 年 2 月 8 日，某电网公司信息运行调度人员通过网管系统监测发现信息中心 7 楼数据中心部分关键链路产生通信异常告警，通知网络运维人员至现场排查后，发现异常原因为主用核心交换机引擎板故障，导致部分业务区主用链路不通产生告警，网络管理员及时对故障进行了处理，避免事故扩大。网管系统链路监控告警见图 7-22。

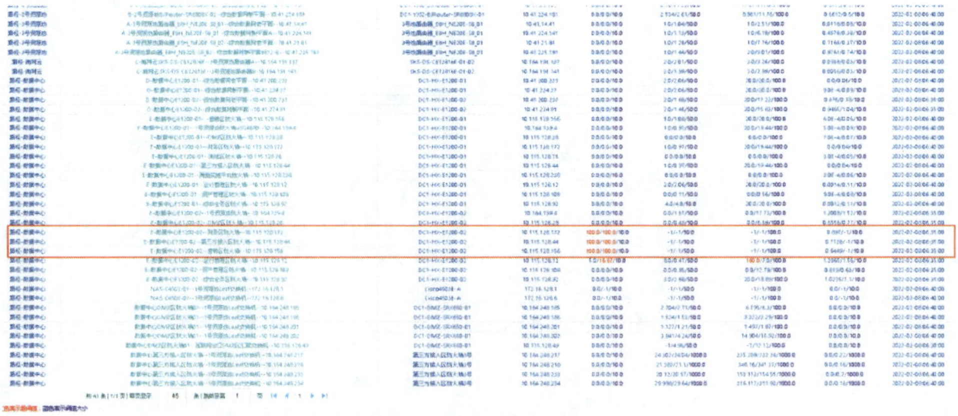

图 7-22　网管系统链路监控告警

处理措施：将网络关键链路运行状态纳入监控系统，做到实时监测关键链路运行，提前发现及处理缺陷故障。

内容提要

本书对中国南方电网反事故措施内容进行全面梳理，对反措条款进行了技术解读，阐明了各项反措提出的原因及整改的技术细节要求，列举了典型故障案例，对故障过程和事故处理方法进行了详细介绍，为反措的准确规范执行提供技术支撑。

本书共分七章，分别是变电类设备事故案例、输电类设备事故案例、直流类设备事故案例、配网设备事故案例、二次系统事故案例、计量类设备事故案例、信息安全运行类事故案例。

本书可供各专业管理人员及一线生产的相关人员使用，为现场设备运行及整改提供参考。

图书在版编目（CIP）数据

中国南方电网反事故措施典型故障案例汇编 . 2024 年 / 中国南方电网有限责任公司输配电部，南方电网科学研究院有限责任公司组编 . —北京：中国电力出版社，2025.1

ISBN 978-7-5198-7512-1

Ⅰ . ①中… Ⅱ . ①中… ②南… Ⅲ . ①电力工业 – 工伤事故 – 事故预防 – 安全措施 – 案例 – 汇编 – 中国 Ⅳ . ① TM08

中国国家版本馆 CIP 数据核字（2024）第 089551 号

出版发行：中国电力出版社
地　　址：北京市东城区北京站西街 19 号（邮政编码 100005）
网　　址：http://www.cepp.sgcc.com.cn
责任编辑：岳　璐
责任校对：黄　蓓　常燕昆
装帧设计：郝晓燕
责任印制：石　雷

印　　刷：三河市航远印刷有限公司
版　　次：2025 年 1 月第一版
印　　次：2025 年 1 月北京第一次印刷
开　　本：710 毫米 ×1000 毫米　16 开本
印　　张：19
字　　数：308 千字
印　　数：0001—1000 册
定　　价：160.00 元

中国南方电网
反事故措施典型故障
案例汇编
（2024年）

中国南方电网有限责任公司输配电部
南方电网科学研究院有限责任公司 组编

中国电力出版社
CHINA ELECTRIC POWER PRESS